JN105256

持続可能な社会のための
環境論・環境政策論

白井 信雄

大学教育出版

はじめに

　本書は、環境問題や環境政策（解決方法）を学ぼうとする大学生と社会人（企業人）、そして行政で環境政策を担当する人に向けた教科書として作成している。環境問題や環境政策は一般教養として学ぶべきテーマであり、また工夫と熱意が求められる行政分野である。

　環境問題や環境政策に関心がない人には、本書を入門編として関心を高めてもらえるように、既に関心がある人には環境問題や環境政策の奥深さを知り、さらに思考を深めてもらえるように、本書を作成している。また、本書は環境政策の現場にも役立つことを意図しており、環境政策の基礎や施策の見直しや新たな施策の立案に役立つような内容としている。

　さて、環境問題や環境政策に関する書籍は既に多い。本書は、先行書籍と重なる内容を含んでいるが、本書独自の特徴を打ち出すように作成している。本書で意図した特徴は次の 5 点である。

【本書の特徴】
① 環境政策の目標を、「環境問題の解決を通じた持続可能な社会」の実現においている。では、理想とする持続可能な社会とは何か。その考え方を本書に整理するとともに、持続可能な社会を目指すために必要となる、「拡張された環境政策」の基本と実践を本書で扱っている。
② 環境問題と福祉や経済等に関連する社会経済問題は相互作用の関連にあることを解きほぐし、「環境問題と社会経済問題の統合的発展（連環対策）あるいは同時解決（根幹対策）」という方法を本書で扱っている。この統合的発展と同時解決が、持続可能な社会を実現する方向であり、その方法が「拡張された環境政策」である。
③ 環境問題を理解し、環境政策を考え、持続可能な社会を実現するためには、生物学・生態学・化学・気象学等の自然科学とともに、社会学・経済学・

政治学・心理学・哲学等の人文科学の知識を動員し、それらを応用して、組み合わせて活用することが必要となる。このため、本書では、持続可能な社会の実現のために必要な理論や知見を、学問分野を問わずに取り上げる。

④ 持続可能な社会の実現においては、市民あるいは事業者の自主的な参加と協働が不可欠である。参加と協働は、理想する社会を実現する手段であり、その確保自体が社会のあるべき目標である。本書では、市民や事業者の主導を重視し、それを行政が支援するという観点から「拡張された環境政策」の方法を示している

⑤ 持続可能な社会の実現のためには、地域の市民や事業者が、理想を共有して、地域からイノベーションを起こし、その普及・波及、地域間の連鎖により、社会経済システムを転換につなげていくというボトムアップの動きが重要である。本書は、「地域からのイノベーションによる社会転換」を実現するための理念と方法を記している。

　次に、これから本書のページを開く方のために、本書の構成を説明する。読者の関心や学習ニーズに合わせて途中から読んでいただいて構わないが、できれば第1章の環境とは何かという基本的なことから、順番にページをめくっていただくことをお勧めする。

　なお、参考までに巻末に索引を示しているが、専門用語の説明は本書独自の定義でない限り、本文中で省略している。本書とあわせて、インターネット検索により、専門用語の定義や意味を調べていただくのがよい。

【本書の構成】

① 本書は、大きく「環境論」と「環境政策論」で構成される。「環境論」で問題の構造を理解し、その問題の解決の方法を「環境政策論」で学ぶという流れになっている。

②「環境論」は、第1章から第5章までである。環境とは何かという問いかけから始まり、環境問題の過去・現在・将来のことを学ぶ。さらに、第5章では、環境問題に対する政策や行動を考えるうえで重要な「基本的な枠

組み」を整理する。この「基本的な枠組み」を知ることが、持続可能な発展の規範や方向性を理解するうえで必要である。なお、「環境論」では問題の要因を解きほぐすが、問題解決の方法は「環境政策論」で示すように書き分けをしている。

③「環境政策論」は、第 6 章から第 12 章である。政策とは理想と現実とのギャップを解消することであるが、その理想となる持続可能な発展の姿を第 6 章に示したうえで、それを実現するための拡張された環境政策の体系、政策の基本的な考え方と手法を第 7 章から第 9 章、分野別あるいは横断的な環境政策の実践論を第 10 章から第 12 章に示している。

　ここで、本書を読む方に問いかけをしておく。環境問題や環境政策をなぜ学ばなければいけないのだろうか。講義の単位や仕事のためとは言わないでいただきたい。自らが学ぶ必要性を感じていないと、学びは受動的になってしまう。

　学びにおいては、面白い、ワクワクするという知的好奇心が大事である。しかし、環境問題という人の生命や基本的人権の侵害に関わるような問題を学ぶにあたっては、それだけを学ぶ動機とするわけにはいかない。

　環境問題や環境政策を学ぶ必要性として、9 つの側面を図 1 に示し、以下に説明する。あなたはどの必要性を感じるだろうか。学びとは考え方（枠組み）の変化である。本書による学びの結果、環境政策等を学ぶ必要性の捉え方が変わり、学ぶ前に思っていたこととは別の側面での学びの必要性を考えるようになったり、学びの必要性をより多角的に、より深く捉えるようになったりしていただければと願う。

【環境問題や環境政策を学ぶ 9 つの必要性】

① 今の社会や自分や家族の暮らしを維持し、守っていくことが必要であり、そのために環境問題を解決する必要があるから（慣性の維持）

② 環境問題は、人類あるいは自分にとって存続や生命・基本的人権を損なう非常事態であり、それを回避する必要があるから（非常事態の回避）

③ 便利で快適な暮らしをしていることが環境問題の原因であり、自分自身が環境問題の加害者であり、解決に向けた責任があるから（加害者の責任）

④ 人間は、本来、自然とともにある生物であり、自然と一体的にある自分を大切にする必要があるから（内なる自然）

⑤ 環境問題を通じて、自然や人を大切にし、自分も成長していくことができるから（より良き生き方）

⑥ 環境問題の解決で損や負担をする人と、得をして楽をする人がおり、その利害調整をすることが必要であるから（利害の調整）

⑦ 法制度や社会的な通念として、環境への取組みが求められており、それを知ることが必要であるから（規範の遵守）

⑧ 環境問題は開発途上国の人々や高齢者や子ども、心身障がい者等の弱者に深刻であり、弱者を守る必要があるから（正義の実現）

⑨ 社会経済の構造、生活様式、土地利用等といった根本を変えることが、環境問題のみならず社会経済の問題の解決につながるから（根本の変革）

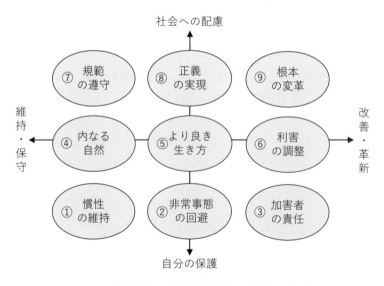

図1　環境問題や環境政策を学ぶ必要性（理由）

持続可能な社会のための環境論・環境政策論

目　次

持続可能な社会のための環境論・環境政策論

第1章　環境の恵みと災い

1.1　環境とは何か

（1）様々な環境

1）私（たち）と相互作用の関係にあるもの

環境とは、主体を取り巻く周囲にあり、主体との相互作用の関係にあるものをいう。主体とは、今ここに呼吸をして、生命を持ち、家事や仕事、学習や遊びといった生活を営み、喜怒哀楽の感情を抱き、経験や知識・知恵を積んでいる人間のことである。正確にいえば、川にいるメダカや土に生きるモグラ、山奥にひっそりと咲く高山植物といった人間以外の生物にとっての環境もあるが、本書では人間にとっての環境を扱う。

環境に関わる主体とは私（たち）であるという当事者意識を持つことが必要であるため、以下では、主体のことを"私（たち）"と書く。

環境は私（たち）と相互作用の関係にあるため、環境を破壊することも、良い状態で保全することも、より良い環境を創造することも、私（たち）次第である。ただし、私（たち）は環境を支配する存在ではないこと、環境の複雑さゆえに、環境の制御や管理は容易ではないことを知らなければならない。

2）自然環境と人文環境、相互のつながり

環境は、（地理学に基づけば）自然環境と人文環境に分けられる。自然環境は、地形・地質、土壌、水、大気、植物、動物といった要素で構成され、要素は相互に影響しあっている。人文環境は、歴史、コミュニティ、経済、政治等の要素で構成され、これらもまた相互に影響しあっている。

自然環境と人文環境も相互に影響しあい、人間はどちらの要素にも影響を与え、影響を与えられている。

環境の要素同士は相互作用の関係にあるため、どれかの要素だけを取り出すのではなく、つながっている全体を捉えることが必要である。

3）地域環境と地球環境

環境は、空間的に広がりを持つ。室内環境、地域環境、地球環境、宇宙環境というように、広がりの範囲の線のひき方によって環境は様々に切り出される。

地域環境と地球環境が無関係ということではない。地球規模の気候変動により、地域内の気温や降水も影響を受ける。同様に、室内環境や地域環境、地球環境や宇宙環境も相互作用の関係にある。

特に、経済活動の広域化・グローバル化や交通機関の進歩により、環境はボーダーレスになってきている。地球環境は地域に暮らす私（たち）にとっても、遠く離れたところにある、無関係なものではない。

4）客観的環境と主観的環境

環境は客観的に実在するものであるが、それと私（たち）の五感（視覚、聴覚、味覚、嗅覚、触覚）によって知覚された主観的な環境とは異なる。視覚で捉えた環境は景観といい、知覚器官の違いによって、音環境、香り環境もある。心象風景というように、心で思い描いているイメージとしての環境もある。

主観的な環境は、実在する環境と関係するが異なるものとなる。人間の幸福が主観的なものであるとすれば、それを規定するのは主観的環境であり、主観的環境のあり方を考えることが大切である。

また、主観的環境は、私（たち）の価値規範や考え方、感性等によって異なるものとして認識される。このため、私（たち）が変われば、悪いと思っていた環境も良いものに変わることがある。主観的環境を良いものとするためには、私（たち）自身の変化も重要である。

5）一人ひとりにとって異なる環境

私（たち）一人ひとりにとっての環境は各々に異なるものである。一人ひとりの居場所によってそれを取り巻く客観的環境は異なり、一人ひとりの考え方によって主観的環境が異なる。

また、同じ環境だとしても、一人ひとりの心身の特性や状況によって、環境との相互作用が異なり、環境の持つ意味が異なってくる。人口減少が著しい過

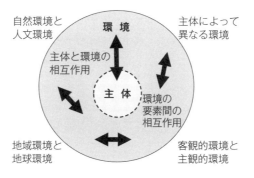

図 1-1　主体と環境

疎地に暮らす人にとっての環境、目や足が不自由な方の環境、子どもにとっての環境、住む家がない人にとっての環境の違いを考えてみることが大切である。

（2）環境の特徴

1）有限であり、容量を持つ

水や大気の循環の持つエネルギーは再生可能であり、それを利用して電気や熱を持続的に利用することもできる。また、森林や動植物はうまく管理すれば再生可能な資源である。

しかし、再生可能エネルギーの賦存量には限界があり、地球上の森林や動植物の利用可能量も制約がある。環境は有限であり、そこで私（たち）が行うことができる活動には制約がある。資源・エネルギー利用、汚染物質の浄化、廃棄物の処理・処分等の持つ人間活動への制約を環境容量と呼ぶ。

スイスの民間シンクタンク「ローマクラブ」が 1972 年に発表した『成長の限界』[1] では、人口増、廃棄物量増、エネルギー消費量増等の傾向が続く場合、地球が受け入れられる人口は 100 億人ぐらいであり、100 億人に達した後は汚染や資源不足の影響で人口の減少に移ると指摘した。

2）不可逆的に枯渇と劣化が進む

19 世紀の産業革命とエネルギー革命によって、私（たち）の活動は飛躍的に大きくなり、広く、速いものとなった。このため、私（たち）の活動は、環境の再生可能なスピードを上回り、不可逆的に環境を枯渇・劣化させている。

　地下から掘り出された化石資源は、人間が利用する分だけ目減りし、枯渇する。大気中に放出されてしまった二酸化炭素の濃度を減らすことは極めて困難である。長い時間をかけてつくられた歴史的な街並みや伝統文化は一度壊れてしまうと同じものはつくれない。

　原子力発電所事故による放射能で問題になるセシウムやストロンチウムでは、半減期が約30年であるが、100年後に放射能が小さくなったとしても汚染された地域の自然や町が前と同じに戻ることは極めて困難である。

3）目に見えていない環境やそれとのつながりがある

　環境は主体と相互作用の関係にある周囲であるが、そのすべてを私（たち）が見えている（認知できている）とは限らない。

　人・物・情報のグローバル化が進むなか、私（たち）が関わる周囲は国境を越えて空間的に広がっている。物理的距離が広がった環境を私（たち）が認知することは難しくなっている。私（たち）が消費する資源・エネルギーの供給先、排出する廃棄物が処理・処分される先等、それがどこで、どのような状態であるかを知らないことも多い。

　私（たち）は見えていない・知らないでいるために、無意識に環境の破壊を行っていることがある。熱帯雨林の破壊は日本への木材供給による伐採によるが、その自覚がないままに日本経済は発展してきた。

4）"境"は断絶ではない、固定されたものでない

　環境は、"環"という取り巻く周囲を意味する漢字と、"境"という主体と周囲の間において区切りを意味する漢字からなる。この"境"は、主体である私（たち）と環境の間を区切るものであるが、私（たち）はカプセルにいるのではなく、"境"を超えて、物質と情報をやりとりしており、"境"があっても、私（たち）と環境は断絶されずにつながっている。

　また、"境"は固定された動かないものではない。私（たち）の意識次第で、"境"は変わり得る。家族や親しい友人とともに暮らし、作り上げてきた思い入れのある地域は、私（たち）という自分と意識のうえで一体感を持ち、私（たち）と明確に区切られたものではない。意識のうえでの"境"を固定することで、"境"のウチを守り、ソトに配慮しないという行動が起こることになる。

1.2　環境の"恵み"と"災い"

（1）環境の"恵み"

1）環境には両面がある

　私（たち）と環境の相互作用には、正の相互作用と負の相互作用がある（図1-2）。私（たち）が環境に配慮することで、環境から私（たち）に"恵み"が与えられる。私（たち）が環境を軽視し、野蛮な振る舞いをすることで、環境は私（たち）に"災い"をもたらす。"因果応報"である。

　環境の"恵み"があることで、私（たち）は地球上で生存していくことができ、安全で便利で快適で文化的な生活を行うことができている。

　しかし、私（たち）の振る舞いへのしっぺ返しである環境の"災い"により、私（たち）の生活は立ちゆかなくなり、それどころか生命の維持や地球上での存続ができなくなる恐れがある。

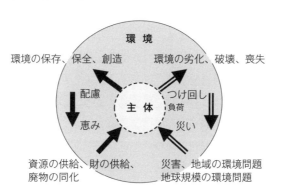

図 1-2　主体と環境の相互作用：恵みと災い

出典）末石冨太郎・環境計画研究会『環境計画論』[2] より作成

2）自然環境による生態系サービス

　環境の"恵み"にはどのようなものがあるか。ミレニアム生態系評価の報告書[3] では、生態系サービスという概念を用いて、自然環境が私（たち）に提供してくれる"恵み"を整理した。生態系サービスは、大きく 4 つに分類されている。

① 供給サービス（Provisioning Services）：食料、エネルギー、水、原材料、薬品等、私（たち）の生命や生活を支える資源を供給する。供給される資源は、私（たち）が直接利用するほか、生産活動に利用され、加工された製品という形で私（たち）が間接的に消費する。

② 調整サービス（Regulating Services）：大気中の汚染物質や温室効果ガスの濃度、水量や水質、水・土砂災害の防止、病気の蔓延や害虫の異常発生の抑制等の働きにより、大気や水の循環、生態系を安定的な状態にする。

③ 文化的サービス（Cultural Services）：景観や香り等五感に訴える刺激、精神的充足、レクリエーションの機会、文化・芸術・デザインへのインスピレーション、科学や教育に関する知識等を提供する。

④ 基盤サービス（Supporting Services）：①から③までのサービスを供給する基盤を提供する。光合成による酸素の生成・二酸化炭素の吸収、土壌形成、栄養循環、水循環等がこれに当たる。

3）森林や農地の持つ多面的機能

農林水産政策では、森林や農業、水産業・漁村の多面的機能を経済的価値に換算し、農林水産業の産業活動以外の有益性を訴求している。

森林の多面的機能では、生態系サービスの①供給サービスに対応して物質生産機能、②調整サービスに対応して地球環境保全、土砂災害防止や土壌保全機能、水資源涵養機能、快適環境形成機能、③文化的サービスに対応して保健・レクリエーション機能が取り上げられている。

農業の多面的機能も同様であるが、②調整サービスに対応して水田の持つ洪水防止や河川流況の安定、地下水の安定といった機能が強調されている。

水産業・漁村の多面的機能では、②調整サービスに対応する沿岸域や河川・湖沼の環境保全、③文化的サービスに対応する海洋性レクリエーション、日本独自の島国の伝統文化とともに、海難救助や災害救援活動、海域の環境監視、国境の監視といった機能が取り上げられている。

4）利用価値と非利用価値

生態系サービスは、私（たち）が自然環境から受ける"恵み"、すなわち利用価値を捉えたものである。しかし、自然環境は私（たち）が利用するために

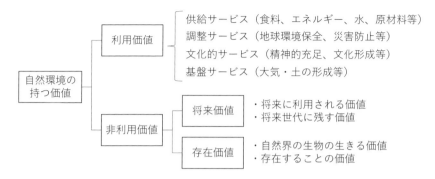

図 1-3　自然環境の持つ利用価値と非利用価値

できたわけではない。利用価値は、人間中心的な考え方であり、利用価値が低い自然環境が保護されないようではいけない。非利用価値を評価し、私（たち）の環境配慮に反映させる必要がある（図 1-3）。

　非利用価値には、大きく将来価値と存在価値がある。将来価値は、将来における利用価値（オプション価値）と、将来利用するかどうかわからないが将来世代に残すことの価値（遺贈価値）がある。また、存在価値は将来世代云々といった人間との関わりは問わず、人間以外の生物の生命、あらゆる存在に価値があるという見方である。

　利用価値は人間中心的、非利用価値は自然中心的な考え方である。また、自然中心的な考え方も、動物だけでなく植物、岩石といった非生命まで価値を認めるか等、配慮する範囲は立場によって様々である（第 5 章の 5.2 参照）。

5）人文環境の持つ価値

　人文環境もまた、自然環境と同様に、利用価値と非利用価値（将来価値、存在価値）を持っており、その価値は多面的である。

　例えば、歴史的な町並みは、観光資源として利用価値があり、穏やかな雰囲気は文化的な充足感や刺激を提供してくれる。そして、過去の歴史や文化の継承は将来世代にとっても重要な価値を持つ。長い時間かけて整備されてきた町並みは、その存在だけで価値を持つ。

（2）環境の"災い"

1）つけ回し（負荷）の結果

環境の"災い"は、私（たち）の環境に対する負荷行為の結果である。原因となる負荷行為は、①開発による自然環境の破壊、②自然環境との関わりの希薄化による環境の放棄、③人間活動から排出される汚染物質の環境中への排出（環境汚染）である。これらの行為は、私（たち）の利益を中心に考えた、環境への"つけ回し"である。目的短絡的なつけは、回り回って、自分に"災い"という形で返ってくる。

この"災い"は、（1）で示した環境の"恵み"を失うことであるだけでなく、汚染された環境は私（たち）の生命や健康をむしばみ、私（たち）の生活水準の維持や生活設計を損ない、人間関係を壊し、精神的負担を強いるものとなる。

2）地域環境問題と地球環境問題

環境の"災い"は、環境問題と言われ、環境政策において解決の対象となる。環境問題には、その環境負荷を与える加害者、環境負荷による環境汚染、環境汚染による被害の空間範囲（それに伴う時間範囲）の大きさによって、地域環境問題と地球環境問題に区別される（図1-4）。

環境問題の歴史をみれば、環境問題は地域環境問題のうち、特定の工場を発生源とする産業公害として社会問題化し、次に生活雑排水による水質汚染、自動車利用による沿道の大気汚染等、都市的な生活に起因する都市生活型公害が政策課題となってきた（第2章参照）。

さらに、1990年代以降は地球環境問題がクローズアップされてきた。地球規模の問題は、都市生活型公害の延長上にあり、私（たち）の都市的な暮らしにおける資源やエネルギーの大量消費が原因となっている。

図中にある気候変動・酸性雨は化石燃料の大量消費による環境負荷を原因とし、オゾン層破壊・有害廃棄物の越境移動は主に化学物質の大量消費による環境負荷を原因とする。人体に影響の恐れのある化学物質は、環境を媒介にする場合には環境問題となり、食品として経口摂取される場合には食品公害（カネミ油症等）となる。

また、資源・エネルギーの枯渇や自給率の低さ等の問題（資源・エネルギー

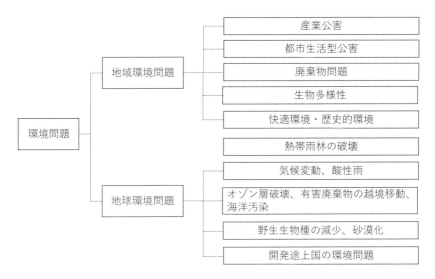

図1-4　地域環境問題と地球環境問題

問題）は、政策分担において環境問題とは区別される（例えば、環境省や地方自治体の環境部局ではエネルギー政策を担当してこなかった）。しかしながら、化石燃料消費に伴う二酸化炭素排出による気候変動と、化石燃料の供給に係るエネルギー問題とは、表裏一体の関係にある（「双子の危機」とも言われる）。環境問題とエネルギー問題は本来、一体的に扱われるべきである。

3）私（たち）を取り巻く多様なリスクと環境問題

　環境の“災い”は、環境リスクと言い換えてもよい。私（たち）を取り巻くリスクには様々なものがある。大きくは、原因面から自然リスクと人為リスクがあり、空間範囲から地域規模のリスクと地球規模のリスクに分類することができる（表1-1）。環境問題は、地域環境問題であれ、地球環境問題であれ、人為リスクであり、汚染や破壊等によって環境の状態が損なわれ、私（たち）に負の作用をもたらす問題である。自然リスクの原因は人為で取り除けないが、人為リスクである環境問題は私（たち）次第で原因が取り除けるため、対策が可能かつ必要である。

　多様なリスクは相互に関連する。表1-1ではリスクを分類する境界線を引い

表 1-1　多様なリスクと環境問題

		リスクの原因	
		自然の要因	人為の活動
リスクの空間範囲	地域規模	・気象災害（台風や豪雨、豪雪、凍霜害、渇水、猛暑） ・地学的災害(地震、津波、火山噴火) ・生物災害(感染症、鳥獣被害、危険外来生物)	・経済・金融危機（バブル崩壊、倒産・失業、税収低下による行財政破綻等） ・犯罪（詐欺、強盗、殺人・殺傷、テロ、情報犯罪等） ・事件・事故（火事、交通事故、工場爆発、原子力発電事故、情報ネットワークの誤作動等） ・地域環境問題（大気汚染、水質汚濁、地盤沈下） ・資源・エネルギー問題（食料・エネルギーの価格高騰）
	地球規模	・氷河期の到来 ・巨大隕石の落下、小惑星の衝突 ・パンデミック（世界的な感染症の大流行）	・世界的な人口爆発 ・世界的な資源・エネルギーの枯渇・不足 ・戦争・国際紛争 ・地球環境問題（気候変動、酸性雨、有害廃棄物の越境移動等）

出典）藤田弘夫・浦野正樹『都市社会とリスク』[4]より作成

ているが、地域規模のリスクと地球規模のリスクは相互に関連し、また自然の要因によるリスクと人為の活動によるリスクも相互に関連する。例えば、気候変動は地域で元来、発生していた気象災害あるいは生物災害のリスクを高め、気象災害が頻繁化・常態化すると経済的危機が深刻なものとなる。パンデミックと呼ばれる感染症リスクも気候変動等の人為と無関係ではない。

引用文献

1）ドネラ・H.メドウズ『成長の限界 ― ローマ・クラブ「人類の危機」レポート』ダイヤモンド社（1972）
2）末石冨太郎・環境計画研究会『環境計画論 ― 環境資源の開発・保全の基礎として』森北出版（1993）
3）Millennium Ecosystem Assessment編『生態系サービスと人類の将来 ― 国連ミレニアムエコシステム評価』オーム社（2007）
4）藤田弘夫・浦野正樹編『都市社会とリスク』東信堂（2005）

参考文献

飯島伸子『環境社会学』有斐閣（1995）
栗山浩一『環境の価値と評価手法 ― CVMによる経済評価』北海道大学出版（1998）
吉田謙太郎『生物多様性と生態系サービスの経済学』昭和堂（2013）
日本リスク研究学会『リスク学事典』丸善出版（2019）

第**2**章　近代と現代の環境問題

2.1　近代化と環境問題の変遷

（1）産業革命がもたらした近代化と弊害

1）産業革命とは

　蒸気を使って動力を発生させる蒸気機関が実用化され、それが石炭の採掘におけるポンプとして利用され、石炭採掘が活発化し、採掘された石炭が蒸気機関に利用されるという形で、燃料革命と動力革命が同時に進行した。これにより、石炭産業と製鉄産業が発展し、石炭と鉄の供給を基盤とした機械を導入した生産により紡績産業が発展した。

　また、交通革命（馬車や帆船から蒸気機関車・蒸気船への転換）と生活革命（大量生産による価格低下と機械で製造された製品の利用創出）も進行し、大量調達・大量生産・大量流通・大量消費による経済発展が進行した。

　こうした蒸気機関という技術革新を契機にした燃料、動力、交通、生活変化を伴う産業の発展を産業革命という。

　産業革命は、18 世紀後半のイギリスで始まり、日本に導入されたのは明治維新によって鎖国が解かれた 19 世紀後半である。

2）近代化とは

　産業革命は、近代化という大きな社会変動をもたらした。近代化には、①工業化と②都市化という 2 つの基本的な側面がある。工業化とは経済活動の中心が農業や手工業から機械で生産する工業に移行したことをいう。

　都市化には、工業化に伴う人口移動の結果生じた都市の拡大と過密化といった空間としての都市化と、生産と消費が分離し、外部から調達されたものを消費するという生活様式の都市化の 2 つの側面がある。

　工業化と都市化により、労働（働き方）、消費生活、環境との関わり、コミュニティ、貿易等の様相が大きく変化した。

3）近代化による都市問題、労働問題

　近代化は、経済発展と生活水準の向上をもたらしたが、①工場からの排煙、スモッグの発生、②都市への人口集中による未整備な環境での密集・不衛生、③資本家と労働者の格差、安い労賃での生活を強いられる労働者、といった問題を発生させた。

　例えば、イギリスのロンドンでは、19世紀半ばから工場のエネルギー源と家庭の暖房用に石炭が使用されるようになり、1880年、1882年、1891年、1892年、1952年、1962年とスモッグが発生した。特に1952年には慢性気管支炎、肺炎、心臓病等により約3,900人の死者が出た[1]。

　また、不衛生な環境により、イギリスでは1831年、1848年、1983年、1866年とコレラが大流行し、各々1〜5万人超の死亡者が出た[2]。死亡者の多くは都市の貧民街に暮らす労働者であった。

4）リスク社会、再帰的近代化

　近代化により、①原材料調達の外部転嫁、植民地からの収奪、②生産と消費、資本と労働の分離による生産や労働の歓びの喪失、③大量生産・大量流通・大量消費・大量廃棄による環境負荷の増大といった問題を発生させやすい構造が形づくられてきた。

　ウルリッヒ・ベックは、近代化によって、人間社会の外部にあった自然（環境）が人間社会に含まれるものとなり、自然（環境）の破壊が自らを脅かしているリスク社会になっていると指摘した[3]。さらに、人間の安全を脅かす危機の本質は人間そのものであり、人間を形作ってきた近代化に対する自己対決（再帰的近代化という）が生じていると指摘した。

（2）環境問題の変遷：産業公害、都市生活型公害、地球環境問題

　日本における環境問題は、江戸時代においても自然破壊や鉱山開発による鉱毒の問題等があったが、明治維新による近代化の進展により、より構造的な問題となってきた。

　近代・現代における環境問題の焦点は、産業公害から、都市生活型公害、地球環境問題へ移行してきた。各問題の特徴を図 2-1 に示す。

　産業公害は、特定の工場からの排水や排煙が原因となり、周辺住民に被害を与える問題であり、四大公害病（水俣病、阿賀野川の第 2 水俣病、神通川のイタイイタイ病、四日市ぜんそく）がこれにあたる。主に第二次世界大戦敗戦後の高度経済成長期（1950 年代・1960 年代）に深刻化した。

　都市生活型公害は、不特定多数の発生源による環境問題であり、典型 7 公害のうち生活排水による赤潮等の水質汚濁、自動車による大気汚染等があたる。廃棄物の問題も、大量生産・大量消費といった都市的生活様式に起因するという意味では、広い意味での都市生活型公害である。そのほか、生物多様性や快適環境・歴史的環境の問題も含め、今日もまだ解決課題となっている地域環境問題は広い意味での都市生活型公害である。

　地球環境問題は、都市生活型公害の延長上にある問題で、不特定多数のあらゆる主体が加害者となっているが、被害者の発生範囲が海外も含めて国際的であること、あるいは将来世代に長期的に影響を与えるという点が異なる。

　こうした環境問題は、近代化（工業化と都市化）によってもたらされたリスクであり、私（たち）の社会の構造と深く結びついている。特に、都市生活型公害や地球環境問題は、私（たち）が近代化の構造に組み込まれていることによる、私（たち）に原因がある問題である。私（たち）は私（たち）自身のあり様と自己対決をしなければならない。

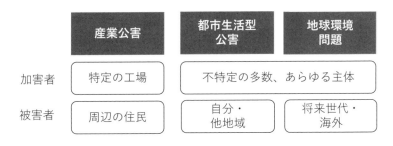

図2-1　３つのタイプの環境問題

2.2　江戸から明治への変化と鉱毒事件

（1）循環型社会であった江戸時代

1）江戸時代に花開いた産業

　明治維新後の教育を受けた私（たち）は、江戸時代は封建社会の支配者による下層階級の労働搾取がなされ、鎖国によって新たな技術革新が停滞するなかで非創造的な活動が繰り返されていたと想起しがちだが、実はそれほどでもなかったという見方がある。

　例えば、今日の地域特産品の多くは、江戸時代に商品開発がなされた。美濃（岐阜県）や越前（福井県）の和紙、輪島（石川県）や会津（福島県）の漆器、金沢（石川県）や有田（佐賀県）の磁器等である。

　江戸時代は、産業活動が停滞した時代ではなく、地場産業が開発され、産業が緩やかに発展していた時代として、捉えるべきであろう。

2）地域資源の徹底的なリサイクル

　江戸時代には、廃品回収・再生等を担う静脈が成立しており、今日に言うリサイクルやリユースの事例が豊富である[4]。

例1：江戸時代前期に灰屋が隆盛を極めた。灰は、農地の土壌改良剤や、補給肥料として使われた。また、アルカリ性の灰は、酒の中和や和紙原料の不溶性成分の溶解・除去、藍や紅花等による染色の色調調整、陶器の釉薬等にも使用された。

例2：稲藁は、貴重な食糧である米生産の副産物だが、それ自体が、衣服や草履、建築材料、肥料としての多様な用途で活用されていた。さらに、街道沿いには、履きつぶされた草履が積み上げられ、農家が堆肥に利用していた。

例3：江戸時代の包装容器である樽についても、樽買いが空樽を買い集め、空樽問屋を通して、造り酒屋や漬け物屋、味噌屋に売るというリユースの市場が成立していた。

3）再生可能な資源の利用

　物の原材料は、自然素材であり、特にバイオマスが使われていた。建築・住宅は木造住宅であり、構造材から外装、内装材料まで、あらゆる所に木材や

竹、稲藁等が使用されていた。包装容器（樽）や交通機関（駕籠、大八車等）、
計算機（算盤）、家具等の素材も、バイオマスが材料とされていた。

　エネルギー面でも、熱源として里山から採取された薪や炭が利用され、光源と
しては蝋や菜種油、魚油等が利用されていた。動力源としては、人力や牛、馬等
が利用されたほか、風車や水車等の自然エネルギーが活用されていた。風車や水
車の揚水利用は、江戸時代に活発に開発された水田を潤し、動力としては米の精
白や、菜種からの油絞りに利用され、酒造業や植物製油業を支えていた。

　もちろん、江戸時代にも鉱物利用はあったが、農器具としての鋤や鍬、鍋や
釜、桶のたが等には鉄が使われ、金、銀、銅も使用されていた。しかし、マテ
リアル・フローに占める鉱物の比率は今日と比べて圧倒的に少なかった。

（2）富国強兵・殖産興業と鉱毒事件

1）殖産興業のスローガン

　1867 年の大政奉還によって成立した維新政府は、土地所有制度、身分制度
の廃止等の制度改革を進めた。

　明治時代は、政府の進める殖産興業の旗の下で、産業革命が進展した時代
である。わが国の産業革命は、イギリスの産業革命から遅れること約 100 年、
既に海外で開発されていた最先端技術を導入する形で急激に進行した。兵器生
産、鉄道建設、電信敷設、鉱山開発、木綿・絹工業等において、国家の資金に
より生産技術や機械の先進国から取り入れて、官営事業が興され、その民間払
い下げもあって、近代的企業家や財閥が成長した。

　明治時代に進行したわが国の産業革命は、農林業や手工業のみで経済を成立
させていた江戸時代の良き環境調和型の産業様式を崩壊させた。

2）鉱毒事件の社会問題化

　富国強兵・殖産興業は、生産設備、兵器等の輸入によって急ぎ進められた
が、その対外支払い手段として、生糸とならび銅が海外に輸出された。この世
界有数の銅生産国となった日本を支えたのが、四大鉱山と言われた足尾銅山、
別子銅山、日立鉱山、小坂鉱山であった。その中で最大規模の採掘を行ってい
たのが足尾銅山である。

足尾銅山は 1550 年代に発見され、幕領として採掘された。1871 年に古川市兵衛が経営権を持ち、新鉱脈を発見し、経営を拡大した。一方、銅精錬の排煙中の硫黄酸化物や重金属類（ヒ素・鉛・カドミウム等）を含む粉塵による大気汚染、銅山排水中の硫酸銅や重金属類・ヒ素・鉛・カドミウムによる水質汚濁が広範囲で生じた。大気汚染では足尾銅山周辺の数万haの森林が荒廃し、水質汚濁は渡良瀬川流域の数万haの農地に影響を与えた。森林の荒廃は洪水を大きなものとし、1890 年、1896 年、1898 年の渡良瀬川大洪水は下流域の洪水被害を深刻なものとした。

1990 年に被害農民と警官隊が衝突する川俣事件が起こり、1901 年には栃木県選出議員である田中正造氏は代議士を辞め、天皇直訴を企てた。この事件は、官憲による農民の強制移住、あるいは弾圧によって、決着した。

足尾事件と同時期に、四国の別子銅山で、銅精錬所からの煙による水稲や麦の被害が発生した。農民の陳情や紛争の結果、精錬所は沖合の島に移転されたが、その後も農民の請願と行政による仲介・斡旋が繰り返された。日立鉱山、小坂鉱山でも鉱毒事件は発生している。

鉱毒事件は、当時において大きな社会問題となり、戦後に深刻化する公害問題の原点といえる。

写真 2-1　足尾銅山の旧精錬所近くの山林

煙害によって植生が壊滅し、裸地化が進行した状態。植林がされているが表土が流出して十分に育たない。

2.3　戦後のめざましい発展と公害

（1）戦後の高度経済成長の産業公害

1）重化学工業化とエネルギー革命

　何物をも戦争遂行につぎ込んだ揚げ句、日本の都市は焼土となり、多くの山は木を失って、終戦を迎えた。当時の経済安全本部の調査では、生産設備の半分近くが破壊された。

　戦後の経済復興では、傾斜生産方式（1946〜48 年）が取られた。石炭を増産し、鉄鋼に傾斜的に配分して鋼材を増産し、鋼材は石炭産業を傾斜配分する政策である。これによって、鉱工業生産水準の相乗的な引き上げが図られた。

　1947 年には、GATT（関税及び貿易に関する一般協定）が締結された。戦争によって植民地や勢力圏を失った日本は、国際的な競争に晒されることになる。特に、アジア各国の綿製品自給能力の向上や合成繊維の普及によって、繊維製品の輸出継続が困難になってきた。このため、相対的に付加価値の大きい重化学工業製品の生産を重視し、海外からの原材料・燃料を調達し、工業製品を輸出する加工貿易立国を目指すことになる。1950 年には朝鮮戦争が勃発した。資材等の供給基地となった日本は特需ブームになり、高度経済成長を加速させた。

　1950 年代、世界的にエネルギー革命（流体革命）が進展し、1958 年には、当時の西側先進国における石油と石炭のシェアが逆転した。日本では、戦後の炭主油従政策があったが 1958 年頃までには重油価格と石炭価格の格差が決定的になり、1962 年に日本の石油と石炭のシェアが逆転した。

2）水俣病の発生と対策の遅れ

　1908 年、チッソ㈱の前身である日本窒素肥料㈱が熊本県水俣市に工場を建設した。当時の水俣市は人口 1 万 2 千人の小さな町であり、木材やみかんの生産、漁業等を生業とする風光明媚な地域であった。工場建設は、町の雰囲気を一新し、水俣の地における高度経済成長が進展した。1956 年に市人口は 5 万人に達した。

　しかし、工場排水による水質汚濁が同時に進行した。1950 年代には、水俣湾の魚が海面に浮き出し、カラスや水鳥が空から落ち、ネコが狂死し始めた。

1956年に、原因不明の患者の入院が報告された（水俣病の公式発見）。水俣病の症状は手足がしびれる・ふらついてまっすぐ歩けない、言葉がはっきりしゃべれない、相手の言うことが聞き取りにくい、視野がせまくなるというもので、まさに四重苦であった。水俣病は、工場排水によって汚染された海域に生息する魚介類に蓄積された有機水銀が人体に取り込まれ、その結果起こる中枢神経系の疾患であった。

　水俣病の経験から、とりわけ強く反省し、今後の戒めとすべき3点を示す。

　第1に、企業及び国が加害責任を回避する対応をして、問題解決を遅らせた。水俣病の原因は、熊本大学等の研究により1958年から1959年にかけて科学的に突き止めていたが、チッソ㈱は旧軍隊の捨てた爆薬説を持ち出す等、責任回避の対応を見せた。そればかりか、チッソ㈱は廃液を水俣湾に注ぐ百間排水口から、不知火海に注ぐ水俣湾に放流するように変更し、患者発生地域を不知火海全域に広げてしまった。

　第2に、企業城下町において地域社会を分断する状況が生じた。原因が不確定な状況で、水俣病は"伝染病"として扱われ、社会とのつながりを絶たざるを得ない状況になった。また、同じ住民でありながらも原因者である企業関係者と被害者住民が生じ、同じ患者であっても症状の程度によって補償金の違いから対立関係が生じることがあった。つまり、環境問題が差別やコミュニティの分断といった社会問題を引き起こした。

　第3に、環境浄化が終了したにもかかわらず、被害者の認定や補償の問題が未解決となった。1968年にチッソ㈱が生産停止をし、1974年には仕切り網を設置し、汚染された魚が水俣湾から出ていかないようにして魚を駆除した。1990年には、海底に貯まったヘドロを除去し、埋め立てる工事を終了した。1997年には仕切網も取り除かれ、海の浄化は完了した。しかし、水俣から関西に移住した人たちの訴訟が続き、国や県の責任が認められたのは2004年である。さらに、患者認定を求めている人や裁判で損害賠償を求めている人がいる。

3）公害問題の広がりと公害訴訟

　1965年頃、昭和電工株式会社鹿瀬工場の排水を原因として、新潟県阿賀野川域でも水俣病が発生した（第2水俣病といわれる）。富山県神通川流域にお

いては、カドミウム、鉛、亜鉛等の金属類による水質や土壌の汚染を原因とするイタイイタイ病が発生した。

　また、1950年代後半以降に、日本各地で進められた石油コンビナートの形成は、硫黄酸化物による広域的な大気汚染や悪臭、水質汚濁等の問題を引き起こした。石油コンビナートのばい煙を原因とする三重県四日市市のぜんそくは、当時の水俣病、イタイイタイ病と並び、四大公害病と称された。

　1962年には、全国総合開発計画が策定され、四大工業地帯とは別に大規模な拠点を整備する新産業都市15か所と工業整備特別地区6か所が指定された。岡山県倉敷市水島地域は新産業都市に指定され、1960年代半ばから1980年頃に大気汚染に起因する健康被害が発生した。1972年に倉敷市が条例による医療救済制度を導入したものの、コンビナート企業8社を被告に、公害病認定患者らは倉敷大気汚染公害裁判を起こした（和解成立は1996年12月）。

　そのほか、被害者住民が原告となり、企業や国・県を被告とする公害裁判が全国各地で行われた（表2-1）。

　このように、高度経済成長期には、重化学工業を中心とした生産活動が環境への影響に備えのないまま活発化し、明治時代から見られた公害がより深刻な被害となって、社会問題化した。また、日本各地での工業拠点の整備は、各地域の経済振興に貢献する反面、公害問題を拡散させる結果となった。

表2-1　1960年代・1970年代前半の主な公害裁判

年	訴訟	原告	被告
1967年	新潟水俣病第一次訴訟	3家族13人	鹿瀬電工
1967年	四日市公害訴訟	公害患者9人	6企業
1968年	イタイイタイ病訴訟	患者9人、遺族19人	三井金属神岡鉱業所
1969年	熊本水俣病第一次訴訟	28家族112人	チッソ
1969年	大阪空港公害訴訟	周辺住民28人	国
1970年	田子の浦ヘドロ公害訴訟	富士市民	県、製紙会社4社
1972年	安中公害裁判	土壌汚染被害者108人	東邦亜鉛
1974年	名古屋新幹線公害訴訟	沿線住民575人	日本国有鉄道
1975年	千葉川崎製鉄公害訴訟	周辺住民200人	川崎製鉄
1975年	クロム禍訴訟	被害者の会遺族120人	日本化学工業

出典）飯島（2004）[5]より作成

4）公害反対の世論の高まりと住民運動

　高度経済成長期における環境問題の多発に伴い、一般市民も含めた「市民パワー」が現れてきた。

　1958年の江戸川の製紙工場排水による漁業被害をめぐる漁民と工場との乱闘事件は、水質汚濁対策を促進する契機になった。1963年から64年にかけて三島・沼津地域で起こったコンビナート建設反対運動は農漁民対企業という従来の公害紛争の型を超えたものとなり、一般市民の関心を集めた。高度経済成長政策の柱である臨海コンビナートが計画段階で公害問題を理由に中止されたことは、国や産業界、地方公共団体に大きな衝撃となった。

　自然破壊に反対する人々の動きも次第に活発化してきた。1950年代後半頃から国民生活が安定してくるにつれ、都市住民の間に自然とのふれあいを求める気持ちが高まる一方、急激に過疎化が進行した農山村地域では、観光開発が進められた。しかし、道路建設等の観光開発は、自然保護に対する配慮の不十分さ、施工技術の遅れ、自動車の排出ガス等により自然破壊を引き起こし、結果的には自然の利用者に深い失望を与えることになった。富士スバルラインや石鎚山スカイラインは批判の対象となった例である。こうした批判を背景に、尾瀬の主要地方道沼田・田島線等は工事中止や路線変更に至った。

　公害問題や自然破壊に対する住民の反対運動は、1960年代後半から大きなうねりとなり、環境配慮に係る市場の枠組みづくりに踏み出す1970年代を迎えることになった。

（2）公害対策の強化と石油危機

1）公害規制の整備と排出源対策

　高度経済成長の歪みが大きな社会問題となり、1970年に至っては、公害メーデー等の全国規模の公害反対運動が起こり、公害国会が開催される等、公害に明け、公害に暮れる一年となった。

　既に、1967年に公害対策基本法、1968年に大気汚染防止法が制定されていたが、1970年の公害国会ではこれらの法律の改正を含めて、公害関係の14法案のすべてが可決・成立した（表2-2）。成立した法案の多くは、規制を強化

表 2-2　1970 年「公害国会」で扱われた公害関係 14 法案

新規法案	公害犯罪処罰法　公害防止事業費事業者負担法 海洋汚染防止法　水質汚濁防止法　農用地土壌汚染防止法 廃棄物処理法
改正法案	下水道法　　　　　公害対策基本法　　自然公園法 騒音規制法　　　　大気汚染防止法　　道路交通法 毒物及び劇物取締法　薬取締法

し、事業者責任を明確化するものであった。

　公害対策基本法をはじめとする公害対策の関係法から「経済の健全な発展との調和」を図りつつ公害対策を進めるといういわゆる「調和事項」が削除され、経済優先ではないかという国民の疑念を払拭した。規制については、大気汚染、水質汚濁に係る従来の指定地域制を改め、未汚染地域を含め全国を規制対象地域とするとともに、規制対象物質項目の範囲を拡大する法律が定められた。また、公害防止事業費事業者負担法に、事業者責任が規定され、公害防止事業についての事業者の費用負担義務が具体化された。

　法制度の整備による規制に追随する形で、企業は設備投資を進めた。1970 年代の公害防止のための設備投資は 1960 年代と比較して、飛躍的に増加した。

2）石油危機による省エネルギー構造への転換

　1970 年代は、公害規制や係る事業者負担の枠組みが整備されることでスタートしたが、こうした公害規制への対応に加えて、2 度の石油危機に遭遇し、経済の体質や環境配慮に係る姿勢が一変することになった。

　第 1 次石油危機が勃発した 1974 年度には、戦後初のマイナス成長を経験した。1970 年度から 74 年度の累積成長率（実質）は約 20％であったが、1970 年代後半の同率は約 15％に低下し、さしもの高度経済成長も減速傾向を示すことになった。企業では、エネルギーの節約、人員配置の変更等を通じた徹底した減量経営が行われた。

　石油危機は生産活動の足踏みとなったが、それへの対応を通じて、生産工程の見直しによるコスト削減、製品の省エネ化による競争力向上を図ることができ、後の景気高揚への足がかりになっていく。

（3）都市生活型公害：生活排水による水質汚濁、自動車からの大気汚染

1）都市生活型公害の増大

　1970年代前半に産業活動への規制が強められ、産業公害への対策は進展したが、未解決な問題として都市生活型公害がクローズアップされてきた。都市生活型公害は、工業化と都市化によって形成されてきた私（たち）の普段の暮らしが原因となっている。1980年の環境白書では、1980年代に取り組むべき問題として、都市生活型公害を取り上げている（表2-3）。

　都市生活型公害は、発生源が小さく広く分散しているため、監視や指導、規制が困難である。また、都市での密集した居住環境や交通の集中等のように都市の構造を変える必要があることから、産業公害に比べて対策が取りにくい。このため、環境負荷の少ない製品の開発や一人ひとりへの普及啓発・情報提供・環境学習、都市構造の再編等のポリシーミックスが必要となる。

表2-3　1980年代の都市生活型公害

分類	概要
交通公害	・音・振動と排出ガスによる大気汚染が道路周辺において深刻な問題（自動車排出ガス測定局の窒素酸化物濃度の上昇） ・新幹線の開通により列車の走行に伴い発生する騒音・振動が著しく、沿線の一部の地区においては、環境保全上深刻な問題 ・航空輸送需要の増大に伴い航空機のジェット化・大型化、空港周辺地域における都市化の結果、周辺における航空機騒音問題が急速に拡大
近隣騒音	・公害苦情（1978年）のうち、商店、飲食店、家庭生活、娯楽・遊興・スポーツ施設を発生源とする近隣騒音が2割強 ・過密な都市の居住構造に加え、住宅の材質、構造、利用している機器の特性やその利用の仕方、サービス活動のあり方等、多様な要因が高密度な騒音空間を生み出す原因
水質汚濁	・水銀等の人の健康に係る有害な物質による水質汚濁の状況は著しく改善したが、有機物等生活環境に係る項目については改善が不十分 ・人口の急速な都市集中、都市的生活様式の定着により水質に対する負荷が増大、下水道等の整備が不十分
一般 廃棄物	・一般廃棄物（ごみ）は、所得の増加、都市的生活様式の定着に伴い年々増加、大量のごみを過密な都市で収集し、焼却、埋立を行わなければならないため、取り残し、不法投棄、悪臭、大気汚染等、ごみの収集と処理自体が生活環境の悪化、公害現象の原因 ・し尿も都市での人口増加により量が増加、尿が肥料として使われなくなり、海洋投棄も海洋汚濁防止等の理由により次第に困難

出典）1980年版環境白書より作成

2）生活雑排水による水質汚濁

　生活雑排水による水質汚濁は、内湾（瀬戸内海、東京湾、伊勢湾、大阪湾等）と湖沼（霞ヶ浦、諏訪湖、琵琶湖等）といった閉鎖性水域で、特に深刻な問題となった。当時の富栄養化の原因となるリンの発生源の内訳は、瀬戸内海：生活系 42%（産業系 41%）、琵琶湖：生活系 48%（産業系 30%）であり、生活雑排水が占める割合が大きい（1980 年版環境白書）。

　これらの閉鎖性水域では、特に、周辺への人間活動の集中、底質への汚濁物質の蓄積やその巻き上げ、流入・流出により水の入れ替わりの少なさが少ないため、産業や生活から排出される窒素やリン等の栄養塩類（富栄養化）による植物プランクトン等の藻類の繁殖（赤潮等）、水質悪化が進行しやすかった。

　閉鎖性水域の水質汚濁による被害では、漁業被害が特に深刻であり、そのほかにもレクリエーション・観光的価値の低下、上水利用する場合の浄水場のろ過障害・飲料水の異臭味等の問題が生じた。

　瀬戸内海における赤潮の発生件数は 1970 年代前半に 200 件を超えてピークであった。1970 年代後半〜 1980 年代前半は 150 件前後、1980 年代後半からは 100 件前後となっている。赤潮による漁業被害は 1972 年 7 月が最悪で、養殖ハマチ 1,400 万尾がへい死、被害額 71 億円であった。その後も、1977 年、1978 年、1982 年、1987 年と養殖ハマチの被害が生じた。

　今日では、生活雑排水による水質汚濁は改善傾向にあるものの、一部の河川、湖沼では富栄養化の問題が残されている。また、閉鎖性海域では過去に排出された汚濁物質が底泥となって蓄積しており、環境改善は容易ではない。

3）琵琶湖の合成洗剤反対運動

　琵琶湖では 1977 年に赤潮が発生した。1970 年代から界面活性剤による健康影響とリンによる琵琶湖の富栄養化に対処するという観点から、合成洗剤を追放し、粉せっけんを使おうという運動があったが、赤潮発生をきっかけに拡大した。住民運動の盛り上がりを受けて、滋賀県は 1979 年に「琵琶湖の富栄養化の防止に関する条例」を公布（翌年施行）し、有リンの合成洗剤の販売・使用を禁止した。

　しかし、条例化に反対していた合成洗剤製造業者は、相次いで無リンの合成

洗剤を開発し、合成洗剤の生産を再開した。この結果、一時7割を超えた粉せっけんの使用率は急速に低下することになった。

最終的に、合成洗剤の問題は製造業者の対応で決着したが、「家庭から出る廃食油を回収して、せっけんへリサイクルする運動」が開始され、住民の環境意識を高めるきっかけとなった。廃食油は、せっけんでなく自動車用燃料（Bio Diesel Fuel：BDF）の生成に活用し、滋賀県における今日の環境活動につながっている。

4）自動車からの大気汚染

自動車公害として、騒音・振動とともに、排出ガスによる大気汚染が道路周辺においては深刻な問題となった。特に、窒素酸化物は、自動車交通量の増加と集中による渋滞により、排出ガス規制にもかかわらず、二酸化窒素濃度は年々高まりをみせた。

阪神工業地帯にある大阪市西淀川区では、1950年代から1960年代にかけて、大気汚染による気管支ぜん息や慢性気管支炎が深刻なものとなった。公害健康被害補償法による認定患者は1970年代後半に4千人を超えた。大気汚染物質の発生源として臨海に立地する工場や発電所とともに国道や高速道路の拡幅・新設による自動車が問題視され、1978年に患者101名を原告とする西淀川大気汚染公害裁判が始まった。1991年の大阪地裁の判決では、立地する企業等の責任を認めたが、自動車排気ガスの健康影響を認められなかった。その後、1995年に自動車排気ガスの健康影響が認められ、国・阪神高速道路公団の責任を明確にして、患者への損害補償金の支払いが命じられた。

川崎、尼崎、名古屋南部での大気汚染公害裁判においても、工場排煙とともに自動車排気ガスの問題が争われ、その影響に対する道路行政や自動車製造者の責任が明確にされた。

自動車からの大気汚染では、加害者責任を道路行政や自動車製造者に求めたが、自動車を利用して移動したり、自動車による貨物輸送の恩恵を受けたりしている私（たち）自身も加害者であることを忘れてはならない。

その後、自動車からの大気汚染対策は、大気汚染に対する環境基準の強化、自動車製造者における環境性能のよい車の開発により、成果をあげてきている。

2．4　1980 年以降の環境問題

（1）社会経済の変化

1）公害対策の一巡とアメニティの追求

　1970 年代後半頃から高度経済成長の狂乱が一段落し、先端技術の活用による産業の高度化によって、新たな商品が生まれ国民生活もより豊かで利便性に富んだものになっていくとともに、国民生活における余暇時間の増加や価値観の個性化・多様化を背景に、生活の質の向上や精神的な豊かさを求める国民意識も高まってきた。

　1980 年には東海道新幹線ひかり号にリクライニングシートが登場し、1981 年には富士写真フィルムのインスタントフォトシステム、洋服の DC ブランド（デザイナーとキャラクターブランド）が登場した。ペットボトルやカード式公衆電話の登場、その後のテーマパークの流行の先駆けとなった東京ディズニーランドのオープンもこの頃である。

　アメニティの向上が注目された 1980 年代前半を経て、1980 年代後半以降、景気は再び拡大基調となった。高級化や多様化の傾向を示した個人消費の変化は、確実に内需を拡大させ、景気拡大を支えることとなった。

2）バブル景気と低成長時代への移行

　1985 年のプラザ合意で、先進 5 か国蔵相は為替市場に協調介入することを決めた。当時のアメリカの国際競争力が低下し、日本の国際収支が黒字を続けるなかで、経済不均衡を是正するための措置であった。この結果、円高となり、株価が急上昇し、株価と連動して土地価格が上昇し、1986 年以降、東京を中心に土地需要が大きく拡大した。地価上昇を狙った投機的投資がさらに地価を上昇させ、さらに投機を促すというスパイラル（循環）が働き、日本経済はバブル景気へと突入した。国民消費も資産価値の上昇に支えられ、拡大基調となった。

　しかし、適正水準を大幅に上回った状態（経済が実体以上に泡のように膨張したバブル状態）は短期間で破綻した。バブル崩壊により、戦後の高度経済成長期（経済成長率約 10％以上）、1970 年代後半からの安定成長期（同約 5％以

上）は終わり、低成長期に突入した。低成長期では公共投資による景気対策が進められ、税収を上回る予算が組まれ、累積赤字を拡大させてきた。

　1990年代以降は、低成長を少しでも上向きにしようと、景気対策を優先する政策が基調であった。しかし、2005年に日本の人口は減少に転じ、人口減少と少子高齢化が進行するなかで、社会経済の転換が求められる時代となってきた。

（2）環境問題の変化

1）経済優先と環境優先のシーソー

　戦後の復興以降、日本は経済成長路線をひた走り、経済大国として成功を収めてきた。そのつけ回しの結果として深刻な環境問題が発生し、対策がとられてきたが、経済成長を優先する社会の基調に変更はない。

　このため、1970年代は産業公害への規制と指導が進められた環境の時代であったが、1980年代は再び経済成長を追求する時代となり、バブル崩壊という経済の自滅を迎えた。

　1990年代は地球環境問題が国際的に台頭し、国内でも気候変動対策等が環境政策の重点となってきた。1990年代は、1970年代と扱う問題を変えて環境の時代となった。気候変動等の問題は解決が難しく、継続して取り組むべき課題となっている。

　経済の量的成長から質的成長への転換も政策で言われるようになったが、低成長時代において経済政策は常に優先され、それと気候変動対策等を両立させる方向が模索され、今日に至っている。

2）地球環境問題の台頭、廃棄物問題・有害化学物質等への取組み

　地球環境問題は1972年の国連人間環境会議（ストックホルム会議）以来、国際レベルで検討されてきた。科学による裏付けが進み、一方で問題の深刻さへの懸念が高まり、国際的な政治での議論が積み重ねられた結果、1990年代以降は地球環境問題への対応が環境政策の重点となってきた。

　1992年の環境と開発に関する国際連合会議（UNCRD、地球サミット、リオ会議）において、生物多様性と気候変動に関する条約が採択された。また、環境と開発の両立（持続可能な開発）に関する原則とアジェンダが制定された

表 2-4　1992 年「地球サミット」の成果

環境と開発に関するリオ宣言の採択	人類共通の未来のために地球を良好な状況に確保することを目指した行動の基本的な 27 原則
アジェンダ 21 の採択	リオ宣言の諸原則を実施するための行動プログラム、4 分野 40 項目について幅広く各国の行動のあり方を示した
気候変動枠組み条約の署名	二酸化炭素等の温室効果ガスの排出抑制や吸収源保全のための政策・対応措置を示した。155 か国が署名
生物多様性条約の署名	生物多様性の保全、生物多様性要素の持続的利用、公正かつ公平な配分を目的とした条約。157 か国が署名
森林に関する原則の採択	森林の多様な機能の維持及び持続的経営の強化、森林政策のあり方、開かれた自由な貿易の促進等を規定

（表 2-4）。この会議には、国際連合の招集を受けた世界各国や産業団体、市民団体等非政府組織（NGO）が参加した。世界 172 か国が参加し、国際連合の史上最大規模の会議となった。

　2000 年代に入り、それまで問題になってきたペットボトル等の包装容器の使い捨て、自動車のシュレッダーダスト等の廃棄物問題に対応するため、リサイクル関連の法律が一斉に整備された。

　また、健康影響が不明なまま使用されてきた化学物質の毒性が証明されてきたこともあり、有害化学物質への規制と監視が強化されてきた。

引用文献

1)　川名英之『世界の環境問題　第 2 巻　西欧』緑風出版（2007）
2)　村岡健次・川北稔『イギリス近代史 ― 宗教革命から現代まで』ミネルヴァ書房（2003）
3)　ウルリッヒ・ベック『危険社会 ― 新しい近代への道』法政大学出版局（1998）
4)　石川栄輔『大江戸・リサイクル事情』講談社（1997）
5)　飯島伸子『環境問題の社会史』有斐閣アルマ（2004）

参考文献

　橋本道夫編『水俣病の悲劇を繰り返さないために　水俣病の経験から学ぶもの』中央法規出版（2000）
　日本地域社会研究所編『日本洗剤公害レポート』日本地域社会研究所（1984）
　川名英之『ドキュメント日本の公害　第 1 巻　公害の激化』緑風出版（1995）
　石井邦宣『20 世紀の日本環境史』産業環境管理協会（2002）
　小田康徳編『公害・環境問題史を学ぶ人のために』世界思想社（2008）
　宮本憲一『戦後日本公害史論』岩波書店（2014）

第**3**章　環境問題の現在

3.1　廃棄物の問題

（1）廃棄物の定義

　廃棄物は、廃棄物処理法（1970年制定）により、一般廃棄物と産業廃棄物に区分される（図3-1）。一般廃棄物は事業者が処理責任を持つ産業廃棄物以外のもので、市町村が処理責任を持つ。

　一般廃棄物には、ごみとし尿がある。この理由は、公衆衛生の観点から廃棄物対策が始められたことと関係する。明治時代にペスト等の伝染病が流行したことから、公衆衛生の一環として汚物清除法が1900年に制定されたが、その対象となる汚物が「塵芥汚泥汚水及屎尿」と定められた。汚物が廃棄物の対象範囲に引き継がれてきたのである。

　また、この法律により、ごみ収集が市町村の事務として位置付けられ、ごみ収集業者は行政の管理下に置かれた。し尿は肥料としての需要があり、有価で市場取引をされていたが、大正時代の半ば以降に、衛生上の理由や化学肥料が生産されるようになり、需要が停滞した。これにより、汲み取り代を徴収するようになり、行政がし尿収集を行うこととなった。

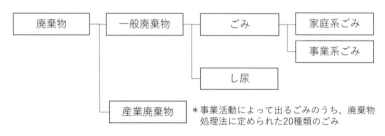

図3-1　廃棄物の分類

（2）廃棄物の出口問題の深刻化

1）廃棄物の処理・処分施設の立地問題

　廃棄物問題は、時代とともに問題側面が変化してきた。明治時代には公衆衛生の側面が問題であったが、1960 年代から中間処理場（焼却施設）や最終処分場（埋立施設）の立地が問題となった。立地の問題は、中間処理場や最終処分場の建設における周辺住民の反対運動として、顕在化した。特に人口密度が高いうえにさらに人口増加をみせる都市部では、ごみの焼却処理場と最終処分場の用地確保が大きな社会問題となった。

　東京都では、1960 年代から杉並区の焼却処理場の建設に対して、地域選定理由の不透明さ等を理由に、高井戸地区の住民が反対運動を始めた。同時期に、ごみを受け入れる側の江東区では新夢の島（若洲）建設にあたって反対運動が起きた。東京 23 区のごみを受けいれる江東区では、ごみを搬入する清掃車による交通渋滞、事故、搬入路への塵芥や汚汁の飛散等が深刻な問題となった。1971 年には東京ごみ戦争が宣言され、全国にごみ戦争が広がりをみせた。

　1980 年代に入ると、景気回復、バブル景気とアメニティの追求により、廃棄物排出量は増加し続けた。これにより、未焼却の可燃ごみの直接埋立処分が増え、既存の最終処分場の残余年数（＝残余容量／埋立量）が逼迫した。当時の最終処分場の残余年数は、一般廃棄物で 10 年未満、産業廃棄物で 1 ～ 3 年という低い水準であった。一方、1992 年の東京都日の出町における最終処分場への反対運動が注目される等、建設反対運動が全国で表面化した。

2）産業廃棄物の不法投棄問題

　一般廃棄物は市町村に処理責任（域内処理の原則）がある。しかし、産業廃棄物の処理はどこでなされてもよく、排出業者は安価に処理をしてくれる処理業者に委託した。処理業者は安価に最終処分を行える地方を処分地とした。加えて、処分業者が不法投棄等の不法行為をした場合に排出事業者に対する連帯責任を負わせる制度がなかったため、不法投棄が蔓延することとなる。

　産業廃棄物の不法投棄は、2000 年前後には年間 1,000 件、投棄量 40 万 t を超えていたが、その後に廃棄物処理法の改正（2003 年）による罰則強化等により、2016 年には年間 131 件、2.7 万 t まで減少してきている。2000 年前後

の不法投棄件数では、青森県、茨城県、千葉県、長崎県、鹿児島県等が多く、遠方へのつけ回しが問題であった。

　不法投棄の事例のうち、豊島（香川県）の事件を取り上げる（表3-1）。1975年、豊島総合観光開発㈱は、土砂を大量に採取した島内の跡地に、有害産業廃棄物処分場を計画した。しかし、住民の反対運動が起こったことから、同社は有機性の廃棄物によるミミズ養殖業として許可をとり、実際には産業廃棄物の不法処理を始めた。1990年になり、兵庫県警の摘発により操業停止、経営者は逮捕、有罪判決を受け、大量の有害物質を含んだ50万tを超える産業廃棄物が放置された。撤去は2003年に開始され、約15年を要した。

　持ち込まれた産業廃棄物には、自動車のシュレッダーダストも含まれていた。このため、自動車の製造事業者と使用者である私（たち）は、間接的な加害者である。豊島事件では住民が島をあげて反対運動を起こし、継続してきたことで、責任を認めなかった香川県の謝罪を取り付けることができた。美しい島に平和に暮らしていた住民が反対運動にかけた長い月日を知らなければならない。

表 3-1　豊島事件の経緯

年月	出来事
1975 年	業者が県に対して、有害な産業廃棄物等を取り扱う処理業の許可を申出
1976 年	豊島住民の代表が知事あてに、住民の署名（1390 人）による嘆願書を提出
1977 年	業者が事業内容をミミズによる土壌改良剤化処分に変更する申出
1978 年	県がミミズによる土壌改良剤化処分業に限るとして、事業を許可
1983 年	業者が県から、金属くず商の許可を取得（シュレッダーダスト搬入）
1990 年	兵庫県警により摘発、操業停止
1991 年	実質的経営者は逮捕、有罪判決、産業廃棄物は放置のまま
1993 年	住民は香川県・処理業者・排出業者を相手取り、国に公害調停を申し立て
1995 年	国の調査により、県の説明する3倍近い廃棄物が埋まっており、極めて有害で、瀬戸内海へ流出しているという状況が明確化
1997 年	県と住民とが中間合意
2000 年	公害調停は、県による産業廃棄物の撤去と、知事の住民への謝罪により終結
2003 年	不法投棄された産業廃棄物の撤去と域外処理の開始
2017 年	産業廃棄物の撤去完了
2018 年	撤去された場所の地下水浄化作業中、新たな汚泥が見つかる
現在	地下水浄化作業を継続中

写真 3-1　豊島の美しい景色と不法投棄場所の現在

（3）発生量の減少と新たな問題

1）2000 年をピークにごみ排出量の減少傾向

　1990 年代以降、バブル崩壊にもかかわらず、大量生産・大量消費・大量廃棄型の経済システムに変化はなく、ごみの排出量は増え続けた。

　これに対して、リサイクル推進のための法律が整備され、製品ごとにリサイクルの回収・処理と費用負担の仕組みが導入されてきた。2000 年に容器包装、2001 年に家電と食品、2002 年に建設廃棄物、2005 年に自動車、2012 年に小型家電と、個別のリサイクル法が施行された。こうしたリサイクル法は、ごみの発生量に応じた負担を求める仕組みをつくり、十分ではないものの、排出量の抑制効果が得られている（第 10 章の 10.1 参照）。

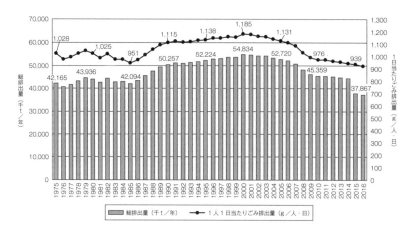

図 3-2　ごみ総排出量と 1 人 1 日当たりごみ排出量の推移
出典）環境省資料[1] より作成

　図 3-2 に一般廃棄物の総排出量と 1 人 1 日当たり排出量の推移を示す。どちらも 2000 年をピークに減少に転じた。最終処分場の残余年数も 1997 年に 10 年を、2014 年には 20 年を超えた。

　産業廃棄物の排出量の減少傾向は見られないが、リサイクルの進展により最終処分場の残余年数は 2008 年に 10 年を超え、2015 年に 16.6 年となっている。

2）資源問題や地球環境問題の文脈での問題

　1990 年代以降は、地球環境問題が注目されるようになり、ごみ問題も資源問題、地球環境問題の文脈のなかで取り上げられるようになった。

　図 3-3 に廃棄物の循環フローを示す。物質循環は出口だけの問題ではなく、入口の天然資源の保護の観点から、さらには処理に伴う二酸化炭素の排出抑制（気候変動防止）の観点からも、より健全な物質循環のあり方が求められる。

　気候変動防止の観点では、処理場での焼却に伴う二酸化炭素排出の抑制だけでなく、焼却における熱回収、廃バイオマスのエネルギー利用等による化石燃料の代替効果（これによる二酸化炭素排出削減効果）の発揮も期待されている。

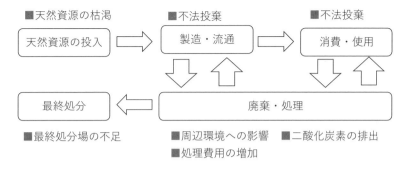

図 3-3　廃棄物の循環フローと問題側面

3）残されている廃棄物問題

　現在、残されている廃棄物問題として、4 点をあげる。

　第 1 に、廃棄物対策では 3R（リデュース、リユース、リサイクル）のうち、リデュース、リユースといった根本対策を優先して進めるべきとされる。今日では、リサイクルは進展しているが、リデュース、リユースが不十分である。大量生産・大量消費・大量廃棄の構造を見直す対策が求められる。

　第 2 に、外食や中食、コンビニエンスストアの増加等により、食品ロスが多くなっている。食品ロスとは、本来食べられるのに捨てられてしまう食品のことである。日本の食品ロスの量は、国内の米の生産量に匹敵する。食べ残しや調理方法（過剰な除去）等を見直すとともに、安いからといって安易に大量買いをするような消費スタイルの改善が求められる。

　第 3 に、海ごみの問題である。海ごみは、特定の地域に繰り返し大量に漂着し、人がアクセスできないような所で除去されないまま蓄積している。回収しても塩分や汚れ等のためにリサイクルが困難であり、紫外線や高温で劣化してマイクロプラスチックとなり、海洋生物に影響を与える（3.4 参照）。陸上で捨てられたごみが海に流出しており、ポイ捨て行動への対策とともに、プラスチック使用の抑制（脱プラスチック）が課題となっている。

　第 4 に、気候変動の進展によって増加する災害廃棄物の処理・処分の問題、人口減少下での廃棄物処理場の維持管理、更新、統合の問題がある。

3.2　生物多様性の問題

（1）野生生物の大量絶滅

　世界では約175万種が既知の生物であり、未知の生物も含めると地球上には3,000万種の生物が存在すると推定されている。

　これまでの地球の歴史において、多数の生物種が生存できなくなる「大量絶滅」の時代が何度かあった。恐竜の大量絶滅があった白亜紀末をはじめ、これまでの自然的要因で起こった絶滅は数万～数十万年の時間がかかっており、その絶滅速度は0.001種／年程度であった。現在は、人間活動による大量絶滅時代と言われる。1600～1900年には0.25種／年だった生物種の絶滅速度は、1975年以降、4万種／年と急激に上昇している（図3-4）。

　2017年の国際自然保護連合（IUCN）調査によれば世界の絶滅の恐れのある野生生物は2万5,812種（対象とした9万1,523種のうち）である。

　日本は南北に長く複雑な地形を持ち、湿潤で豊富な降水量と四季の変化もあることから、既知だけで9万種以上、未知まで含めると30万種以上の生物が存在する。環境省第4次レッドリストでは、絶滅の恐れのある種（絶滅危惧種）3,430種である。日本に生息・生育する爬虫類及び両生類の3割強、哺乳類及び維管束植物の2割強、鳥類の1割強の種が、絶滅危惧種に選定されている。

　絶滅の危機に瀕している種（絶滅危惧Ⅰ類）には、アマミノクロウサギ、ジュゴン、ラッコ等の哺乳類、イヌワシ、コウノトリ、ライチョウ等の鳥類、アカウミガメ等の爬虫類、イトウ、ウナギ、タナゴ、ムツゴロウ等の魚類、ツマグロキチョウ、ゲンゴロウ等の昆虫類、ヒメユリ等の植物が含まれる。

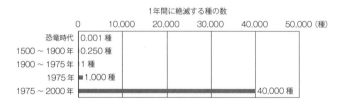

図3-4　種の絶滅速度
出典）ノーマン・マイヤーズ（1981）[2]より作成

（2）生物多様性を損なう 4 つの危機

1）生物多様性とは

　生物多様性（biodiversity）は、1992 年の地球サミットにおける生物多様性条約で、種内の多様性、種間の多様性及び生態系の多様性を含むと定義され、以降、自然環境に関する問題を表す用語となっている。

　生物多様性は私（たち）の活動を原因として、4 つの危機に晒されている。第 1 の危機は開発、第 2 の危機は放棄である。第 3 の危機は経済活動のグローバル化による外来生物種等の増加、第 4 の危機は、気候変動等の地球環境変化の影響による自然生態系の変化である

2）第 1 の危機：開発等人間活動による危機

　日本列島は温暖多雨で森林に恵まれた土地であり、地形が急峻なこともあって、森林が比較的保全されてきた。土地利用現況把握調査 [3)] によれば、2018 年の土地利用区分は、森林 66.2％、農地 11.7％、住宅地 3.2％、工場用地 0.4％、事務所・店舗等 1.6％と、森林面積率が高い。他国の森林面積率（2015 年）は、イギリス（13.0％）、フランス（31.0％）、イタリア（31.6％）、ドイツ（32.8％）、スペイン（36.8％）、アメリカ（33.9％）、カナダ（38.2％）等であり、日本は森林が豊富な国である。

　しかし、工場・事業所用地、住宅地、ゴルフ場・レジャー施設、農用地、公共用地等への森林の転用が続き、森林面積の減少がみられた。

　また、環境省の自然環境保全基礎調査 [4)] によれば、日本の自然海岸延長は第 2 回調査（1978 年）時点で 1 万 8,967 km（総海岸延長の 59.0％）であったが、第 5 回調査（1994 年）には 1 万 7,660 km（同 52.6％）と減少した。

　干潟面積は戦後には 8 万 ha を超えていたが 1990 年代には 5 万 ha を切るようになり、開発により大きく減少してきた。干潟は漁業生産、水質浄化、自然とのふれあいの場として貴重であるが、浅瀬で開発しやすいためである。

　愛知の藤前干潟、東京湾の三番瀬、有明海の諫早干潟等では、1980 年代以降に埋立・干拓事業が計画され、漁民や NGO による反対運動が繰り広げられた。

　このうち、藤前干潟では、1984 年の名古屋市によるごみ埋立の計画に対して、「藤前干潟を守る会」等が幅広い運動を行い、1999 年に計画は撤回され、

2002 年にはラムサール条約登録湿地となった。これを契機に、名古屋市はご
み減量化の対策を進めた。東京湾の三番瀬では、1993 年に埋立・開発計画が
出されたが、市民による反対運動と反対を公約した知事の誕生により、2001
年に計画中止となった。

　諫早湾では、干拓による農地の獲得と農地の冠水被害（塩害）の防止と農業
用水の確保の目的で大規模な干拓事業が進められた（2007 年完成）。潮受け堤
防の水門閉鎖後、二枚貝タイラギの死滅、海苔の色落ち等が発生し、自然保護
団体や漁業協同組合が反対運動を行ってきた。裁判では開門調査の命令が出た
ものの、農業者の訴えもあり、調整が続いている。

3）第 2 の危機：自然に対する働きかけの放棄や縮小の危機

　日本の森林面積率は 66.2％であるが、そのうち手つかずの自然林である一
次的自然は 3 割以下であり、残りは二次林と植林地といった人の手が加わっ
た二次的自然（里山）である。里山は、農地、水路・ため池、集落等とともに、
モザイク状に自然が入り組んだ里地（農山村）の要素となり、身近で多様な生
物の生息空間である。

　里山は、農耕普及に伴い、肥料としての落葉、エネルギー源としての柴材や
薪炭材を採取する森林として形成された（図 3-5）。しかし、化学肥料と化石
燃料が普及し、里山は放棄され、萌芽更新をする雑木林の植生が変化してき
た。放棄された雑木林は陽樹（落葉樹）から陰樹（常緑樹であるシイ・カシ
類等）へと遷移し、明るい林床を好むササユリ、オオミスミソウ、カタクリ、
シュンラン、ギフチョウ等の生き物の減少を招いている。

　建築材料等として有用なスギやヒノキを植えた人工林もまた、木材輸入によ
り林業が低迷し、間伐による手入れや伐採・再造林が困難な状態となってい
る。竹林も、安いタケノコの輸入やプラスチックの普及等により利用が低下
し、面積の拡大と放棄が見られる。

　沿岸海域もまた、人の手が沿岸の陸域と海域に関わることで形成された二次
的自然（里海）である。しかし、汚濁物質等による水質悪化、水質浄化や生物
生息環境として重要な藻場、干潟等の減少、海ごみの増加等により、海の生物
多様性の減少が見られる。

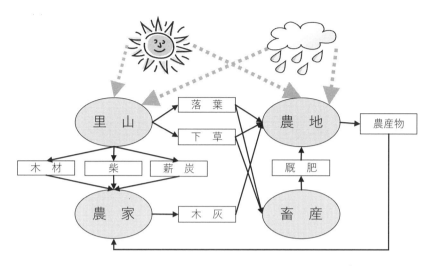

図3-5　里山・里地の循環モデル

　二次的自然の放棄は、二次的自然に生息する身近な生物の減少やそれらとの
ふれあいの希薄化という点で問題であるとともに、鳥獣被害を増加させる点で
問題となる。本来、シカ、イノシシ、クマ等の野生生物は人間と距離をおいた
奥山に生息し、それら野生生物と人が暮らす里との間に、農地や里山があっ
た。しかし、農地や里山が放棄されると、野生生物が里に侵入しやすくなり、
鳥獣被害を引き起こす。

　中山間地域での人口減少・高齢化、農業の衰退が進むなか、鳥獣被害は営農
や定住の意欲をますます減退させ、集落縮小の動きを加速させる。これによ
り、さらに鳥獣被害が増加するという悪循環が進んでいる。

4）第3の危機：外来種等の人により持ち込まれたものによる危機

　外来種（移入種）は、人間によって本来の生息地以外の地域に移動させられ
た生物のことをいう。外国から日本国内への持ち込みだけでなく、国内で本来
の生息地外へ運ばれる場合（離島へ持ち込まれたヤギやニホンイタチ等、生ま
れた川と異なる地域に放流されたメダカ等）も、外来種である。日本の野外に
生息する外国起源の生物の数は約2千種といわれる。外来の時期が古く、定
着をして在来種だと思われている種も多い（オオバコ、ヒガンバナ、コイ等）。

　外来種には、日本国外から意図的に日本国外から導入されたものと非意図的に導入されたものがある。意図的導入は、ペット用（アカミミガメ、アライグマ等）、天敵（ジャワマングース等）、食用（ウシガエル等）、園芸用（オオキンケイギク等）、レジャー用（ブラックバス等）がある。非意図的導入では、シロツメグサ、ムラサキガイ、ヒアリ等がある。いずれにせよ、経済活動のグローバル化が外来種の増加を招いている。また、メディアの影響による一次的流行やペットブーム等が外来種問題の背景にある。

表 3-2　外来種の影響の例

分類		生物種と影響
生態影響	在来生物種の捕食	マングース（沖縄島・奄美大島の在来小動物を捕食）
		オオクチバス（在来の淡水魚類・昆虫等を捕食）
	在来生物との競合	ミシシッピアカミミガメ（在来淡水カメ類と競合）
		チョウセンイタチ（ニホンイタチと競合）
	在来生物と交雑／繁殖干渉	タイワンザル（ニホンザルと交雑）
		セイヨウオオマルハナバチ（在来マルハナバチに対する繁殖干渉）
		セイヨウタンポポ（在来のタンポポ類と交雑）
	寄生生物の持ち込み	マツノザイセンチュウ（マツ類へ寄生してマツ材線虫病を起こす）
		リスザル（サル類の感染症ヘルペスタマリヌスを媒介）
		ヒョウモントカゲモドキ（爬虫類の感染症クリプトスポリジウム媒介）
	環境の改変	ヤギ（食害による植生の破壊）
		ヌートリア（巣穴掘りによる堤防等の損傷）
農林水産被害	農業被害	アライグマ等（農作物に対する食害）
		ゾウムシ類・ジャガイモシストセンチュウ等（植物病害虫）
		ハリビユ・セイバンモロコシ等（強害雑草）
	林業被害	マツノザイセンチュウ等（マツ材線虫病を起こす）
	漁業被害	オオクチバス（漁業対象種の捕食）
		カサネカンザシ（養殖貝類と競合）
人間の健康被害	人間への感染症の持ち込み	ネッタイシマカ（デング熱、黄熱、チクングニア熱等の媒介）
		アフリカマイマイ（広東住血吸虫の媒介）
		アライグマ・インコ類（アライグマ回虫、狂犬病、オウム病等の媒介）
	刺傷被害	セアカゴケグモ・ヒアリ・アカカミアリ（有毒、咬傷・刺傷の被害）カミツキガメ（咬傷被害）
	不快害虫	ヤンバルトサカヤスデ、アルゼンチンアリ、サツマゴキブリ
	その他	ブタクサ・カモガヤ（アレルゲンになる）

出典）『侵入生物データベース』[5] より作成

　外来種は、本来の生息地で問題となっていた生物ではなく、また移動先で深刻な被害を起こさない場合もある。しかし、移動先で繁殖集団を形成し、土地の生態系・農林漁業・人間の健康や日常生活等に被害を及ぼすことがある。特に影響が大きい生物を侵略的外来生物という。沖縄本島や奄美大島に持ち込まれたマングース、小笠原諸島に入ってきたグリーンアノール等である。

　奄美大島では、ハブの天敵として、1979 年にマングース数十頭が放されたが、ハブの天敵とはならず、代わりにアマミノクロウサギやアマミイシカワガエル等の奄美大島に生息する多くの動物を捕食してしまった。マングースは分布域を広げ、ピーク時には 1 万頭まで増えたと推定されている。2005 年からは「奄美大島からのマングースの完全排除」を目標に、防除事業を進めている。

5）第 4 の危機：気候変動等の地球環境の変化による危機

　気候変動は、大気及び水温の高温化、降水量の変化、海洋の酸性化等をもたらし、生物の生息環境あるいは生物自体に影響を与えている。気候変動による自然生態系への影響として科学的に確からしいと報告されている事例を表 3-3 に示す。気候変動の自然生態系への影響として、重要な 4 点を示す。

　第 1 に温暖化による植物の開花や紅葉、動物の初鳴き等の生物季節（フェノロジー）への影響が身近に観察されている。さくらの開花時期、紅葉の時期、アブラゼミの初鳴き時期等の変化である。さらに、植物の開花や結実の時期、昆虫の発生時期等の生物季節は生物によって異なり、昆虫による送受粉、鳥による種子散布等の生物間の相互関係に狂いが生じる可能性がある。

　第 2 に、気候変動は生物の生息適地や実際の生物分布を変化させる。生息適地の変化により、緯度や標高が高い方向に生息場所を移動させることができればよいが、生物の移動速度が気温上昇による生息適地の北上の速度に追いつかないと生物の絶滅を招く。樹木の移動速度は 4 〜 200 km/100 年のオーダーであるといわれ、気温上昇による生息適地の移動速度よりも遅い可能性がある。また、高山・山岳地帯ではより標高の高い場所に移動するが、垂直方向には移動の限界があり、ハイマツやそれに依存するライチョウ等の減少が懸念される。

　第 3 に、気候変動は低温期の生物の生息（越冬）や活動の活発度を変化させる。例えば、アサリの食害で知られるナルトビエイは海水温の上昇により滞

表 3-3　気候変動の自然生態系への影響の例

分野		影響事例
陸域	高山・亜高山帯	気温上昇や融雪早期化等による植生の衰退や分布の変化
	自然・二次林	落葉広葉樹が常緑広葉樹に置き換わった可能性が高い箇所
	人工林	気温上昇と水ストレスの増大によるスギ林の衰退
	野生鳥獣	日本全国でニホンジカ等の分布拡大
淡水	湖沼	水温の上昇による湖沼の鉛直循環の停止・貧酸素化の懸念
	湿原	降水量の減少や湿度低下、積雪深の減少による乾燥化の可能性
沿岸	亜熱帯	海水温の上昇等によりサンゴの白化現象
	温帯・亜寒帯	海水温の上昇による低温性の種から高温性の種への遷移進行
生物季節		植物の開花の早まりや動物の初鳴きの早まり
生息域		分布の北限の高緯度への広がり

出典）『気候変動適応情報プラットフォーム』[6] より作成

在・活動期間が長期化している。藻類を食べる魚は、海水温上昇により、冬季も活動が活発となり、この食害が藻場消失の一因になっている可能性がある。

　第4に、気候変動は気温上昇だけでなく、台風の強度や降水量の増加という側面もあり、その影響は複雑である。例えば、水温上昇はサンゴの白化を招くが、台風による海水の攪拌は海水温を低下させ、サンゴの白化を抑制する効果がある。その一方で、強い台風が直接的にサンゴ礁を破壊したり、陸域からの土砂流出の問題を招いたりする可能性がある。

　以上のように、気候変動の自然生態系への影響は複雑で不確実なことも多い。モニタリングによる影響の観察と、将来の影響を予測したうえで、将来に向けて対策の備えをしていくことが必要となる（第10章の10.4参照）。

（3）生物多様性の危機の問題点

1）4つの危機の根本原因

　生物多様性の4つの危機は、生物種の絶滅、種内の多様性、種間の多様性及び生態系の多様性を損なう。二次的な自然の放棄は放棄された生物生息地の開発を招き、気候変動は外来種の定着を促すというように、4つの危機は相互に関連する（図3-6参照）。

　4つの危機の根本には、私（たち）の社会経済システムが持つ構造的な原

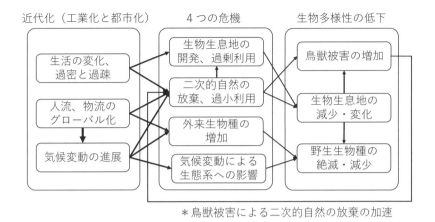

図 3-6　生物多様性の危機の構図

因がある。①人間の都合次第で自然の開発（あるいは放棄）を行い、②便利な
交通手段を得て、人流・物流をグローバル化させ、③化石燃料を使用すること
で、気候変動を進行させている。こうした構造的な原因を取り除くことは容易
ではないが、生物多様性の観点から、人間活動のあり方を見直すことが求めら
れる。

　また、生物多様性を守る意義は、人間にとっての利用価値があるからだけで
はない（第1章の1.2参照）。生物の生命そのものに価値がある（非利用価値、
存在価値）があるという視点から、人間中心にならないように生物多様性の保
全に取り組むことが求められる。

2）生物多様性の利用面の問題点

　生物多様性条約では、①生物の多様性の保全のみならず、②生物多様性の構
成要素の持続可能な利用、③遺伝資源の利用から生ずる利益の公正で衡平な配
分という目的を掲げている。つまり、自然環境の保全が不十分なことだけでな
く、自然環境と人の関わり方が持続可能でないこと、自然環境から得る恵みの
配分が公平でないという点も、生物多様性に係る問題点である。

　私（たち）が目指すべき持続可能な社会は、生物多様性を確保するとともに、
生物多様性を適正かつ公平に活用する社会である（第6章の6.1参照）。

3.3　地球環境問題

（1）地球環境問題の全体像と酸性雨、オゾン層の破壊

1）地球環境問題の全体像

　地球環境問題は1992年のリオ会議で関心を高めた問題群である。問題群に共通する根本要因は、先進国における近代化の進展と途上国への近代化の拡散、国際取引の活発化、途上国の経済成長・人口増加等である。

　問題の直接的要因からみると、地球環境問題は4つに分けられる（図3-7）。①天然資源の輸出入を原因とする問題（熱帯雨林の減少）、②化石燃料の使用増加による問題（気候変動、酸性雨）、③化学物質の使用増加による問題（オゾン層の破壊、有害廃棄物の越境移動、海洋汚染）、④その他（他の問題の結果である野生生物種の減少、途上国の開発等に起因する砂漠化）である。

　また、加害・被害の関係から、地球環境問題は、①加害国と被害国が別々に特定できる問題（酸性雨、有害廃棄物の越境移動等）、②地球上の不特定多数の国が加害国となり、同時に被害国となる問題（気候変動、オゾン層の破壊）に分けられる。

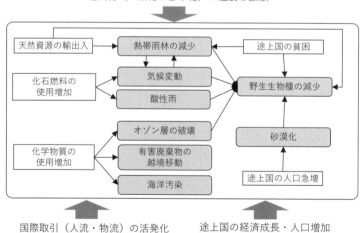

図3-7　地球環境問題群の関係

2）酸性雨の国際問題化と対策の進展

　酸性雨とは、二酸化硫黄や窒素酸化物等が硫酸や硝酸を生成し、雨・雪・霧等に溶け込み、強い酸性を示す現象である。酸性雨の基準は一般的にpH5.6である。大気中の二酸化炭素が十分溶け込んだ場合のpHが5.6であるためであるが、火山やアルカリ土壌等周辺の状況によって本来の降水のpHは変わる。

　1960年代後半からスカンジナビア半島南部で被害が激化し、1976年にはノルウェーのトブダル川でマスの大量死事件があった。スウェーデンの土壌学者スバンデ・オーデンは、酸性雨の原因である二酸化硫黄の90％、窒素酸化物の80％が海外での排出と指摘した。

　西ドイツでは、1982年後半に森林被害状況調査により、国内の森林被害を把握し、汚染防止対策を求める世論が高まり、政府は酸性雨対策に舵をきった。1982年には、スウェーデン政府主催の環境の酸性化に関する会議により、1990年までに硫黄酸化物の排出を1980年比で30％削減する協定が締結された（10か国）。英国は対策コストを正当化する汚染物の有害性の科学的根拠の不足等を理由に協定に参加をしなかったが、1990年代に入り、ジュネーブ議定書、オスロ議定書に参加し、削減目標を達成した。これらの取組みにより、欧州の工業国の二酸化硫黄等の排出量は大きく削減されてきた。

　日本の降水は、ほぼ国内のすべての観測地点で酸性雨である。これは島国であるため、海水由来のアルカリ分が多いためである。もともと、酸性の雨が降っていたため、酸性雨による自然界への影響は小さいとされる。一方、中国等の工業化により、大気中への二酸化硫黄や窒素酸化物の排出量が増大しており、アジアにおいても酸性雨の観測や対策が進められている。

3）オゾン層の破壊と代替フロン対策の進展

　オゾン層は紫外線を吸収して地上の生命を守っているが、フロンによって破壊される。フロンは人工物質として、1928年に冷蔵庫等の冷媒用に開発された。不燃性、化学的安定、液化しやすいため、冷媒として理想的であった。さらに、油を溶かし、蒸発しやすく、人体に毒性がないという性質を持ち、断熱材や発泡剤、半導体や精密部品の洗浄剤、スプレーの噴射剤等に活用された。

　フロンは安定な物質であるため、対流圏（地上から高度15kmぐらい）で

は分解されないが、成層圏（高度15〜100 km）まで達すると、強い紫外線によって分解され、塩素原子を放出し、これが触媒となって、オゾンと酸素原子を反応させ、オゾンが破壊される。

オゾン層の破壊の問題は1970年代の後半から指摘されてきた。1985年には、イギリスの科学者ファーマンが南極上の成層圏オゾン量が春季で従来より50%減少しており、オゾンホールが発生していると報告した。1987年にフロン生産及び消費に制限を加えるモントリオール議定書が採択され、代替フロンへの転換が進んできた。1980年代のフロンガス規制の対象は特定フロンといわれ、当初は影響が強い5種類であったが、1992年に15種類に増やされた。

日本では1988年に「特定物質の規制等によるオゾン層の保護に関する法律」が制定され、翌年からフロンの生産規制が開始された。さらに特定フロンの対象が増やされてきた。また、冷蔵庫やクーラーの冷媒等として家庭や企業等に出回っている特定フロンの回収・破壊に関しても、1990年代の後半に手引きやプログラムがつくられた。1998年公布の「特定家庭用機器再商品化法」では、家庭用冷蔵庫、及びエアコンからの冷媒用フロンの回収が義務づけられた。

代替フロンの使用によって、オゾン層の破壊に対しては一応の解決策が示された。しかし、フロンガス類は、特定フロン、代替フロンともに、対流圏での温室効果が非常に高いという性質がある（表3-4）。このため、2015年の「フロン類の使用の合理化及び管理の適正化に関する法律」では、代替フロンも含めて規制がなされた。

表3-4　特定フロンと代替フロン、ノンフロンの特性

	特定フロン	代替フロン	ノンフロン
国内根拠法	1988年オゾン保護法	2015年フロン排出抑制法	—
主な物質例	CFC、HCFC	HFC　＊塩素を含まない	HC
オゾン層破壊	破壊効果あり	破壊効果なし	破壊効果なし
気候変動	温室効果大きい	温室効果大きい	温室効果なし

CFC：クロロフルオロカーボン、HCFC：ハイドロクロロフルオロカーボン、HFC：ハイドロフルオロカーボン、HC：ハイドロカーボン

注）塩素を含むフロン（フルオロカーボン）以外にも、臭素を含むハロンや臭化メチルといったオゾン層破壊物質がある。成層圏におけるオゾン層破壊物質のほとんどがフロン（特にCFC）である。

（2）気候変動の現象解明と取組み

1）科学者から政策決定者へ

　気候変動の原因は、私（たち）が温室効果ガス（Green House Gases：GHGs）を大気中に大量に放出したことによる。温室効果ガスとは大気中に微量に含まれる二酸化炭素（CO_2）、メタン（CH_4）、亜酸化窒素（N_2O）、フロン等である。このうち、最も温室効果が高いガスは、私（たち）のエネルギー消費や森林破壊により、大気中に排出される二酸化炭素である。

　温室効果ガスは赤外線を吸収し、再び放出するという性質を持つ。このため、太陽から地球に降り注ぐ光は地球の大気を素通りして地面を暖め、暖められた地球の表面から赤外線が放射されて地球外に向かう際、温室効果ガスがあると、赤外線の多くが熱として蓄積され、大気を暖める。

　現在、地球の平均気温は14℃前後であるが、大気中に温室効果ガスがないとマイナス19℃くらいになる。しかし、温室効果ガスの大気中の濃度が高くなりすぎると、気温上昇を招き、地球上の大気と水の循環が変化する。

　温室効果ガスに関する研究は、1800年代からなされていた。イギリスの物理学者チンダル（Tyndall）は、二酸化炭素等が赤外線を吸収することを実験的に示し、スウェーデンの物理化学者アレニウス（Arrhenius）が二酸化炭素の増加による地球気温の上昇を推定した。

　人為的な化石燃料燃焼が大気中の二酸化炭素濃度上昇の原因であることや観測による実証が進んだのは、1970年以降であった。アメリカが1950年代にハワイのマウナロア山で大気中の二酸化炭素濃度の観測を始め、1980年代には濃度上昇が確認された。科学者により問題の深刻さが指摘されてきたなか、1988年に国連環境計画（UNEP）と世界気象機関（WMO）が、気候変動とその影響について最新の知識を結集し、将来への方向性を示すために、気候変動政府間パネル（Intergovernmental Panel on Climate Change：IPCC）を設置した。

　同パネルに世界の科学者や専門家が集まり、気候変動に関する研究成果をまとめ、1990年に第1次報告書を作成し、気候変動の可能性を指摘した。その後、1995年、2001年、2007年、2013年と新たな知見をまとめた報告書が作

表 3-5　IPCC の報告書における表現の変化（温暖化と人間活動の関係について）

1990 年	第 1 次報告書	「気温上昇を生じさせるだろう」 　　人為起源の温室効果ガスが気候変化を生じさせる恐れがある。
1995 年	第 2 次報告書	「影響は全地球の気候に表れている」 　　識別可能な人為的影響が全球の気候に表れている。
2001 年	第 3 次報告書	「可能性が高い（66％以上）」 　　過去 50 年に観測された温暖化の大部分は、温室効果ガス濃度の増加によるものだった可能性が高い。
2007 年	第 4 次報告書	「可能性が非常に高い（90％以上）」 　　温暖化には疑う余地がない。20 世紀半ば以降の温暖化のほとんどは、人為起源の温室効果ガス濃度の増加による可能性が非常に高い。
2013 年	第 5 次報告書	「可能性が極めて高い（95％以上）」 　　温暖化には疑う余地がない。20 世紀半ば以降の温暖化の主な要因は、人間活動の可能性が極めて高い。

成された。IPCC の報告書では、科学的根拠の確からしさを慎重に表現しているが、回を重ねるごとに、記述の確からしさを高めてきている（表 3-5 参照）。

　並行して、科学の成果による問題認識は政策へと広がりを見せてきた。1988 年には、カナダのトロントで「変化する地球大気に関する国際会議」が開催され、自然科学者と政策決定者が集まり、温室効果ガスの削減目標を勧告した。そして、世界の国々が 1992 年にリオデジャネイロに集まり、「気候変動に関する国連枠組み条約」に署名した（第 2 章の表 2-4 参照）。

2）気候変動の確からしさと懐疑論

　IPCC の第 5 次報告書では、温暖化は疑う余地がない観測事実であるとし、その原因が人為起源の温室効果ガスであることも 95％確かであると断言した。

　実際に世界の気温は、長期的には 100 年あたり 0.74℃の割合の上昇となっている。特に 1990 年代半ば以降、高温年が顕著である。図 3-8 では北半球と南半球の気温の経年変化を示す。北半球は陸域が多いこと等から温度上昇が大きい。地域的な条件等から温度上昇の差があるものの、気温上昇は明らかである。

　一方で、温室効果ガスの世界の平均濃度は 2015 年に 400 ppm を超え、工業化（1750 年）以前と比べて 100 ppm 以上も増加している。この増加は化石燃料の使用や森林破壊といった人為による。この濃度上昇が温室効果をもたら

し、地球全体の気温上昇が説明されている。

　しかし、温暖化の科学的根拠やその取り上げ方について、疑念を呈する見解も示されている。それらは、①科学的な妥当性、②メディアの情報バイアス、③利害関係者の誘導等を指摘する。科学的な妥当性については、観測データの不備、人為的な温室効果ガス濃度以外の要因等が指摘されている。2009年のクライメートゲート事件では、大学研究者の電子メールと文書が流出し、データの捏造やIPCC評価報告書の結論への不信感等が報じられた。しかし、その後、「科学者としての厳格さ、誠実さは疑いの余地がない」と検証され、事件報道は誤解であると報告されている。

　メディアの情報バイアスは、温暖化に対する異論も含めた少数意見を取り上げない報道を指摘するものである。利害関係者の誘導は、原子力推進のための虚構であるとか、気候変動の進展を強調し、土木事業への予算配分を強化しようとする意図がある等とするものである。

　これらの反論は、事実の誤解や曲解を含む場合も多く、私（たち）はそれぞれの主張の根拠を確認して、正否を判断する必要がある。

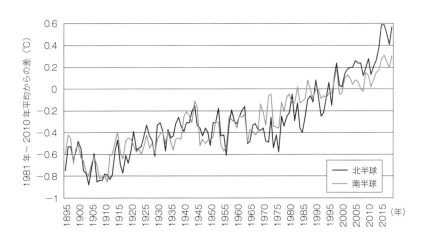

図3-8　世界の年平均気温偏差の経年変化（北半球と南半球）
出典）気象庁資料[7]より作成

3）人類が解決しなければならない今世紀最大の課題

IPCC 第 5 次報告書（2013）[8] では、「今世紀末までの世界平均地上気温の変化予測は 0.3 〜 4.8℃ である可能性が高い」と予測している。予測結果の幅は、①温室効果ガスの将来の排出量の不確実性（私（たち）の排出削減努力次第）、②気候変動を予測するモデルによる不確実性（計算モデルによって結果が異なる）による。また、実際には、温室効果ガス以外の自然要因による変動もあり、計算モデルでは予測できない現象もある。こうした将来予測の幅があるにせよ、気候変動は確かに進行するものと考えておくことがリスク管理として必要である。

また、IPCC の第 5 次報告書では、二酸化炭素の総累積排出量（大気中に排出された量）と世界平均地上気温の変化は比例関係にあるとして、今後 30 年以内には気候変動を止めないといけないと警鐘を鳴らしている。これは、次の計算による。

・「世界の平均気温上昇を産業革命以前と比べて 2℃ 以内に抑制すべき」という目標（2℃ 目標）が、国際的な合意となっている。世界年平均気温の変化からは、2℃ 以上になると影響の拡大が懸念されるためである。

・2℃ 目標を達成するためには、二酸化炭素の累積排出量の上限は 820 GtC（ギガトンカーボン）程度であると予測されている。

・2011 年までに、同累積排出量は 515 GtC に達しており、2℃ 以内に抑えるには、あと 305 GtC 程度の排出しかできない。

・2011 年の年間排出量は約 10 GtC であり、このままでいくと、気温上昇が 2℃ を超えるのは、約 30 年後（2040 年頃）となる。

4）1.5℃目標の検討

2℃ 目標を達成したとしても、気候変動は脆弱国にとって生存問題となるという危機感から、1.5℃ 目標を検討する IPCC 特別報告書が作成された。

同報告書では、2℃ 目標を達成した場合においても影響は大きいことを示している（表 3-6）。島嶼国や社会資本の整備が不十分な脆弱国においては、気候変動の影響がより深刻であり、1.5℃ 目標を目指す、強い対策が求められる。

同報告書では、1.5℃ 目標を達成するためには、2050 年前後に二酸化炭素排出量をゼロにする必要があるが、それは不可能ではないと示している。

表3-6 1.5℃目標と2℃目標における気候変動及び影響の違い

	1.5℃	2℃
極端な気温	2℃に比べて1.5℃に抑えることで、極端な熱波に頻繁に晒される人口が約4.2億人、例外的な熱波に晒される人口が6,500万人減少する	
	中緯度域の極端に暑い日が約3℃昇温する	中緯度域の極端に暑い日が約4℃昇温する
洪水	1976～2005年を基準とし、洪水の影響を受ける人口が100%増加する	1976～2005年を基準とし、洪水の影響を受ける人口が170%増加する
海面上昇	1986～2005年を基準として、1.5℃に抑えると26～77 cmの上昇となり、0.1 m（0.04～0.16 m）低くなる。影響人口は1千万人少ない	
生物種	昆虫6%、植物8%、脊椎動物4%の生息域半減	昆虫18%、植物16%、脊椎動物8%の生息域半減
サンゴ	生息域70～90%減少	生息域99%減少
海氷の消失	約100年に1度の可能性で、夏の北極海の海氷が消失する	約10年に1度の可能性で、夏の北極海の海氷が消失する

出典）IPCC特別報告書[9]より作成

5）既に足下で顕在化している気候変動の影響

　気候変動は将来の問題ではなく、既に約1℃の温度上昇が観測されている。1℃の温度上昇というと緩やかに聞こえるが、気候変動が猛暑や豪雨といった異常気象を底上げするため、その影響は甚大である。

　日本国内の各地の観測データは、高温年が頻繁化し、さらに常態化し、未経験の高温が生じていることを示している。また、2010年以降は、九州北部豪雨（2012年、2017年）、西日本豪雨（2018年）、台風19号及び前線（2019年）といった深刻な被害をもたらした。災害がないと安心していた地域においても、気候変動はどこにでも災害をもたらす可能性を高めていることを知らされた。

　気候変動の影響は世界各地、そして日本の足下で発生している。気候変動の影響を把握するうえで、注意しなければならない2点を示す

　第1に、IPCCの報告書、あるいは「気候変動の影響への適応計画」[10]等に示される気候変動の日本への影響は、そのまま私（たち）の足下への影響と同じではない。特に、日本は東南西に細長く、気候条件、地形条件、社会経済条件が異なる多様な地域を有するため、地域ごとに気候変動の影響を捉える必要がある。

　第2に、気候変動の影響は、社会経済的な抵抗力（レジリエンス）が弱い所

に発生する。先進国と比べれば、開発途上国では社会資本の整備が不十分であり、気候変動の影響を受けやすい。例えば、医療水準が低いために感染症のリスクが高く、また堤防等の整備が不十分であるために豪雨の被害を受けやすい。

　日本においては、人口減少と少子高齢化が進行し、行財政力や企業活力が低下する状況にあり、気候変動への抵抗力が弱まり、気候外力の上昇と相まって、気候変動の影響が増幅される可能性がある。高齢者は熱中症の被害を受けやすく、水・土砂災害で交通機関が分断されると、その復旧が困難になる。

　日本への影響として、研究課題となっている主な事項をまとめた（表3-7）。地域ごとにその地域への影響を点検し、社会経済的な抵抗力の程度等を加味して、影響の大きさや対策の緊急性を評価し、影響を軽減する対策を検討することが求められる（第10章の10.4参照）。気候変動の影響を地球問題ではなく、地域問題として捉えていくことが必要である。

表 3-7　気候変動の日本への影響（主なもの）

影響分野	具体例
沿岸・防災	・河川の防護レベルを超える降雨による洪水氾濫の被害増加 ・下水道の排水能力を超える降雨による内水氾濫の被害増加 ・土砂災害や地滑りの増加 ・海面上昇と台風強度の増加による高潮浸水や沿岸浸食の増加
水資源	・降雪の減少による雪解け水の不足 ・水温上昇によるプランクトンの増殖 ・豪雨による湖沼や海域への土砂やごみの流出
農林水産業	・コメの収量減少や品質劣化、適地の変化 ・果樹の栽培適地の変化や品質低下 ・家畜の体重減少や乳生産量の低下 ・漁獲される水産資源量の減少・種類の変化
製造業・ サービス業	・工場の破壊、通勤の障害等による生産停止 ・原材料の供給停止やサプライチェーンでの影響 ・労働環境の悪化、生産性の低下
健康	・ストレスや光化学オキシダント汚染による死亡リスクの増加 ・媒介動物の生息域拡大による感染症の拡大
自然生態系	・生息環境の劣化や生物分布適域の変化による生物種の変化 ・サンゴの白化等の生態系の損失や劣化 ・野生動物の増加（鳥獣被害）
暮らし・ 地域	・住環境や財政支出への影響 ・観光資源・文化財への影響
交通基盤・ 公共施設	・沿岸部に立地する施設の高潮被害 ・施設の損壊、運行への影響、利用者への影響

3.4　有害化学物質の問題

（1）化学物質の便益と毒性

1）産業革命と化学物質

　化学物質とは、元素（水素、鉄等）が組み合わさったものをいう。化学物質には自然界にもともと存在する天然物由来のもの、人間が利用しようとして意図して作った工業製品、あるいは人間が意図せずにできた副生物がある。地球上の化学物質数は天然物由来のものも含めて1億個、うち工業製品としての人工のものが10万種ともいわれる。

　今日、私（たち）の食べ物、住宅、家電製品、自動車、医薬品等の中には、多様な工業製品としての化学物質が含まれている。食品には香料、色素、人工甘味料、保存料等の化学物質が当たり前のように使われ、それらの食品添加物が使われない食品の流通量は少ない。洗剤等では汚れを落とす海面活性剤や抗菌剤、香料、スクラブ等が含まれている。家電製品等のプラスチックには可塑剤、難燃剤等が含まれている。

　工業製品としての人工化学物質は産業革命とともに登場した。蒸気機関の導入は、製造・輸送の両面から工業を発達させるきっかけとなったが、最初の工業は紡績産業であった。その紡績産業において漂白剤、染料等として、化学物質が開発、利用されるようになった。

　一方、コークス製鉄用の石炭乾留、あるいはガス灯用の石炭ガスの精製の際に発生するコールタールの処理が問題となっていた。このコールタールの活用のため、揮発油、防腐剤が分離、利用されるようになった。さらに、コールタールを原料とする有機合成化学が発展し、染料、医薬品、人工繊維、ダイナマイト等の製造等ができるようになった。

　経済活動の拡大に伴う木材の枯渇（これによるアルカリ剤として使われた木灰の不足）等といった人工化学物質への需要拡大、科学（化学）の発達による化学物質製造法の確立、化学反応の工程で生じる副生物の有効利用等といった動きが相まって、多様な化学物質の工業製品化が進展した。エネルギー革命とともに、化学物質革命が経済発展の基盤となり、先導力となってきた。

2）高度経済成長期に使用され社会問題となった人工化学物質

　人工化学物質は、天然由来の化学物質に比べて、大量生産が可能で安価、機能性に優れる等の利点があり、工業を発展させ、私（たち）の暮らしを物的に豊かなものとしてきた。しかし、化学物質には功罪両面がある。便利なものとして意図的に生成、利用された人工化学物質のなかには、毒性を有するものがあり、甚大な健康被害が社会問題となった。

　表3-8に、戦後に社会問題となった主な化学物質をまとめた。このうち、DDTやアスベストは毒性があるため生物の駆除等に用いられ、予想外に人体への影響が深刻であったという物質である。DDTはノーベル賞を受賞したほどに衛生上の貢献が評価されたが、後に発がん物質であるとわかった。

　森永ヒ素ミルク事件、ごみ焼却に伴うダイオキシン、PCBによるカネミ油症事件は、意図しない化学物質の混入や発生によるものである。これらは、化学物質の監視や管理が不十分なために発生した問題である。

　ここで取り上げた社会問題となった化学物質については、1980年代、1990年代と対策が取られ、新たな製造や使用はされなくなっている。発生防止のための対策もとられている。

　第2章で示した銅錬による鉱毒事件、水俣病等の公害病（有機水銀等、カドミウム）、大気汚染・水質汚濁等の環境問題は、すべて意図せずに生成された人工化学物質の問題である。オゾン層の破壊、気候変動の原因物質も化学物質であるが、化学物質 → 環境変化 → 人間への影響という構造であり、その影響は環境を経由して間接的であり、有害化学物質による直接的な健康被害ではない。

3）内分泌かく乱物質：環境ホルモン

　シーア・コルボーン他による著書『奪われし未来』[11]は、環境中の化学物質が動物の生殖異常を引き起こす可能性があると指摘した。ホルモンは内分泌腺（精巣や卵巣や脳、副腎や膵臓等）から分泌され、体内を一定の状態に保つホメオタシス（生体恒常性）を維持する。体外から摂取した化学物質がホルモンと同様の働きをすると、内分泌腺に障害を与え、精子の減少や流産・死産、奇形、オスのメス化等の生殖異常が発生する。ホルモンと同様の働きをする物質を内分泌かく乱物質あるいは環境ホルモンと言う。

　内分泌かく乱物質にはDDT、ダイオキシン、PCB等が含まれる（表 3-8）。
ほかにも、界面活性剤として使用されているアルキルノフェール、プラスチックに含まれるビスフェノールＡといった有害化学物質が社会問題となってきた。

表 3-8　高度経済成長期に使用され、社会問題となった化学物質

物質	利用特性	用途	問題の概要
DDT	強い毒性	防疫及び農業用殺虫剤	・日本では、戦争直後、アメリカ軍が持ち込んだDDTによる。シラミ等の防疫対策として用いられた。その後は農業用の殺虫剤として利用。 ・日本では 1948 年～1971 年の間、農薬として登録されたが毒性が強く、1981 年に製造・輸入禁止。 ・POPs 条約の規制対象物質の一つとなった。環境ホルモンとしての作用も指摘されている。
ヒ素	強い毒性	農薬、防腐剤、医薬品等	・1955 年、森永乳業が生産した粉ミルクにヒ素が混入し、乳児がヒ素中毒になり 130 名以上の死亡者、1 万 3 千名もの中毒患者。 ・無機ヒ素が短期間に大量に体の中に入った場合には、発熱、下痢、嘔吐、興奮、脱毛等の症状。 ・長期間にわたって、継続的かつ大量に体の中に入った場合には、皮膚組織の変化やがんの発生等の悪影響。
アスベスト	軟らかい、耐熱・対磨耗性	ボイラー暖房パイプの被覆、自動車のブレーキ、建築材	・天然に産する繊維状けい酸塩鉱物、石綿。 ・繊維が肺に突き刺さることによる発がん性（中皮腫）。 ・日本では 1989 年に「特定粉じん」に指定され、使用制限または禁止。 ・国際的にもバーゼル条約で有害廃棄物に指定され、各国間の越境移動を禁止。 ・発がんに至る潜伏期間（約 40 年）が長く、最近になり被害患者が急増、補償が行われている。
ダイオキシン	強い毒性	軍事兵器	・ベトナム戦争で枯れ葉剤として使われた。その後は意図的には製造されていない。 ・農薬の製造や塩化プラスチック系物質の燃焼の際に発生。日本ではダイオキシンの大部分がごみ焼却炉から発生しており、1999 年にダイオキシン類対策特別措置法を制定し、排出量は抑制された。
PCB	不燃性や電気絶縁性があり、化学的にも安定	電気機器の絶縁油、熱交換器の熱媒体、ノンカーボン紙	・1968 年、食用油「カネミライスオイル」を摂取した人に発症した中毒症の原因。米糠から抽出するライスオイルの脱臭工程で使われたPCB 等が製品中に混入した。 ・事件を契機に、PCB の毒性が社会問題化、1972 年の行政指導により製造中止・回収を指示。 ・約 39 万台のPCB 使用高圧トランス・コンデンサ等が事業者により保管されてきたが、PCB 特措法（2002）により処理が進行中。

4）残留性有機汚染物質 （Persistent Organic Pollutants：POPs）

化学物質の影響の広域化、長期化が危惧されるため、POPsが定義された。POPsは、有害性（人の健康・生態系）に加えて、難分解性、高蓄積性、長距離移動性といった特性を持つ。2004年には、「残留性有機汚染物質に関するストックホルム条約」（POPs条約）が発効された。POPsにはダイオキシン、DDT、PCBが含まれる。これら以外では、アルドリン等の殺虫剤、ヘキサクロロベンゼン等の殺菌剤があり、現在、38物質がPOPs条約の対象となっている。

POPsは既に製造・使用等が禁止されている。しかし、その物質の性質ゆえに表3-9のように、過去に環境中に排出された物質の影響が懸念される（レガシー効果）。また、開発途上国ではPOPsへの規制が不十分であり、その影響が当事国以外にも全地球にも及ぶ可能性があることが危惧される。

表3-9　POPsの特性に由来する問題点

特性	問題点
難分解性	環境中に排出された物質が容易に分解されずに、環境中に残留する。
高蓄積性	生態系の食物連鎖による濃縮（生物濃縮）がなされる。多様な海生哺乳動物に高濃度で蓄積される。
	脂溶性が高いために、体内の脂肪組織に蓄積され、排出されにくい。寿命が長い動物ほど、蓄積が多くなる。
	海生哺乳動物では、主に授乳により、母子間で物質が移行する。
長距離移動性	大気中に放出された後、大気の循環により長距離輸送される。
	熱帯地域では揮発し、大気により北極等に移動した後に、海洋に沈着する（グラスホッパー（バッタ）効果と言われる）。

5）マイクロプラスチック

マイクロプラスチックは、海洋等の環境中に存在する直径5 mm以下の微細なプラスチックである。大きなプラスチックは海洋を漂っているうちに、海鳥、クジラ、ウミガメ等の大きな海洋生物に誤飲され、消化管を詰まらせたり、傷つけるという問題がある。マイクロプラスチックは小さな海洋生物にも摂取される。今日、マイクロプラスチックが問題となっている3つの理由を示す。

　第 1 に、マイクロプラスチックは日常にプラスチックが使われている限り、多方面から大量に供給される。マイクロプラスチックには一次と二次の種類がある。一次マイクロプラスチックは、プラスチックの中間製品として製造される米粒大のプラスチック粒（レジンペレット）や洗顔料・ボディソープ・歯磨き粉等に使われるスクラブ剤（マイクロビーズ）である。

　二次マイクロプラスチックは、散乱ごみ等が雨に流され、海洋に出て、漂流するなかで、紫外線や波の力で劣化して小さくなったものである。フリース等の化学繊維の洗濯くず、スポンジやアクリルたわしのくず等も、下水処理場では 100％除去されず、環境に排出される。

　第 2 に、マイクロプラスチックは有害化学物質を含み、さらに吸着する。プラスチックには、もともと添加剤として有害化学物質が含まれているうえに（有害でない化学物質もある）、海水中の PCB 等の有害化学物質を吸着する。マイクロプラスチックは食物連鎖における生物濃縮と同様に、化学物質の濃度を高める。

　マイクロプラスチックを海洋動物が摂取すると、吸着された POPs 等が体内に排出され、生体に悪影響を及ぼす。動物の体内に侵入し、有害化学物質を体内に排出する様子は「トロイの木馬」にたとえられる。

　第 3 に、プラスチック製品の多くは水に浮き、海流や風の流れで遠くまで運ばれる。このため、先進国で発生したプラスチックが、有害化学物質を汚染されていない地域まで運び、汚染が広域化する。

　先進国では、既に有害化学物質の生産・使用を規制しているとしても、過去に使用していた PCB 等が海底の泥に貯まっており、それをマイクロプラスチックが吸収し、運び屋となる。

　なお、大きなプラスチックの誤飲による海洋生物への影響は目にみえて明らかであるのに対して、マイクロプラスチックが人体内に与える影響は十分に解明されているとはいえない。しかし、不確実であったとしても将来世代に及ぼすリスクを想定し、適切な予防的措置をとることが求められる。目に見えないだけに問題は厄介である。

（2）化学物質の毒性と曝露経路

1）化学物質の毒性タイプ

　有害化学物質のうち、強い毒性があるものはこれまでに既に社会問題化し、対策が取られてきた。しかし、死に至ることが明確な強い毒性を持たない化学物質においても、多様な毒性があることを知っておく必要がある。毒性の種類を表 3-10 にまとめた。

表 3-10　化学物質の毒性タイプ

分類軸	毒性タイプ	問題の概要
有毒性が生じる時間	急性毒性	体内に物質が入るとすぐに影響が生じる
	慢性毒性	何年も取り続けると影響が生じる
有毒性の症状	致死性	摂取により死に至る
	腐食性	皮膚がただれる
	感作性	アレルギーがでる
	発がん性	がんになる
	催奇形性	赤ちゃんに影響がでる
影響の対象	人間影響	人間の生存や健康に障害が生じる
	動植物影響	人間以外の動植物に障害が生じる

2）化学物質の曝露の経路

　有害化学物質は人体あるいは動植物の体と接触したり、体内に取り込まれること（曝露）で影響を及ぼすが、曝露に至る経路を特定し、経路ごとのリスクを想定し、対策をとる必要がある。

　有害化学物質の曝露の経路を図 3-9 に示す。外部環境経由のものがいわゆる環境問題であり、それと有害化学物質を含む食品の経口摂取による食品公害、汚染された環境が屋内である場合の室内環境汚染、作業環境汚染は区別される。

　有害化学物質の発生は、意図して有害化学物質を扱う場合、混入等の人為ミスによる場合、工場の爆発や洪水による流出等の災害に伴う場合がある。気候変動による豪雨の強大化は有害化学物質の流出をもたらす面がある。

　被害を受ける主体を考えると、外部環境経由は不特定多数が被害者となり、室内環境汚染では汚染された室内での居住者等、工場内での曝露は有害化学物質を扱う作業者となる。作業者の管理は労働環境管理の対象となる。

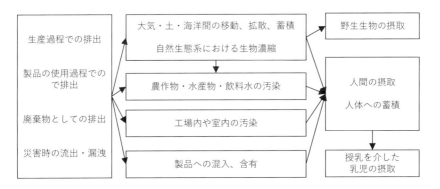

図3-9　化学物質物質の曝露の経路

3）室内環境汚染

　私（たち）は1日の8〜9割を室内で過ごすとされる。この室内は、密閉されているために、屋外以上に化学物質が高濃度に存在する。特に、省エネルギーや気候変動対策として、高気密化が進められ、低濃度であっても長期間、室内に化学物質が留まることの影響も危惧される。また、建材の工業生産化、新しい建材の開発により、室内にしかない化学物質も存在するようになっている。

　室内環境汚染は自然環境での曝露と同様、長期の曝露による致死や健康障害といった被害をもたらす可能性がある。これに加えて、室内環境汚染による健康影響ではシックハウス症候群が問題となっている。その症状は、目がチカチカする、鼻水、のどの乾燥、吐き気、頭痛、湿疹等と様々である。シックハウス症候群は、室内の化学物質だけでなく、細菌、カビ、ダニ等の繁殖による影響もあるとされる。

　また、室内環境汚染が人に与える影響は個人差が大きい。化学物質過敏症では、微量であっても症状が深刻なものとなり、仕事や家事に支障が生じるほどとなる。化学物質への感受性の差があるとともに、それまで曝露した化学物質の蓄積や頻度等も関係する可能性がある。誰もが化学物質過敏症になる可能性があると知るとともに、健常者が弱者に配慮することが重要である。

表 3-11　室内環境汚染の発生源

製品		化学物質
建材・内装・家具	家具類	ホルムアルデヒド
	断熱材・合板・ボード等	
塗料・薬剤等	塗料	トルエン、キシレン
	接着剤	トルエン、キシレン、ホルムアルデヒド
	木材保存剤、防蟻剤	有機リン系殺虫剤、ビレスロイド系殺虫剤
	たたみの防虫剤	有機リン系殺虫剤
暖房	石油暖房器具	一酸化炭素、二酸化炭素

　室内環境汚染の発生源となる製品と物質を表 3-11 に示した。これらのうち、トルエン、キシレンは揮発性有機化合物（Volatile Organic Compounds：VOC）と言われる物質である。これらは室内環境汚染物質であるだけでなく、大気中の光化学スモッグを引き起こす原因物質の一つであるとされる。光化学スモッグは、工場や自動車等から排出された窒素酸化物と揮発性有機化合物が、太陽光線に含まれる紫外線を受けて光化学反応を起こすことで発生する。

4）食品公害

　食品を介した経口摂取による化学物質による健康障害を食品公害という。森永ヒ素ミルク事件（1955 年）、カネミ油症事件（1968 年）等のように、人為ミスや管理不十分が原因である。

　近年では、中国産のキクラゲの残留農薬（フェンプロパトリン）が基準値を超えた問題（2007 年）、中国産の乳製品のメラニン汚染（2008 年）等のように、規制が不十分であった中国からの輸入食材において問題が発生した。

　また、健康食品による健康被害も発生している。例えば、アマメシバとはアジアで野菜として加熱調理されていた食品であったが、1980 年代に台湾で痩身効果が宣伝され販売された。この結果、台湾で 200 名が閉塞性細気管支炎を発生し、2003 年に流通禁止となった。

　農林水産省では、食品の安全性確保のために、優先的にリスク管理を行うべき有害化学物質を表 3-12 のように設定して、モニタリングを行っている。このリスク分類にあるように、食品に有害化学物質が混入する経路は多様である。また、食品製造場内から化学物質を根絶することは難しく、モニタリング

表 3-12　食品の安全性確保のために優先的にリスク管理を行うべき
有害化学物質のリスト

分類		化学物質
リスク管理措置の必要性を検討、含有実態調査、リスク低減技術の開発等を行う必要	一次産品に含有	環境中に存在（カドミウム、ヒ素）
		カビ毒（アフラトキシン）
		植物に含まれる自然毒（ピロリジジンアルカロイド類）
	調理、加工で生成	フラン
毒性や含有の可能性等の関連情報を収集する必要	一次産品に含有	環境中に存在（鉛、ダイオキシン類）
		カビ毒（オクラトキシン A、フモニシン類、ゼアラレノン、タイプ A トリコテセン類、ステリグマトシスチン）
		海産毒（シガテラ毒）
	調理、加工で生成	3-MCPD 脂肪酸エステル類、グリシドール脂肪酸エステル類、トランス脂肪酸
既にリスク管理措置を実施	一次産品に含有	環境中に存在（水銀、農薬として使用された履歴のある POPs、放射性セシウム）
		カビ毒（アフラトキシン M1、タイプ B トリコテセン類、パツリン）
		海産毒（下痢性貝毒、麻痺性貝毒）
	調理、加工で生成	3-MCPD、アクリルアミド、多環芳香族炭化水素類（PAHs）、ヒスタミン

と適切な管理を徹底していくことが必要である。ヒューマンエラーも想定し、従業員教育の徹底、フェイルセーフの仕組みづくりが必要となる。

5）職場の化学物質問題

事業所においても、有害化学物質との接触による労働災害が生じている。また。慢性的な化学物質の影響による職業がんもあり、労災の補償対象となっている。

職業がんはアスベスト（石綿）によるものが多いが、印刷事業所で発生した胆管がん、化学工場での膀胱がん等のように、新たに化学物質の影響事例が発覚することがある。印刷事業所の胆管がんでは、1,2-ジクロロプロパンとジクロロメタンが原因と推定されたが、これらは工業的使用量が多くなく、有害性が未知な部分が多かったため、有害性情報が十分ではない物質であった。労働安全衛生法では、製造禁止とする化学物質以外の 8 物質にも、製造・取扱い

上の管理を求める 673 物質を定めている。今後も、危険や有害性の評価が確立された物質を管理対象に追加することとなっている。

引用文献

1) 環境省『廃棄物処理技術情報』のサイト
  http://www.env.go.jp/recycle/waste_tech/ippan/index.html
2) ノーマン・マイヤーズ『沈みゆく箱船 ― 種の絶滅についての新しい考察』岩波書店（1981）
3) 国土交通省『国土の利用区別面積』のサイト
  http://www.mlit.go.jp/kokudoseisaku/kokudokeikaku_fr3_000033.html
4) 環境省『自然環境保全基礎調査』のサイト
  http://www.biodic.go.jp/kiso/fnd_list_h.html
5) 国立研究開発法人国立環境研究所『侵入生物データベース』のサイト
  http://www.nies.go.jp/biodiversity/invasive/
6) 『気候変動適応情報プラットフォーム』のサイト
  https://adaptation-platform.nies.go.jp/
7) 気象庁『地球温暖化情報ポータル』のサイト
  http://www.data.jma.go.jp/cpdinfo/index_temp.html
8) 『IPCC 第 5 次報告書 特設ページ』
  https://www.jccca.org/ipcc/about/index.html
9) 環境省報道発表資料『気候変動に関する政府間パネル（IPCC）「1.5℃特別報告書」の公表（第 48 回総会の結果）について』
  https://www.env.go.jp/press/106052-print.html
10) 環境省報道発表資料『気候変動の影響への適応計画について』
  http://www.env.go.jp/press/101722.html
11) シーア・コルボーン、ダイアン・ダマノスキ、ジョン・ピーターソン・マイヤーズ『奪われし未来』長尾力・堀千恵子訳、翔泳社（2001）

参考文献

清水建美編『日本の帰化植物』平凡社（2003）
石井亨『もう「ゴミの島」と言わせない 豊島産廃不法投棄、終わりなき闘い』藤原書店（2018）
藤田慎一『酸性雨から越境大気汚染へ（気象ブックス）』成山堂書店（2012）
亀山康子『新・地球環境政策』昭和堂（2012）
武田邦彦・枝廣淳子・江守正多『温暖化論の本音〜「脅威論」と「懐疑論」を超えて』技術評論社（2009）
日本環境化学会『地球をめぐる不都合な物質 拡散する化学物質がもたらすもの』講談社（2019）
枝廣淳子『プラスチック汚染とは何か』岩波書店（2019）
藤倉良・藤倉まなみ『文系のための環境科学入門』有斐閣（2016）

第**4**章　環境問題の将来見通し

4.1　社会経済の将来見通し

（1）社会経済の活力：負のスパイラルの恐れ

1）拡大と縮小の極端な進行

　日本の人口は江戸時代には3千万人強で安定していた。鎖国下において国土の容量に応じた生産がなされていたためである。開国により産業革命の導入と中央政府主導の殖産興業が進められ、食料の輸入量が増加し、医療・教育・生活の水準が向上した。この結果、150年足らずで人口は4倍に膨れあがり、ピークを迎えた（図4-1）。

　しかし、拡大基調は反転し、現在は拡大と同程度の急速度で縮小が進んでいる。このままいくと、日本の人口は2050年に1億人を下回ると予測され、その内数として75歳以上の後期高齢者の総数が増加していく。65歳以上の高齢者の比率は上昇を続け、2050年に4割に迫る。

　急ピッチの拡大と縮小が、日本の社会経済問題を欧米諸国以上に深刻なものとする。先進国であればどこでも、低成長時代なりの豊かさを感じられる経済や暮らしへの移行、老後の暮らしを支える福祉財源の確保、社会資本の維持管理や統廃合等への対応が迫られる。しかし、日本は拡大と縮小の速度が速すぎるため、準備すべきことへの対応が不十分なまま、次の時代を迎えてしまう恐れがある。

　特に、人口増大・経済成長期に整備した社会資本（交通基盤、医療・教育関連施設等）の今後が心配である。社会資本は更新時期を迎えているが財源不足のために維持管理や更新のための資金確保がままならない。ともすれば、老朽化した社会資本が放置され、国土の荒廃を目の当たりにすることになる。

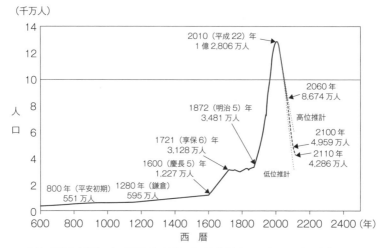

（千万人）

資料：国立社会保障・人口問題研究所「人口統計資料集」（1846年までは鬼頭宏「人口から読
む日本の歴史」、1847〜1870年は森田優三「人口増加の分析」、1872〜1919年は
内閣統計局「明治五年以降我国の人口」、1920〜2010年総務省統計局「国勢調査」
「推計人口」）2011〜2110年国立社会保障・人口問題研究所「日本の将来推計人口」
（平成24年1月推計［死亡中位推計］）。

図 4-1　日本の人口の歴史的推移

2）負のスパイラル

　低成長時代であるために税収が不足し、増税をしたいがための景気対策に
行政支出を積みまし、さらに財政の悪化を招いている。既に、一般会計歳出
は1990年約70兆円、2010年約95兆円と増加する一方で、税収は1990年約
60兆円、2010年約42兆円と減少し、その分を国債発行で賄っている。

　日本が縮小段階を迎える一方で、世界の拡大傾向は続く。世界の人口は73億
人（2015年）であるが、2050年には100億人に迫ると予測されている[1]。人
口増加に加えて、開発途上国の経済成長により、国際競争が激化し、日本企業
は価格と技術の国際競争に晒される。また、世界的なエネルギー需要の高まり
により、石油、天然ガス等の価格高騰が続き、生産者と消費者の負担となる。

　国際競争と財政難、国土の荒廃という危機を乗り越えていくため、さらに経
済成長を図って、予算を増やし、産業、福祉、社会資本への投資を進めていく
という、これまでの方法は将来も持続可能とはいえない。特に、行政施策に依

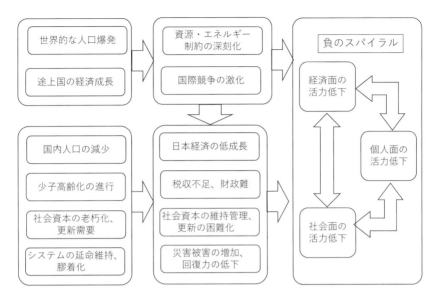

図 4-2　日本の将来の衰退構造

存する産業構造の維持は、社会の脆弱性（もろさ）を解消するどころか、新た
な産業構造への転換や起業家がさらに躍動する社会への移行を遅らせる。

　加えて、災害の被害の増加と回復力の低下も懸念される。少子高齢化は災害
の被害を増幅させ、加えて行財政の逼迫により復興予算にも限界があり、被災
地の再生は遅れ、困難となる。

　図 4-2 に、日本が衰退する構造の全体像をまとめた。経済面と社会面の活力
の低下は、個人の活力（意欲や希望）を損ない、それにより経済面と社会面の
活力も低下するという負のスパイラルに陥る可能性がある。

3）弱者の増加

　とりわけ、社会経済の活力が低下するなか、弱者が増加することが問題であ
る（表4-1）。ここで、弱者とは、高齢者、身体障がい者、精神障がい者、貧
困者、失業者、条件不利地域への居住者等をさす。

　少子高齢化の進展により、高齢者の増加、それに伴う身体障がい者の増加が
否応なく進む。社会経済的な活力の低下は、ストレスによる精神障がい者や低

表4-1　懸念される弱者問題

属性	弱者	懸念される問題
性別	女性	諸外国に比べた女性の就業率の低さの未解消
年齢	高齢者	高齢者の増加、福祉財源の不足、孤独死の増加
身体	身体障がい者	長寿化に伴う身体障がい者の増加
精神	精神障がい者	ストレスを原因とする精神障害の増加
経済	貧困者	非正規社員の増加による所得格差の増大
雇用	失業者	景気停滞期における失業者の増加
地域	条件不利地域居住者	条件不利地域におけるふるさとの消滅

所得者、失業者を増加させる。大都市圏（とりわけ東京圏）の過密化もまたストレスを増加させ、無縁社会に生きる弱者を孤立させる。

　過疎地の過疎化はますます進み、医療や福祉、買い物等のサービスを受けにくい弱者を増加させる。利用客を失った地方鉄道の廃止、自然災害から復旧する基盤となるコミュニティの弱体化等もあって、地方の衰退は雪崩のように進行する恐れがある。

　弱者の問題は弱者がいることが問題ではなく、弱者に対する社会のサポートや弱者を活かす取組みが不十分なことが問題である。図4-2に示す負のスパイラルは、弱者の問題によって、増幅していく可能性がある。

（2）日本再生に向けた潮流
1）技術革新

　社会経済の縮小と弱者の増加という負のスパイラルを脱するために、国が進める政策が技術革新である。特に、情報通信技術（Information and Communication Technology：ICT）や人工知能（Artificial Intelligence：AI）の技術革新と普及が、縮小時代の危機を回避する方策として、期待されている。

　1990年代頃からコンピューターとインターネットが飛躍的に普及し、社会経済の活動効率や質の転換を促してきた。デジタル化やロボットによる生産効率化が進んだ。さらに、2016年1月の第46回世界経済フォーラム（通称「ダボス会議」）では、「第4次産業革命」を提案した（注：この産業革命の定義は第2章の2.1に記す定義とは異なる）。

　ダボス会議では、第 1 次産業革命を蒸気機関等の機械の導入、第 2 次産業革命を内燃機関や電力導入、第 3 次産業革命をコンピューターの登場によるデジタル化と IT・コンピューター・産業用ロボットによる生産の自動化・効率化としている。第 4 次産業革命は、IOT（Internet of Things）、ビッグデータ、人工知能、ロボットをキーワードとする。あらゆるモノがインターネットにつながり、そこで蓄積される様々なビッグデータを、人工知能等を使って解析し、新たな製品・サービスを創出する。

　第 4 次産業革命の進展は、生産活動の効率化、新たな需要の創出、不足するマンパワーの埋め合わせ、高齢者等の弱者のサポート等といった効果をもたらす可能性がある。

2）ライフスタイル革新

　市民へのエンパワーメント、大都市から地方への回帰、ライフシフト、価値規範の転換等の動きも、負のスパイラルを脱する可能性を示している。

　市民へのエンパワーメントは確実に進展している。既に、NPO 等による市民活動の活発化、NPO を担う人材の輩出、行政による市民参加機会の創出、市民によるビジネス（コミュニティ・ビジネス）の活発化等の動きがある。

　大都市からの地方回帰は、農山漁村への移住・転職志向の強まりにより、進展しつつある。少数であっても、社会意識の高い若年層の移住は地域を変える力として大きな意味を持つ。地域に移住しないまでも地域に関与・参画しようとする関係人口の増加、地方に移住した若者たちの水平方向のネットワークも、日本再生の一翼を担う力として期待される。

　ライフシフトは、リンダ・グラットンら（2016）[2] に示されたもので、教育 → 仕事 → 引退という直線的な人生ではなく、リカレント教育や転職、仕事 → 主婦・主夫 → 仕事復帰、行政から NPO への転職、企業から行政への転職、脱サラ・就農等のように、多様な人生選択が一般化される社会への変化である。

　広井（2006）[3] は、経済成長の追求という価値規範を共有できなくなった今日の状況を指摘している。企業の永年雇用のような囚われスタイルから、人それぞれのペースへの転換の動きが志向され、それを受容し、価値を認める社会変化が進んでいる。

4.2 環境問題の将来見通し

（1）社会経済の将来動向が環境問題に与える影響
1）縮小が環境問題に与える影響

　社会経済の活力の低下、すなわち縮小の傾向は、環境問題の加害面、被害面、対策面に対して、次のように影響を与える（図4-3）。

　第1に、国内の活動の縮小により環境負荷総量が減少する。ただし、高齢者は在宅時間が長く、介護・医療に伴うごみが発生する等、環境負荷が相対的に多いという面があり、高齢者総数の増加は環境負荷を増大させる可能性がある。

　第2に、過疎化や集落消滅等により二次的自然の活用放棄が進む。自然への人間の圧力でバランスがとれていた自然の変化により、野生生物の異常繁殖等の問題が生じる可能性がある。

　第3に、環境問題の影響を受ける人間側の脆弱性が高まる。例えば、社会資本の老朽化と維持管理の不十分によって、気候変動の影響が甚大なものとなる。また、高齢者、精神疾患、貧困、失業者の増加は、気候変動等の環境問題の被害の受けやすさを拡大させ、また被害後の回復力を低下させる。この結果、気候変動の影響はより深刻なものとなる。

　第4に、経済停滞下での環境対策のための企業の投資や行政の財源が不十分となり、また環境対策のための人員確保が困難になる可能性がある。つまり、環境対策の維持や強化が困難になり、問題解決に遅れが生じる。

　以上のように縮小の傾向は、環境問題の解決に向けて、プラスの面があるとはいえ、総じてマイナス面が大きい。

2）縮小に対する環境対策のあり方

　社会経済の縮小に対して、どのように環境対策を進めたらよいだろうか。

　第1に、将来の縮小時代を見通して、環境対策を強化していく。この際、問題発生の事後の対策は被害やコストを増加させるため、長期を見通しながら、未然防止（あるいは予防原則）の考え方を徹底し、環境対策を進めることが必要となる（第8章の8.1参照）。

　第2に、環境対策を通じて社会経済の活力を高めるような工夫を行う。

　例えば、環境対策のための技術革新による国際競争力の向上等、環境と経済の統合的発展は既に国策として示されている。また、経済は縮小しても、社会の活力の向上を図ることができるため、経済成長だけにこだわらない活力の高め方を考えることが必要となる。例えば、コミュニティとして環境対策に取り組むことで、コミュニティを強めるという効果を得ることができる。

　第3に、縮小を機会として捉えて、環境対策を進める。人口減少により、社会資本の需要が減少し、その維持や更新が困難となるが、そのことは環境負荷が少ない人口配置や土地利用に再編していく機会ともなる。

　例えば、市街地内に増える空き地を活かして、市街地への集住を促し、コンパクトで環境効率のよい都市構造への転換を目指すことができる。

　また、増加する高齢者を活かして、環境保全活動を進めることもできる。高齢者の持つ経験や知識、技能は環境保全活動を担うに十分である。

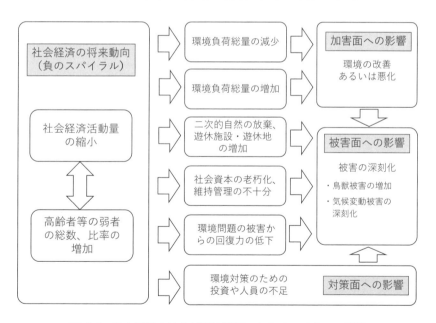

図 4-3　社会経済の縮小が環境問題に与えるマイナスの影響

3）技術革新が環境問題に与える影響

　狩猟社会（Society 1.0）、農耕社会（Society 2.0）、工業社会（Society 3.0）、情報社会（Society 4.0）に続く、Society 5.0 の実現が科学技術政策の目標となっている[4]。Society 5.0 は、ICT や AI といった技術革新に支えられる社会である。Society 4.0 と Society 5.0 の違いは、IoT ですべての人とモノがつながり、様々な知識や情報が共有され、AI、ロボットや自動走行等の技術が実用化する点にある。

　Society5.0 の環境問題への影響には、マイナスとプラスの面がある（図4-4）。マイナス面には2つの側面がある。

　第1に、「情報通信機器のライフサイクルにおける環境負荷の増加（二酸化炭素排出等）」である。パソコン等の端末と、通信インフラの製造・使用・廃棄等はエネルギーを消費し、二酸化炭素を排出する。インターネット普及に伴うデータセンターの空調使用による二酸化炭素排出も大きい。これらは情報通信機器の省エネにより削減することが必要となる。ロボットも大量導入が進むと環境負荷の増大が問題となる。

　第2に、情報通信による「無駄な需要拡大による環境負荷の増加」である。例えば、サイト訪問者の履歴をもとにしたリコメンドは消費意欲を高め、不必要な消費を促す場合がある。

　プラス面には、機能的効果である2つの側面と構造的効果である2つの側面があり、合計4つの側面に整理できる。

　機能的効果の1つめは、「人間活動の効率化による省資源・省エネルギー」である。例えば、物流分野では、ICT や AI を活用した在庫管理により、不要な在庫や無駄な貨物輸送を削減させれば、倉庫の管理、貨物車の走行による環境負荷を削減することができる。

　機能的効果の2つめは、「環境対策の円滑化・自動化等」である。スマートグリッドにおける発電と消費、蓄電等の制御（エネルギー需給の最適化）により、天候次第で不安定な出力の再生可能エネルギーの電力の質の安定化を図り、その普及を進めることができる。

　環境モニタリングやセンシングにおいても、ICT が活躍する。大気の汚染物

質、二酸化炭素等の測定のほか、気温や降水の観測がICTにより自動化されている。気象観測ロボットは、気象庁だけでなく、民間通信事業者等も設置している。これを活用することで、ゲリラ豪雨や猛暑等による気候災害時の誘導や対策の準備、すなわち気候変動への適応策を促すことができる。

　環境コミュニケーションの促進、環境配慮行動の誘導においては、ICTやAIが有効である。例えば、商品の環境情報を"見える化"することで、環境配慮商品の購入を促す。また、スマートハウス内のスマートメーターに表示される太陽光発電の発電量や家電製品等による電力消費量の情報は、生活者の意識を高め、省エネ行動を促す。

　構造的効果の1つめは、「情報による脱物質化」である。脱物質化とは、情報によりモノを代替することで、E-コマースによる店舗削減、ICカードによるチケットレス、電子申請による紙消費量の削減等がこれに相当する。

　構造的効果の2つめは、「情報による移動代替、場所制約の解消」である。移動代替とは、情報により移動量を減らすことである。オンライン会議が普及すれば、会議のための出張をオンラインで代替することができる。この結果、移動によるエネルギー消費量や環境負荷を削減する。在宅勤務やサテライトオフィスによるテレワークも通勤等での移動による環境負荷を削減する効果がある。

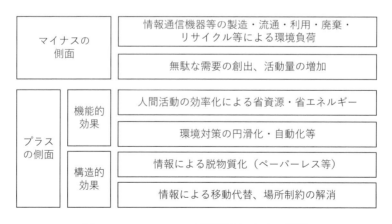

図 4-4　Society 5.0 が環境問題に与える影響

4）ライフスタイル革新が環境問題に与える影響

　市民へのエンパワーメント、大都市から地方への回帰、ライフシフト、価値規範の転換等の動きは、日本社会の負のスパイラルを脱する推進力となるとともに、環境問題の解決にとってもプラスとなる。

　ライフスタイル革新によるプラスの側面を表 4-2 に示す。近代化により、社会の工業化と都市化が進むなか、再帰的近代化の問題が生じ、そこに不健康や生きにくさを感じる人々が増え、近代化に埋没しない生き方を求める力が生じて、ライフスタイル革新が進んでいる。この文脈において、ライフスタイル革新は構造的に環境問題を改善する動きである。

　一方、大都市から地方への人口移動は環境負荷を増大させる可能性もある。大都市は公共交通が発達しているが、地方は自動車依存度が高く、移動に伴う環境負荷が大きいためである。しかし、これはマイナスの一側面を捉えたに過ぎない。地方への人口移動は環境問題の解決にとってプラスとなる側面が多々ある。例えば、大都市は大消費地としてモノやサービスの消費機会にあふれており、都市的暮らしのストレスがあることから、モノやエネルギーを浪費しやすい。地方は浪費がなく、かつ真に豊かな暮らしを実現する場となりえる。

　また、大都市から地方への移住者には、大都市ではできない、自然とふれあう暮らしや自給自足、手づくりの歓びを求める人が多いと考えられる。大都市から地方への移住は、エコライフを求める人々のエコライフの実現であるとすれば、環境負荷の削減や環境の保全におけるプラスの効果となる。

表 4-2　ライフスタイル革新が環境問題に与える影響

	環境負荷の削減	環境の保全
市民へのエンパワーメント	環境問題の被害者の声を反映する環境対策の推進	市民による環境保全活動の活発化
大都市から地方への回帰	都市的なライフスタイルにおける過剰消費の削減	地方での二次的自然を活用する担い手の増加
ライフシフト	学ぶ機会の創出による環境意識の高まり	環境保全を担うボランタリーなマンパワーの増加
価値規範の転換	モノに依存しない簡素な暮らしの定着	自然や人とのふれあいを楽しむスローライフの定着

（2）環境問題の将来

1）日本が対峙する環境問題の二層化

　日本と世界の社会経済動向から、日本が対峙する環境問題は二層化が進行する（図 4-5）。1 つとして、日本社会が縮小していくなかで、縮小時代における拡大時代とは異なる環境問題が進行する。拡大時代が再帰的近代化の第 1 ステージであり、縮小時代は再帰的近代化の第 2 ステージである。

　もう 1 つの動きとして、途上国の成長・拡大によって、世界全体の人類の活動規模が拡大し、世界全体が再帰的近代化（第 1 ステージ）に対峙せざるを得なくなり、日本もまた世界全体の動きの影響を受ける。資源・エネルギーの消費量の増大、有害な化学物質や温室効果ガス等の排出量の増加は、地球全体のバランスを損なう。特に、中国やインド等からの温室効果ガスの排出量の増加により、気候変動が否応なく進行し、その影響を受けることになる。

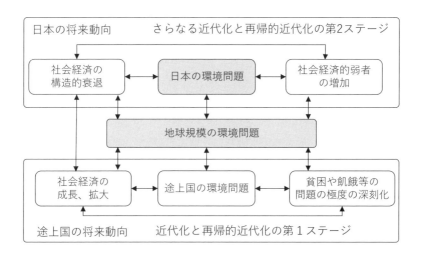

図 4-5　日本が対峙する環境問題の二層化

2）環境問題別の将来動向

　国内の環境問題のこれまでとこれからを、表 4-3 にまとめた。国内の環境問題は、縮小時代ゆえに再帰的近代化の第 2 ステージを迎えるという捉え方が重要である。縮小が新たな問題を招き、被害を大きくし、対策をとりにくくす

表 4-3　日本の環境問題の動向（問題分野別）

時代区分		1990 年以前	1990 年代〜現在	現在〜将来
		開発・成長	模索・停滞	放棄・縮小
地域環境問題	産業公害	◆戦後の高度経済成長期に深刻化 ◇法制度の整備、発生源対策の進展	◇1990 年代までに環境浄化の目途 ・患者の事後補償、紛争の継続	◆低成長による公害対策の維持困難化
	都市生活型公害	◆1970 年代から赤潮や交通公害深刻化 ◇目に見えた被害の一定の解消	◆閉鎖性水域の赤潮、自動車からの局所的な大気汚染の継続	◆閉鎖性水域の富栄養化の問題 ◆公共交通の衰退と自動車依存の継続
	廃棄物問題	・最終処分場の不足 ・廃棄物処理コストの増加	◆不法投棄の問題化 ◇リサイクルの進展 ◆リデュース、リユースの遅れ	◆リユース等が困難な製品の増加 ◆廃棄物処理施設の更新困難化
	生物多様性	◆開発による自然破壊の問題 ◆里山・里海等の二次的資源の放棄	◆農山村における鳥獣被害 ◆外来種の問題の進行	◆鳥獣被害の深刻化 ◆在来種の絶滅 ◆気候変動による自然生態系への影響
地球環境問題	気候変動	・研究者による気候変動の現象解明と警鐘	◇国際政治による削減目標の設定 ◆緩和策の遅れ、気候変動影響の進行	◆社会経済、社会資本の脆弱性の高まりによる気象災害の深刻化

る。こうした変化に対応しつつ、技術革新とライフスタイル革新を活かして、環境問題の解決を進めていくことが期待される。

　そして、一方で、地球環境問題という世界規模での再帰的近代化の第 1 ステージの問題に、日本は先進国の一員として本格的に対峙することになる。

引用文献

1)　United Nations, Department of Economic and Social Affairs, Population Division, World Population Prospects: The 2015 Revision, Key Findings and Advance Tables. Working Paper, 2015

2)　リンダ・グラットン、アンドリュー・スコット『LIFE SHIFT（ライフシフト）』東洋経済新報社（2016）

3)　広井良則『持続可能な福祉社会 ―「もう一つの日本」の構想』筑摩書房（2006）

4)　閣議決定『第 5 期科学技術基本計画』（2016）

参考文献

　月尾嘉男『縮小文明の展望　千年の彼方を目指して』東京大学出版会（2003）

第**5**章　環境問題を深く考える

5.1　環境問題と社会経済問題の関係

（1）環境問題は社会経済問題である

1）再帰的近代化への自己対決

　環境問題の解決のためには、省エネやごみ分別、エコドライブ等のように暮らしの改善をできるだけ行うことが必要である。しかし、それだけでは問題は解決しない。「環境問題は社会経済問題」であることを知らなければならない。

　すなわち、環境問題は、社会経済問題と相互に密接に関連する。環境問題の歴史（第2章）や現在の問題（第3章）、将来の懸念（第4章）に示したように、環境問題と社会経済問題は相互作用の関係にある。また、近代化（工業化と都市化）によって形作られた社会経済システムに欠陥があり、それが環境問題と社会経済問題を生み出す根本原因となっている。この関係を図5-1に示した。

　この関係を踏まえて、「社会経済問題の解決のための環境問題への取組み」「環境問題の解決のための社会経済問題への取組み」を進めるという視点が必要である。環境問題への取組みは環境問題だけで完結させようとせず、他の問題への取組みと連携して考えるべきである。これを「環境問題と社会経済問題の統合的発展（連環対策）」ということができる。

　また、「環境問題と社会経済問題にある根本原因の解決」が必要となる。これを「環境問題と社会経済問題の同時解決（根幹対策）」という。

　根幹対策の視点が特に重要である。第2章に示したように、近代化により社会が歪みながら拡大し、問題が生じることを再帰的近代化という。加えて、第4章の最後に示したように、縮小段階にある日本では、拡大段階ゆえの再帰的近代化の第1ステージの問題を残しつつ、縮小段階ゆえの再帰的近代化

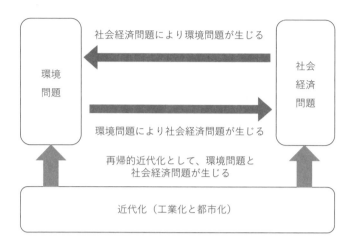

図 5-1　環境問題と社会経済問題の関連と再帰的近代化

の第 2 ステージを迎えている。この再帰的近代化という構造的課題に踏み込まずに、環境問題と社会経済問題の根本原因の解決は得られない。社会経済システムの根幹への自己対決が求められる。

　では、諸問題を引き起こす根幹にあるものは何か。その根幹を捉えた言葉として、次のものがある。

> 人間中心主義、経済至上主義、規模の経済の追求、大規模集約、
> 技術万能主義、中央集権的、住民不在、一極集中、弱者切り捨て、
> 目的短絡的、近視眼的、短期的な成果主義、効率優先、経済合理性、
> 大量生産・大量消費・大量廃棄、物質文明、浪費社会、競争社会、
> 画一化、外発的発展、無縁社会、個人主義、依存と疎外　等

2）気候変動と社会経済問題

　環境問題と社会経済問題の連環について、気候変動の例を示す（図 5-2、図 5-3）。IPCC 第 5 次報告書は、気候変動が社会経済問題を引き起こすケースについて、科学的知見をまとめている。「気候変動によって人々の強制移転が増加する」は証拠が中程度、見解一致度が高いとされ、「気候変動は貧困や経済的打撃を増幅させ、内戦や民族紛争という形の暴力的紛争のリスクを間接的に

増大させる」は確信度が中程度とされている。

　一方、熱帯雨林の破壊は気候変動の原因であるが、そこには日本等先進国による熱帯雨林の開発だけでなく、途上国の貧困の問題が絡んでいる。熱帯雨林の焼失は、林道等が整備された土地に侵入した貧困者による野放図な焼き畑によるという報告もある。先住民は貧しいながらも森林再生に配慮した伝統的焼き畑を行ってきたが、森林と一体的な暮らしから切り離された、都市的な貧困者の焼き畑が森林破壊の原因であった。

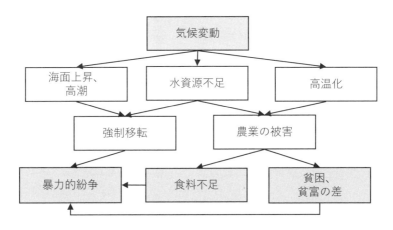

図 5-2　気候変動により社会経済問題が生じる構造（例）

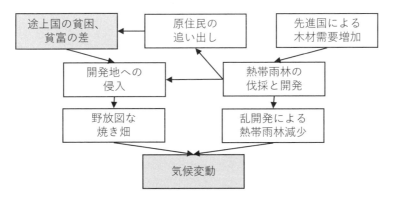

図 5-3　社会経済問題による気候変動が生じる構造（例）

（2）環境問題は、加害・被害が不平等な問題である

1）加害グループと被害グループの不一致と不平等

環境負荷の発生源が不特定多数化し、問題の影響範囲が広域化してきた。これにより、加害者が同時に被害者である状況が生まれてきた。

誰もが同程度の加害者で誰もが同程度の被害者であるならば、問題が平等に発生していることになる。しかし、実際には、「加害＞被害」となる加害グループと「被害＞加害」となる被害グループがあり、グループ間の不平等が生じている。

気候変動の問題でいえば、早い時期から大量に二酸化炭素を排出してきた先進国がより加害者であるのに対して、開発途上国の方は加害者としての活動量はまだ少なく、一方で社会資本の未整備等から気候変動の影響を受ける被害者となりやすい。両者は加害と被害の収支において不平等である。

また、加害となる行動はなんらかの受益を生み出している。このため、加害グループは「受益＞受苦」であり、被害グループは「受苦＞受益」となりやすく、この点でも不平等である。

気候変動の問題でいえば、先進国も害を被るが、これまで石油等の資源を好き放題に利用して経済成長を遂げ、利益を得てきた。一方、これから経済成長を遂げる開発途上国に石油等の資源利用の制約がかかり、利益を十分に得ることができず、気候変動による害ばかりを被ることとなる。

2）加害者は得てして強者、被害者は得てして弱者

加害グループと被害グループの不平等が生じている事例として、気候変動の影響（国際間）における南北格差をあげたが、気候変動の影響（先進国内）、新幹線公害、原子力発電の事故等の場合も、不平等が生じている（表5-1）。

これらの環境問題における加害・被害の不平等の問題には、強者・弱者の構造が重なって、隠れている。加害グループは得てして強者であり、被害グループは得てして弱者である。

例えば、気候変動の影響が生じた場合、経済的に豊かなエネルギーの大量消費者は加害者であるが、気候変動の被害を防ぐために設備投資を行い、被害者となりにくい。これに対して、経済的弱者はエネルギー消費量が少ない一方、

表 5-1　加害グループと被害グループの不平等の事例

問題	加害（受益）グループ	被害（受苦）グループ
気候変動の影響 （国際間）	資源を大量に消費して、経済成長を遂げてきた先進国	これから経済成長を遂げていきたい開発途上国
気候変動の影響 （先進国内）	電力消費者、自動車利用者、廃棄物排出者、森林開発者	自然災害の影響を受けやすい地域、身体弱者、投資が困難な経済弱者
新幹線の騒音・振動公害	新幹線利用者、開発者	新幹線の沿線住民
原子力発電所の事故	電力消費者、電力事業者	原子力発電所の立地周辺

被害を防ぐ策をとることができず、深刻な被害を受ける。気候変動による大洪水の被害を受ける途上国の住民は、被害を受けやすい場所に居住せざるを得ない弱者である。

　原子力発電所の事故における被災地は、原子力誘致に地域振興を期待せざるを得なかった遠隔地という弱者である。人口が多い大都市に原子力発電所が立地しないのは、大都市が強者であるからである。

　新幹線公害では、沿線の被害グループは相対的に少数であるため、被害の声が行政や政治に反映されにくい（船橋（2001）[1]）。多数決で決着をつけようとする民主主義では、少数であることは弱者である。

　以上のように、被害を強く受ける弱者の視点から環境問題の加害・被害の構造をみることが重要である。強者・弱者の不平等な状況を解消する環境対策を考えることが求められる。

3）加害・被害の見えにくさ、無自覚の加害と被害

　今日の社会状況においては、加害と被害の関係が見えにくくなっている。このことが、（強者である）加害者の加害を無自覚なものとして促し、また（弱者である）被害者の被害を無自覚なものとさせている。

　加害者から被害が見えにくい理由を表 5-2 に整理した。産業公害のように加害が見えやすい問題は解決を得てきており、加害が見えにくい問題が未解決のまま残されてきた。

　経済のグローバル化が進み、サプライチェーンが広域になってきたことも、

加害の見えにくさの背景にある。また、加害者は不特定数の一部であるために、加害者としての責任の帰属を自覚しにくい。

　一方、被害の無自覚もある。加害者から被害が見えにくい理由は、同時に被害者から加害が見えにくい理由となる。有害化学物質の健康被害が慢性的なものである場合、それを環境問題の被害と気づかない場合も多い。気候変動に起因する豪雨の被害を受けたとしても、正常性バイアスが働き、自分が再度、被害を受けるとは考えず、被害者としての意識が薄らいでいく場合もある。

　このように加害と被害が見えにくさ（強者と弱者の構造の見えにくさ）を解消することが必要となる。このためには、情報提供、環境学習等の政策を進めるとともに、生産と消費の顔の見える関係づくり等のように加害と被害が見えやすい社会経済構造への改善を図ることが求められる。

表 5-2　加害者から被害者が見えにくい理由と事例

理由	内容	事例
時間の乖離	加害の時点と被害の発生時点にタイムラグがある	・特定フロンがオゾン層に到達するまでに15年かかる ・現在の気候変動は過去に排出された温室効果ガスの蓄積による
空間の乖離	加害と被害の発生場所が地理的に離れている	・日本の木材輸入が熱帯雨林を破壊したが、その森は東南アジア等で遠く離れている ・上流の不法投棄による散乱ごみが流出し、下流域で海ごみの問題となる
原因物質のナノ化	原因物質が微細な物質となり、物理的に見えにくい	・PM（粒子状物質）による大気汚染問題では、目に見える大きさの粒子への対策は進んでいるが、PM2.5やナノ粒子への対策が課題である
間接的・波及的な影響	加害者の行為による被害の発生が間接的である	・製品の使用段階だけでなく、資源採取から加工、流通といったライフサイクル全体で二酸化炭素や廃棄物を排出している
因果関係の複雑さ	加害と被害の関係が複雑で、つながりがわかりくい	・気候変動により豪雨が強大化、頻繁化、常態化しているというが、自然要因による異常気象でもあり、気候変動の影響がどの程度かわかりにくい
情報の偏在・専門性・隠ぺい等	生産者や専門家に対して、消費者や生活者は専門情報を持たない	・生態系に配慮して生産・製造された農林水産物であるかどうかが消費者にはわからない ・商品に使用された化学物質が正しく表記されていなくても消費者にはわからない

5.2　環境問題の倫理と正義

（1）自然や生物をどこまで尊重するのか

1）被害者としての生物・自然

5.1 では、被害者を人間の範囲で捉え、加害者・被害者の関係に強者・弱者の構造があることを示し、また加害者から被害者が見えにくい構造を整理した。

しかし、生物多様性の問題がもとより、廃棄物や気候変動においても被害者は人間だけでなく、人間以外の生物や自然生態系であることは明らかである。生物や自然生態系は、人間のように被害を口に出し、法律やメディアに訴えることができない。人間以上に、生物や自然生態系は弱者である。

また、生物や自然生態系を被害者として認め、その保護を図る場合、希少な生物だけを守るのか、生物以外の自然（地形や岩石等）も守るのかというように、守るべき範囲の議論が必要となる。

生物や自然をなぜ守るのか、どこまで守るのか、人間と生物のどちらをどれだけ優先して尊重するのか等、規範の持ち方を深く考えなければならない。

2）権利を持つ範囲

社会経済活動においては、基本的人権の保障（公正の確保）が規範となるが、自然にも権利を持たせ、人間と自然との間の公正を確保することが必要となる。

自然の権利が注目された事件として、「シエラ・クラブ対モートン事件」がある。1965 年、米国のミネラルキング渓谷にリゾート施設を建設しようとしたディズニー社に対する開発許可が無効だとして、シエラ・クラブ等の環境保護団体がモートン内務長官を訴えた事件である。

裁判の結果、原告シエラ・クラブには何の法的権利侵害も生じることがないとして、訴訟要件である原告適格が欠けることを理由に却下判決が下された。しかし、1972 年の最高裁決の担当裁判官の一人のダグラス判事が原告適格を認めるべきだとする少数意見を採った。「この裁判の原告は、シエラ・クラブではなく、（開発されようとしている）ミネラルキング渓谷自身であるべきだった」と主張したのであった。

日本でも、1995 年に、自然保護団体によりアマミヤマシギ・オオトラツグ

ミ・ルリカケスを原告とし、奄美大島でのゴルフ場建設の許可取り消しを求めた訴訟が鹿児島地方裁判所に提訴された。原告を動物とすることは却下されたため、その後に動物の代弁者として人名を挙げ、訴状を訂正した。

3）守るべき対象の範囲

　守るべき対象の範囲（すなわち、守られるべき権利を持つ範囲、倫理の対象範囲ともいえる）は、米国の環境思想研究者であるナッシュ[2]が示したように、歴史的に拡張されてきた（図5-4）。

　この図では、自己だけを守ろうとしていた段階を過去（前倫理的）とし、時代が進むにつれ、守るべき他者の範囲が拡張してきたことを示している。国家成立前の過去（倫理的）では、家族や部族・宗教的なつながりの範囲が守る範囲とされ、現在では国家・人類等と人間社会、さらには人類以外の生物の一部まで守る範囲が拡張しつつあるとしている。

　現在において、動物のすべてではないものの一部が守るべき対象となりやすい理由は、感情や痛みの感覚を持つため、人間が共感しやすいからである。しかし、ナッシュは、未来の倫理では植物やあらゆる生物、さらには無生物、生態系や地球・宇宙もまた、倫理の対象範囲となると示している。

　第1章の1.2では、環境の価値として、利用価値と非利用価値があるとした。人間の生存のために他の生物や生態系、地球システムまでも利用価値があるために守るべき対象であるという立場もあるが、これは自己あるいは人類のためにという価値づけである。倫理の対象範囲を拡大することは、存在価値を認めるということである。

　ナッシュが倫理の対象範囲の図を示したときから、時代は進んだ。今日までに多様な考え方が登場した。対象範囲の異なる、次のような主張がある。

・心を持つ（感覚知覚能力）ものが倫理の対象である。岩石は苦しむことがないが、ネズミは苦しむから道路でボール代わりに弄ばれない方がよい。
・生命を持つものが倫理の対象である。生命とは、自分を再生し（自己創出を行う）、自分を大切にする存在であり、生命そのものが目的を持つものとして尊重されなければならない。
・生態系あるいは宇宙といったシステムは、それを構成する生命と同様に、

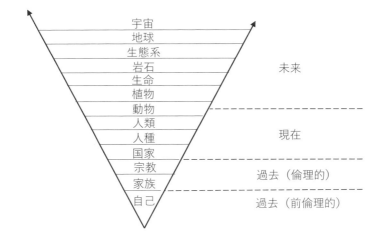

図 5-4　ナッシュが示した倫理の対象範囲

出典）ナッシュ（1999）[2] より作成

自己創出を図るものであり、倫理の対象である。この生態系には、生命のみ
ならず、岩石等の自然要素のすべてが含まれる。

4）人間中心主義か自然中心主義か

　倫理の対象範囲を広げるほどに、人間中心主義ではなく、自然中心主義をと
ることになる。自然中心主義が強くなるほど、これまでの（人間中心主義の）
社会経済システムの変革を迫られる。この自然中心主義の程度、あるいは社会
変革の志向の強度によって、環境思想はシャロー（浅い）エコロジーとディー
プ（深い）エコロジーに大別される。

　ディープエコロジーは、ノルウェーの哲学者アルネ・ネスが 1970 年代前半
に提唱した理論である。ネスは、環境問題を、価値観を変えずに法的・制度的
に解決しようとする姿勢はシャローエコロジーであるとし、人間と自然の関係
や人間の価値観を根本的に変革させようとする思想をディープエコロジーと呼
んだ[3]。

　ディープエコロジーは社会の制度や技術を否定的に捉える偏ったイデオロ
ギーであるという見方もあるが、この見方も既存システムの保守を志向するイ
デオロギーによる偏った意見である。ディープエコロジーとは、人間中心主義

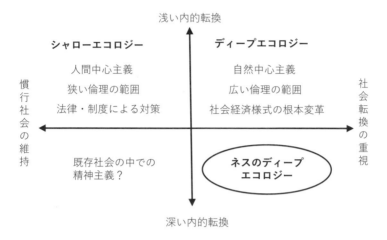

図5-5　シャローエコロジーとディープエコロジー

の限界を踏まえて形成された、自然中心主義であり、そのための社会変革の必要性を強く意識した立場である。

　さらに、フォックス（1994）[4] は、ネスのディープエコロジーは単なる人間中心論に対する自然中心論ではなく、人間の内的側面に踏み込んだものだとする解釈を示した。ネスのディープエコロジーは自己変革の必要性を強調し、個人や存在を超えた宇宙的なものと一体化した真の自己のあり様を重視しているという。つまり、ネスのディープエコロジーにおける深さは、倫理の対象範囲（内部化する他者の範囲）や社会変革の程度の深さではなく、人間の内的な掘り下げや人間発達の深さであるという指摘である（図5-5 参照）。

5）日本的自然観にみる一体性と畏敬の念

　西洋的自然観では人間中心主義と自然中心主義の二項対立に陥る。西洋的自然観は人間と自然との境界に明確に線を引き、自然を客体化した存在と見なす。このため、人間と自然のいずれを重視するかという二項対立になりやすい。

　これに対して、日本では、自然と人間が相交わる中間領域として形成されてきた里山がある（第3章の3.2 参照）。里山は、薪炭林や農用林として身近な森林を活用するなかで形成された二次的自然である。里山を介した食料とエネルギーの自立循環システムにおいては、自然と人間は不可分である。人間は自

然と対峙するのではなく、自然の中にあったのである。

　また、日本的な自然観の基底には、八百万の神や山の神のようなアニミズムがある。森羅万象に神が宿るという八百万の神信仰には、あらゆる自然への畏敬の念がある。先祖の魂が供養すると山の神となり、田植えの時期には田の神として、里に降り、収穫が終わると再び山に戻るという山の神信仰では、自然は見守ってくれる先祖の居場所である。

　日本的な自然観は、温暖多雨で自然の再生力が高く、地形が急峻で、河川は急流という自然条件があって、成立してきた。利用しても萌芽により再生する身近な森林、河川の急な流れのように、常に変化し諸行無常を感じさせる自然条件が、自然との一体感や自然への畏敬の念を育んできた。

　日本的自然観は、人間の内面（内なる自然）と外なる自然との境界がなく、一体化しているという点で、ネスのディープエコロジーと通ずる。日本では、近代化の過程で日本的自然観を非科学的として否定し、西洋的自然観を導入してきたが、その弊害から日本的自然観を見直すようになっている。パーマカルチャー[5]等の西洋の環境保護活動は、日本的自然観の影響を受けているが、その逆輸入を日本が行っている。

6）二項対立を超えて

　環境問題の解決のためには、人間中心主義を改め、自然の存在価値を尊重する自然中心主義にシフトしていく必要がある。森の林床に咲く花は人間のために咲いているわけでもなく、海にいる魚は人間のために成長し、泳いでいるわけではない。人間中心主義の立場から自然の利用価値のみを捉えるのではなく、自然の存在価値を尊重する姿勢が求められる。

　しかし、そのことで、私（たち）の自由で生き生きとした暮らしを抑圧してしまうのではない。人間もまた自然の一部である。私（たち）が自然の中にいることを感じ、私（たち）の内にある自然を解放し、より内的に深める生き方を実現していくことで、私（たち）と自然の両方が生き生きとする状況を同時に実現していくことができる。

　里山の自立循環や日本的自然観を見直し、自然とつながる歓びや自然との一体感を実感できるような社会経済システムをつくることが望まれる。

（2）環境問題における不平等をどのように考えるか

1）配慮すべき他者の置き方によって異なる環境倫理

　倫理とは、自己以外の他者に配慮する際の規範である。ナッシュの倫理の範囲や自然中心主義の程度は配慮すべき他者の置き方の違いであり、倫理的規範の持ち方の違いである。

　倫理において配慮すべき他者は人間以外の生物や地球等だけではない。現在世代に対する将来世代、社会経済的な弱者、都市から見た地方、先進国から見た開発途上国等、配慮すべき他者は時間軸、空間軸で多様である。

　環境倫理は多様な倫理の一部であるが、環境倫理にも配慮すべき他者の置き方によって異なるいくつかの側面がある。主なものとして、人間に対する自然の存在価値や自然物の生きる権利を認める自然倫理、現在世代のニーズを満たしつつ将来世代のニーズを満たすように配慮するという世代間倫理、有限な地球全体のシステム全体に価値があるとする地球倫理（地球有限主義）がある。世代間倫理は1980年代から、持続可能な発展の考え方として提示され、地球環境問題への基本方針や枠組みを決めた1992年の国連環境開発会議のリオ宣言で示された考え方である。

2）環境問題における不平等の是正を目指す環境正義

　環境問題の規範としては、環境倫理に加えて、環境正義（Environmental Justice）が重要である。5.1に示したように、環境問題には強者が得てして加害者となり、弱者が得てして被害者となるという不平等の問題が内在している。このため、環境問題と被害・加害の不平等の問題を統合的に捉え、環境問題における不平等の是正を目指す考え方として、環境正義が登場した。

　最初に環境正義が登場したのは1980年代の米国である。当時の米国では、PCBやDDT等の有害廃棄物処理場の建設が低所得のアフリカ系やメキシコ系、及び先住民アメリカ人の居住地域に集中していた。これに対して、市民権と環境権を求める社会運動の「環境正義運動」が発生した。その象徴が1982年のノースカロライナ州ウォーレン郡でのPCB廃棄物処分場への反対運動である。

　1980年代の動きを経て、1991年には第1回全米有色人種環境リーダーシップサミットが開催され、そこで「環境正義の原則」が採択された（表5-3）。

表 5-3　環境正義の原則（全米有色人種環境リーダーシップサミット）

	テーマ	概要
1	母なる地球の生態系を破壊しない	母なる地球の聖性、あらゆる種の環境的調和と相互依存性、及び環境破壊を受けない権利を認める。
2	差別のない公共政策	公共政策がいかなる形態の差別や偏見も含まず、全人類の相互の尊重と正義に基づくことを求める。
3	土地と再生可能資源の責任ある使用	地球が人間及びその他の生物にとって持続可能であるために、土地と再生可能な資源の倫理的で公正な、責任ある使用を求める。
4	核実験等からの全人類の保護	きれいな空気・土地・水・食料を享受する基本的な権利を脅かす核実験及び毒性、あるいは有害廃棄物や毒物の取出・生産・投棄からの普遍的保護を求める。
5	政治的・経済的・文化的・環境的自己決定権	政治的・経済的・文化的・環境的自己決定権が全人類の基本的権利であることを認める。
6	すべての毒性廃棄物、放射性物質の生産中止	あらゆる毒物、有害廃棄物、及び放射性物質の生産を停止すること、また過去と現在の生産者全員が生産時点で解毒・格納の厳しい責任を人類に対して負うことを求める。
7	意思決定に参加する権利	ニーズの評価、計画、実行、執行、評価といった意思決定のすべての段階に対等なパートナーとして参加する権利を求める。
8	安全で健康な労働環境で働く権利	全労働者が危険な生活か失業かの選択を強制されることなく、安全で健康な労働環境を享受する権利を認める。在宅勤務の労働者が環境被害を受けない権利も認める。
9	環境不正義の被害者への補償と医療の権利	環境不正義の被害者が被害に対する完全な補償と賠償、ならびに良質な医療を受ける権利を保護する。
10	政府による環境不正義は国連宣言違反と見なす	政府による環境正義に反する行為は、国際法、世界人権宣言、及び国際連合ジェノサイド条約の違反であると見なす。
11	政府に対する先住民の特別な関係性	主権と自己決定を認める条約・契約・協定・規約を通じて先住民族が合衆国政府に対して有する特別な法的かつ自然な関係性を認める義務を負う。
12	コミュニティ文化の尊重と資源への平等なアクセス	都市・地方の環境政策には自然との調和が必要であることを認め、あらゆるコミュニティの文化的統合性を尊重し、あらゆる資源への平等アクセスを全人類に提供する。
13	有色人種に対する人体実験の禁止	インフォームド・コンセントの原則を厳密に実行し、有色人種に対する実験的な生殖・医学的処置や予防接種の試験の中止を求める。
14	多国籍企業による破壊行為への反対	多国籍企業による破壊的操業に反対する。
15	軍事による占領、弾圧、搾取への反対	土地や人類・文化、その他の生命体の軍事的占領・抑圧・搾取に反対する。
16	社会問題や環境問題の教育	我々の経験、ならびに我々の多様な文化的視点の完全なる理解に基づいた社会・環境問題を重視する教育が現在そして将来世代に提供されることを求める。
17	自然に調和したライフスタイル	我々一人ひとりが母なる地球の資源を可能な限り消費せず、また廃棄物を可能な限り生産しないように個人または消費者として選択することを求める。

3) 環境正義で重要なこと：公平性、公正性、自律性

環境正義は、環境問題における人種による不平等（人種差別）の是正を出発点とする。さらに、都市から見た地方、先進国から見た開発途上国における不平等の問題も環境正義の範疇となってきた。世代間倫理も環境正義に含まれるといってもよい。

不平等の是正では、機会（手続き）としての平等と結果としての平等の区別が必要となる。機会（手続き）としての平等は公平性（Equality）と言われる。原子力発電所の立地是非の議論に誰もが参加できることが公平性である。結果としての平等は分配が平等であることであり、公正性（Equity）と言われる。公平に原子力が議論されたとしても、結局、大都市から見た遠隔地にばかり原子力発電所が立地したとすれば、それは公正性に欠けることになる。

環境正義においては、公平性と公正性のどちらも重要である。これらに加えて、環境正義では自律性が重要である。公平性の観点からの手続きがなされ、公正性が専門家により客観的に検討されたとしても、最終的な決定に当事者が関与できなければ、その環境正義は不十分である。当事者（特に被害者、弱者）が何を正義とするか、どのように正義を実現するかという意思決定を行うことで、環境正義は正当なものとなる。

自律性がない環境正義の例として、功利主義的環境正義あるいはエコファシズム的環境正義がある（表5-4）。

表5-4 「自律性」の程度が異なる環境正義の例

環境正義	環境正義の内容	気候変動問題の場合の例
功利主義的環境正義	最大多数の幸福を実現することを正義とする	・大企業が気候変動の対策を進め、技術革新と国際競争力の向上を図る ・気候変動の影響に対する適応策を、大都市圏を優先的に進める
エコファシズム的環境正義	当事者の議論がなく、正義の規範をトップダウンで押しつける	・気候変動を防止するために議論をせずに環境税を創設し、その負担を求める、 ・洪水等の気候変動の被害を防ぐために被害を受けやすい地域から移住を進める
平等で自由な原理としての環境正義	当事者が学習しながら、話し合い、相互の利害を理解したうえで規範を設ける	・地域住民等が気候変動の地域への影響や対策の選択肢を学習し、緩和策や適応策の計画、実践を行う。この際、子ども、高齢者、身体障がい者等の弱者も含めて、一緒に対策を検討する

5.3　環境問題を解決する科学と技術

（1）不完全な科学の成果にどのように関わるか

1）環境問題に対する科学の貢献

　環境問題の解決のためには、問題の発生状況を把握し、要因を分析するためのデータを集め、問題の発生メカニズムや原因を解明し、対策を合理的に決定していくこと、すなわち科学的手法が必要となる。加害者やその責任範囲を特定するためにも、科学による現象解明が必要となる。また、将来の環境問題への対策を検討する場合では、科学は、解明された現象をモデル化し、将来予測を行い、将来に備える対策に正当性を与え、対策の選定を支援する。

　気候変動問題に貢献している科学の概要を表 5-5 にまとめた。これらの他分野にわたる科学があって、気候変動という見えにくい問題が政策課題となり、対策のための技術開発や制度設計が進められてきた。

　気候変動分野では、気象学や工学等のいわゆる理系の科学が問題形成をリードしてきたが、対策の検討においては、文系の科学の役割が重要である。特に、気候変動の影響は地域の社会経済的条件等によって異なり、工学的な対策技術だけでなく、社会経済構造の改善に踏み込んだ対策の検討が必要となる。このため、社会学等の文系の科学の貢献がさらに必要である。

表 5-5　気候変動問題に対する科学の貢献

研究分類		概要	科学分野
現象解明	現象観測	・気温や降水、温室効果ガス濃度の観測 ・気候変動の影響に関する観測　等	気象学等
	現象解明	・気候変動のメカニズム、温室効果ガスの関係の分析 ・気候変動の影響を規定する気候外力、社会経済的要因の分析	気象学工学　等
	将来予測	・温室効果ガスの将来シナリオの研究 ・気候変動及び影響の将来予測、対策効果の感度分析	工学経済学等
対策検討	技術開発	・温室効果ガスの排出削減のためのエネルギー関連の技術開発 ・気候変動の影響に対する防災、農業、感染症等の技術開発	工学農学　等
	政策支援	・気候変動に関する政策の形成過程の解明と政策形成の支援 ・気候変動に関する政策手法の効果、政策手法のデザイン支援	政策科学経済学等
	社会実装	・気候変動対策の普及に関するアクションリサーチ ・気候変動対策への市民、事業者の参加、協働に関する研究	政策科学心理学等

2）不完全な科学

　環境問題の解決に必要な科学であるが、科学は不完全である。気候変動及びその影響を予測する場合を例に、科学が完全でなく、限界を持つことについて5点を示す（図5-6）。

　第1に、科学は、気候及びその社会経済への影響という複雑な現象を完全に解明することはできない（複雑な現象の解明の限界）。

　第2に、現象解明ができたとしても、それをコンピューターで再現し、将来の気候予測を行うには、スーパーコンピューターを使うため、莫大な予算と優秀な人材の確保が必要となり、資源制約下の成果しか得られない（研究資源の制約）。

　第3に、将来予測の前提となる温室効果ガスの排出量の設定や、気候変動をシミュレーションするモデルのタイプによって、予測結果が異なる。つまり、得られた成果は、一定の前提と方法という条件付きの成果である（前提条件付きの成果）。

　第4に、定量的なシミュレーションでは、数値として観測されるデータを用いるが、数値化されにくい社会科学的な側面が十分に扱われない（定性的な知見の扱い）。

　第5に、予測結果が得られたとしても、その成果の理解は私（たち）には容易ではなく、科学を担う専門家やその周辺に情報が偏在し、私（たち）にすべての情報伝達がなされるとは限らない（成果情報の部分的な共有）。

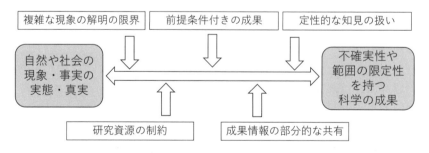

図5-6　不確実性や範囲の限定性を持つ科学の成果

3）不確実性を前提とした順応型管理、専門家任せにしない市民の自立

　科学が不完全であるとしても、科学をうまく使うことが必要である。

　まず、不確実であるとしても、環境への悪影響や健康への被害の可能性があるならば、なんらかの対策を講ずる必要がある。科学の確実な成果が出るまでに、被害が拡大される可能性があるからである。科学的不確実性を理由に取るべき措置を延期しないという予防原則が必要となる（第8章の8.1参照）。

　次に、不完全性を前提にした活用を行うことが望まれる。気候変動の将来予測結果が完全ではないとしても、可能性を想定し、対策を準備しておき、モニタリングをしながら、状況に応じて、迅速かつ的確な対策を実行するという順応型管理（第12章の12.1参照）の方法をとることが重要である。

　また、科学の成果の応用やそれを前提とした意思決定においては、私（たち）自らの判断が必要となる。気候変動の将来予測を踏まえた政策の決定しかりである。この際、科学者や専門家にすべてを任せるのではなく、科学者・専門家に成果の説明を求め、科学の成果を批判的に捉えながら、より専門的なことを正しく理解して、そのうえで政策や行動の選択をしていくという、自立（自律）した市民となることが望まれる。

（2）私（たち）や自然のためになる技術をどのように選別するか

1）両刃の剣となる技術

　技術は、科学の成果を応用し、人間活動の手段としたものである。不完全な科学を基にしているため、技術もまた不完全である。このため、技術は思わぬところに問題を引き起こす。また、技術はなんらかの目的をもって導入されるが、目的以外のところに配慮がなければ、そこに問題が生じる。

　歴史を振り返れば、環境問題は、技術の不完全性のために起こってきた問題である。水俣病を引き起こした化学プラント、オゾン層を破壊したフロンを用いた冷蔵庫、地球温暖化の原因である二酸化炭素を排出する化石燃料を用いた発電や輸送技術等は、どれも経済成長や快適な暮らしの手段として有用であると思われたが、環境に配慮するという点で不完全な技術であった。

　一方で、技術は環境問題を解決する手段としても、有用であった。大気汚染

物質をエンドオブパイプで除去する技術（脱硫装置、自動車の排気ガス触媒等）、汚染物質を出さない生産工程（クリーナープロダクション）、破壊してしまった自然生態系を再生する土木技術、廃棄物を環境に影響がないように焼却したり、リサイクルする技術等、環境問題を解決してきた技術は枚挙に暇がない。

このように、技術は経済成長を促し、便利で快適な暮らしを支えてきた一方で、環境問題を引き起こしてきた両刃の剣だと知る必要がある。環境対策技術が活躍してきたように、技術を活かすも殺すも使い方次第である。

俯瞰的に捉えれば、産業革命以降の近代化は、まさに蒸気機関の発明という技術革新によるものであった。環境問題のような近代化の歪みを生じている状況を再帰的近代化というが、それはまさに技術とそれに支えられた社会経済システムの構造的な欠陥の問題である。

2）原子力発電、メガソーラー、市民共同発電

私（たち）のために、あるいは自然のために、私（たち）は科学や技術にどのように関わるべきか。技術が両刃の剣で、使い方次第であるとすれば、私（たち）は、技術をどのように選別し、どのように使うべきか。

原子力発電と再生可能エネルギー（大企業によるメガソーラー、市民出資による市民共同発電）の例で示す（表5-6）。

原子力発電、再生可能エネルギーともに、1970年代のオイルショックを契機に石油という枯渇性資源への依存を改善し、エネルギーセキュリティを高めるために、国主導で技術開発と普及促進がなされた。また、1990年代には気候変動防止の観点から普及が進められた。

しかし、2010年代に入り、福島第一原発の事故により、原子力は、放射能汚染による生命に関わる致命的な問題が露わになってきた。そこで、安全なエネルギーとして、固定価格買取制度（Feed-in Tariff：FIT）により普及が進められてきたのが再生可能エネルギーである。

原子力発電が中央主導で開発されて地方に立地場所を求め、高度な制御技術を要することに対して、再生可能エネルギーによる発電は市民が設置し、事業を実施することができる。2つの技術の違いは大きい。

ただし、再生可能エネルギーといっても問題がないわけではない。地域外の

表5-6　発電所のタイプと特性

	評価項目	原子力発電	メガソーラー	市民共同発電
環境	気候変動防止	○ CO_2 排出削減	○ CO_2 排出削減	△ 排出減少
	立地環境の保全	× 放射能汚染	△ 開発、景観侵害	○ 地域と共存
経済	国の経済	△ 国の投資・回収	△ 大企業の事業	△ 市民事業
	立地地域の経済	○ 開発と保障	× 大企業の利益	○ 利益還元
生活	国民の生活	△ 電源確保	△ 賦課金の負担	△ 一部の関与
	立地地域の生活	△ 開発利益、	× 地域住民不在	○ 出資や教育

資本が地方に設置してきたメガソーラーは、売電収入を地域外に流出させるだけで、地域経済への貢献は小さい。地域住民が得るメリットは小さく、景観侵害や土砂流出等の被害が大きい。これらに対して、市民共同発電は地域住民に身近で、地域住民が参加できる技術である。

3）中間（適正）技術、社会（市民）技術

　再生可能エネルギーといっても使い方次第であることから、使い方も含めて技術と呼ぶことにしよう。原子力発電やメガソーラーを巨大技術とするなら、市民共同発電は中間（適正）技術に該当する。

　シューマッハは、著書『スモール・イズ・ビューティフル』の中で、次のように記述している[6]。

　　大量生産の技術は、もともと暴力的なものであり、生態系を傷つけ、再生不可能な資源を浪費し、人間を無能にする。一方、民衆による技術は、近代の知識と経験のうち最善のものを生かし、脱中心化に寄与し、生態系の法則にのっとり、希少な資源を消費することが少なく、人を機械の奴隷にするかわりに、人に奉仕するように設計されたものである。そのような技術は、伝統的で素朴な技術よりはるかにすぐれており、一方多額の資金を要する高度技術よりは単純で安価で自由であるがゆえに、私はそれを中間技術と名付けた。

　こうした中間（適正）技術は、社会（市民）技術でもある。産業発展のための産業による産業技術ではなく、社会問題の解決に貢献する社会や市民のための市民による技術である。

　これまでの巨大技術あるいは産業技術は、先進国や専門家による資源や意思

決定の独占を招き、強者と弱者の格差を助長してきた面がある。この構造的な問題を是正するため、中間（適正）技術、あるいは社会（市民）技術を優先的に用いることが望まれる。これらの小規模な技術は、大きな社会経済を支えることはできないだろうが、地域の小さな社会経済を支えるには十分である。

4）環境問題の解決のための技術

環境問題の解決においては、巨大技術あるいは産業技術に依存せずに、中間（適正）技術あるいは社会（市民）技術を重視することが望ましい。気候変動への対策を進める場合、二酸化炭素排出削減のみを重視し、巨大技術あるいは産業技術の導入ばかりに邁進することは間違いである。4つの理由がある

第1に、環境問題の解決のために、地域の経済や社会的な側面が軽視されてはならない。二酸化炭素排出だけを考えるならば、原子力やメガソーラーでよいが、その弊害は看過できない。

第2に、巨大技術や産業技術は、高度かつ複雑であるがゆえに、一般市民が理解や制御をしにくい技術であり、このため専門家任せにされやすい。一般市民が主体的に関わることができる技術を優先すべきである。

第3に、環境問題を解決した社会は、あらゆる人々が問題を自分事化して、主体的に考え、行動する社会であることが望ましい。巨大技術に守られていることに依存して、無意識に暮らすことは、市民のよい生き方といえない。

第4に、環境問題の解決のためには、根幹の部分への自己対決が必要である。近代化路線（工業化と都市化）の変革を図るために、それを支えてきた巨大技術あるいは産業技術を代替する技術を優先すべきである。

もっとも、一般市民が理解しにくい高度な技術を遠ざけるだけではいけない。西洋的自然観と人間中心主義に立脚する科学（技術）万能主義がはびこることがないように、私（たち）は、科学・技術を理解し、市民としての専門性を高め、科学・技術の活用に主体的に関わることが求められる。

5.4　私（たち）はどう生きるのか

（1）一人ひとりが成長する

1）解決者となることで成長する

　かつて公害問題では、被害を受けた住民やそれを支援する市民が国や加害企業を相手に反対運動を起こし、環境対策を進めるパワーとなった（第2章の2.3参照）。また、自然破壊に反対する人々がいて、守られた自然も多い。私（たち）は環境問題の解決者の役割を果たしてきた。

　今日の都市生活型公害あるいは地球環境問題においては、私（たち）が加害者・被害者であり、私（たち）自身が当事者として、自らの内に抱える問題と自己対決をしなければならなくなっている（第2章の2.1参照）。既に慣れ親しんでいる生活や考え方、価値規範に対して、自らを批判し、自らの生きる枠組みを再構築するのである。

　加えて、環境問題は社会経済問題でもあり、再帰的近代化という構造的問題に取り組むというマクロな意識も重要である。また、環境問題の加害者である私（たち）は得てして強者であり、弱者が得てして被害者となっていることに目をつぶってはならない。

　環境問題の構造と環境倫理・環境正義の考え方を知ったうえで、私（たち）が今日の環境問題の解決に貢献するための行動は3つである。これらの行動は、環境のために我慢を強いるものではない。他者に配慮することで自分の成長も実感でき、より楽しさや歓びを実感できるだろう。

　第1に、自身の生産・消費活動、ひいては自身の内面にある価値観や生き方を見直し、環境負荷の少ないエコライフやグリーン消費を行うことである（ライフスタイルの変革行動）。

　第2に、自分だけでなく、他の生活者にも働きかけて、環境配慮を学び、広げる活動を行うことである（集合による変革行動）。

　第3に、環境問題の根幹にある社会経済構造の改善のために、行政や企業、政治を変えるための提言や地域での実践活動を行うことである（社会構造の変革行動）。

2）痛みや見えないものに対峙する

　私（たち）の変革は、簡単なことではない。巨大技術の導入とそれによる経済成長の時代を生きてきた私（たち）は、従来の物的豊かさや利便性、快適性を既得している。このため、変革は痛みを伴う。主流の中にいる安心感や保障された収入、自分で考えない気楽さが失われることを考えると、多くの人が変革はできないと考えるだろう。

　しかし、加害者であると同時に被害者であることを知れば、変革は被害を防ぐことになり、変革への取組みの過程と結果において、歓びを得ることになる。自然を尊重し、適正技術に関わることは、よりよい生き方として、多くの充足を与えてくれる。失うものもあれば、得るものもある。できる、できないという可否ではなく、どちらの生き方を重視するかという是非である。

　現在の外部に依存するシステムに暮らす私（たち）は、知らないで（感じないで）済ませていることが多い。目に見えていない環境やそれにつながりがあること（第1章の1.1参照）を知ることに、不快感を味わうこともある。しかし、快適さだけを求め、きれいなことだけを見ているわけにはいかない。

　アイヌのイヨマンテの例をあげる。アイヌは冬眠中のヒグマを狩り、母グマは殺して食べるが、子グマは集落に連れ帰り、大事に育てる。大きくなると、集落をあげて盛大な送りの儀礼（イヨマンテ）を行い、子グマを屠殺し、解体してその肉をふるまう。イヨマンテは、アイヌにとって、熊の姿を借りた神（カムイ）を丁重にもてなした後、神々の世界に送る儀礼である。熊を屠殺して得られた肉や毛皮は、神が置いていったお礼である。

　イヨマンテは、可愛がっていた生命を食するという野蛮な行為なのだろうか。スーパーで売られているトレイの上の肉を食している私（たち）は、食料を得るために自らの手を汚さず、食料となる生命を大事に育て、もてなすことをしないでいる。アイヌは、私（たち）よりも真摯に、食料を与えてくれる自然に向き合っている（図5-7参照）。

　中沢（1991）[7]は、イヨマンテは、「人間は動物を食べ、自然物を食べることによって、生きることができる」ことをむき出しにして、「食べ物がどこからもたらされ、またそれをもたらしてくれるものにたいして、人間はどのような

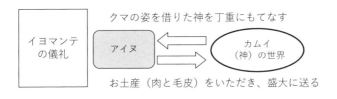

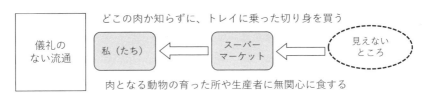

図5-7　イヨマンテと儀礼のない今日の流通

態度をとらなければならないのか」を明確に表現していると指摘している。

　目をそむけずに、目に見えていないことに、目をやることが、私（たち）の変革にとって重要である。

3）ビルトインされて身動きがとれない基盤を考える

　私（たち）の大量生産・大量消費型の暮らしは、国の政策や大企業のビジネスにとって、築き上げられてきたものである。この暮らしは、ハードウエア（技術・インフラ）とソフトウエア（制度・仕組み）、さらにはヒューマンウエア（人々の意識と人々の関係）という3つのウエアに支えられている。

　例として、冷蔵庫のある暮らしを取り上げる。日本での電気冷蔵庫の普及は、戦後のことである。日本製の安価な冷蔵庫が開発されただけでなく、次のように、3つのウエアが整備されることで、冷蔵庫の普及が進んできた。

・1923年に、政府の「水産冷凍奨励規則」が設置され、冷蔵倉庫建設費、冷蔵設備の新増設費用への奨励金が交付された。冷凍事業は、人口増加時代にあって海外からの食料調達を図るうえで不可欠とされた。

・1950年代半ばから家庭電化ブームとなる。アメリカ的な生活の象徴として電化製品が見なされた。また、「婦人の民主化は家庭の電化から」（家庭電気文化会のパンフレット）というように、女性の家事からの解放が国策となった。

・1965 年に科学技術庁資源調査会が「コールドチェーン勧告」を出した。これは、穀類や芋類、塩蔵品等の保存しやすい食品に偏っている日本人の食生活の改善を目的として、生産現場から家庭までを低温でつなぐコールドチェーン（低温流通網）の整備を提唱した勧告である。

・これらの動きを経て、大手食品メーカーが冷凍食品市場に参入し、成長しつつあったスーパーマーケットが冷凍食品売場を設置した。冷蔵庫の主力商品はフリーザー付き 2 ドアになった。

・1970 年代のオイルショック以降、省エネタイプの冷蔵庫の開発と大型化が進む。まとめ買いと家庭での生鮮食品のストックが日常化する。

　以上のように、海外からの食料調達、女性解放、食生活の改善といった国策の支援を受け、製造事業者による家電製品の商品化、食品メーカーとスーパーマーケットの冷凍食品の流通といった動きが積み重なり、大型冷蔵庫の普及が進んできた。公共政策として普及が意義づけられた冷蔵庫も、今日となれば、過剰に大型化し、大量生産・大量消費・大量廃棄の象徴のようになっている。

　家庭に大型冷蔵庫がある暮らしが当たり前と思っていると、環境対策のために、冷蔵庫を小さくしたり、まとめ買いとストックをしない暮らしにしていくことは容易ではない。しかし、身動きがとれない状況も、足下の基盤を変えることで打開できる。生鮮食品を冷蔵庫に入れておくのではなく、近所の農家から必要な時に手に入れる地域に移住したり、自宅の庭を畑にすれば、大型冷蔵庫への依存は解消できる。

　冷蔵庫だけではない。自動車、情報通信機器等も同様に、社会経済システムや生活様式の中に組み込まれているため、それらの所有や使用量を抑制し、環境改善を図ることは容易ではない。しかし、自動車に乗らなくても便利な都市構造にする、情報通信に依存しない過ごし方を楽しめるようにする等、社会経済や土地利用、生活様式等を転換すれば、自動車や情報通信機器への依存は解消できる。

（2）環境問題を解決する力を育む

1）持続可能な社会のためのリテラシー

　環境問題を解決し、持続可能な社会を実現するためには、一人ひとりが知識や姿勢を改善するだけでは不十分である。環境問題は複雑であり、問題の全体像を捉え、深く考えて、取組みを選択し、実行していくことが必要となる。

　このため、一人ひとりが「環境問題を解決し、持続可能な社会を築いていくためのリテラシー」を高めなければならない。リテラシーとは、目的に対して必要とされる知識、姿勢、能力、行動のことである[8]。

　必要とされる知識は、環境問題の状況や構造、対策、行動に関する幅広いものであり、生態学、生物学、化学、気象学、工学、経済学、社会学、政治学、心理学、哲学、倫理学等の多様な学問にまたがる横断的な知識である。

　必要とされる姿勢とは、問題の重さや関係者の気持ちを受けとめる感性、問題への関心、加害者としての責任帰属の認知、対処行動の有効性の認知、行動をしようする意図を持つことである。

　必要とされる能力はコンピテンシーといわれ、次に詳細を示す。必要とされる行動は、生活行動と社会行動に分けられる。

2）持続可能な社会のためのコンピテンシー

　コンピテンシーとは、目的を達成するために必要とされる能力のことである。

　持続可能な社会のためのコンピテンシーを高めるべきは、行政や企業、NPO等の担当者として専門的に行う人だけではない。専門家を目指さない一般市民であっても、それ相応にコンピテンシーを高めることが必要である。私（たち）は、誰もが社会の構成員であり、地球に存在する人類の一員であり、複雑化する今日の状況において、誰もが環境問題や将来の持続可能な発展に係る加害者であり、被害者であり、解決者でなければならないからである。

　「持続可能な社会のためのコンピテンシー」は、システム思考、予測、規範、戦略、協働、批判的思考、自己認識（内省）の7つに分けられる（表5-7）。7つのコンピテンシーを説明する。

　システム思考コンピテンシーとは、多様で複雑な環境問題を理解したうえで、自分と環境問題のつながりを考える能力である。

表 5-7　持続可能な社会のためのコンピテンシーと本書との対応

	説明	関連
システム思考	・環境問題の複雑な発生メカニズムを、システムとして包括的に捉え、問題の原因を特定し、体系的に対策をとっていくための能力。 ・特に、物理化学的あるいは生態学的なメカニズム、被害と加害の関係を含めた社会経済メカニズム、人の意識・行動を規定する心理メカニズム等の幅広い分野の専門知識を持ち、それを学際的に活用して全体を理解し、対策を包括的に考える能力が必要となる。	第2章 第3章 第11章
予測	・環境問題の将来を予測し、予測の不確実性を正しく考慮して、将来に向けた対策を検討する能力。 ・特に、社会経済やライフスタイルの動向、AIやロボット等の技術革新等が環境問題の将来に与える影響について、将来を科学的及び想像的に捉えることができる知識や未来予測の道具を使い、結果を解釈できる能力が必要である。	第4章 第12章
規範	・環境問題の解決や持続可能な発展を実現していくうえで、行動や政策の選択の基準となる規範を理解し、規範を用いた判断と調整を行う能力。 ・特に、環境倫理（自然倫理、世代間倫理、地球倫理）と環境正義（公平性・公正性・自律性）、持続可能な発展の規範を理解し、それに基づき、取組みの是非を評価し、改善を促すことができる能力が必要である。	第5章 第6章
戦略	・環境問題の解決や持続可能な発展に向けた取組みを、包括的かつ現場の状況に応じて、効果的なものとして、設計、実行する能力。 ・特に、目的を実現するための手法、取組みの実践における隘路とその克服の方法、長期的な視点、あるいは地域を超えた取組みの立案と進行管理の方法等に関して、幅広い知識を持ち、目的に応じた手法・方法の選択と組み合わせができる能力が重要である。	第7章 第8章 第9章 第10章 第11章 第12章
協働	・環境問題の解決や持続可能な発展に向けた取組みに対して人々の学習、さらには参加と協働等を促す能力。 ・特に、人の意識転換・行動転換のプロセスを理解し、対話やワークショップ・市民参加等の多様な手法を設計・運用することができ、より多くの主体の参加や先駆的な取組みを駆動させる能力が重要である。	第8章 第12章
批判的思考	・環境問題に関して、他者から示された原因、予測、規範、戦略等を評価し、批判を加えて、自分自身の考えを示し、実行する能力。 ・特に、科学の成果や環境問題に関するデータについて、根拠を確認し、自分自身で信頼性を判断したり、他者からの提案について、代替案を設定し、適切な方法を選択したり、他者の考え方の背景や理由を考え、改善を促す能力を持つことが必要である。	第5章 第6章
自己認識（内省）	・環境問題に関して、自分の知識、姿勢、能力、行動等を見直し、自分を継続的に変えていくことができる能力。 ・特に、環境問題に対して、自分の知識や考え方の特徴や偏りを俯瞰的に捉え、自分の特性や役割等を問い直したり、自然を感じ、内なる自然の声を聞き、自分の内面を深く理解し、自己を成長させていく能力を持つことが必要である。	第5章 第6章

出典）UNESCO 資料[9]をもとにして作成

　予測コンピテンシーとは、環境問題が将来どのようになるかという予測を理解し、そのことが自分や自分の子孫にどのような影響を及ぼすかを考える能力である。規範コンピテンシーとは、環境倫理や環境正義の考え方を理解し、環境倫理や環境正義の視点から、自分の行動を評価し、考える能力である。戦略コンピテンシーとは、自分の環境配慮行動を設計し、実行する能力である。自宅でのカーボンゼロを実現するための設備の更新や建て替え等にも戦略が必要である。協働コンピテンシーとは、環境配慮の必要性を人に伝え、協力を得ていくための能力である。批判的思考コンピテンシーとは、他者の考えや提案について、他者の背景や特徴を理解したうえで、自分の同意あるいは批判を表明する能力である。ここで、批判とは他者の間違いを指摘することばかりではない。批判とは、他者への理解を深めるための好意的な対話のプロセスでもある。自己認識（内省）コンピテンシーとは、自分自身について、俯瞰的に捉え、自分の役割を整理したり、内面を見つめ直して深める能力である。

3）自分と異なる他者への理解と共感

　環境問題や持続可能性を損なう問題の本質は、他者に対する配慮がないことにある。このため、社会においては他者に配慮する社会制度の設定や規範の共有が必要となるが、一人ひとりにおいては他者をよく"理解"し、他者に"共感"することが大切である。

　外部からの期待に対応する他者への配慮は自分の負担となり、継続しない。他者の痛みを理解し、感じることで、その解消による他者の喜びは自分の喜びとなり、配慮の継続や次の配慮への導きとなる。

　しかし、自分とよく似た人、経験を共有してきた人、近くにいてよく会う人への理解や共感はできても、"異質な他者"への理解や共感は難しい。このため、富裕層は庶民的な人を、先進国の人は未開の国の人を、環境問題の被害を感じない人は被害を感じている人を理解し、共感することができない。特に、強者が弱者を理解し、共感することができないことは、環境問題における強者・弱者問題を解消できない点で致命的である。異質な他者への理解や共感を高めるために、2つのことが大切である。

　第1に、他者が自分とどこが違うのか、他者はなぜそうなのか、その背景

は何か等と、他者を理解しようとする深い思考を、日頃から行うことである。深い思考による他者への理解は、他者との関係性を高めながら行う対話によって得られる。

　第2に、多くの体験を人と共有し、様々な立場の人と交流し、自分を内省する機会を常に持ち続けることである。これにより、自分の外的拡張や内的深化が図られ、"共感"できる他者が広がる。体験が多くなり、ある程度の視野の広がりができれば、想像力が"共感"できる他者を増やしてくれる。

引用文献

1) 船橋晴俊編『講座 環境社会学　第2巻　加害・被害と解決過程』有斐閣（2001）
2) ロデリック・F.ナッシュ『自然の権利』松野弘訳、筑摩書房（1999）
3) アルネ・ネス『ディープ・エコロジーとは何か──エコロジー・共同体・ライフスタイル』斎藤直輔・開龍美訳、文化書房博文社（1997）
4) ワーウィック・フォックス『トランスパーソナル・エコロジー──環境主義を超えて──』星川淳訳、平凡社（1994）
5) ビル・モリソン、レニー・ミア・スレイ『パーマカルチャー──農的暮らしの永久デザイン』田口恒夫・小祝慶子訳、農山漁村文化協会（1993）
6) E.F.シューマッハ『スモール・イズ・ビューティフル：人間中心の経済学』小島慶三・酒井懋訳、講談社（1986）
7) 中沢新一『東方的』せりか書房（1991）
8) The North American Association for Environmental Education, Developing a Framework for Assessing Environmental Literacy, 2001
9) UNESCO, Education for Sustainable Development Goals: Learning Objectives, The United Nations Educational, Scientific and Cultural Organization, 2017

参考文献

船橋晴俊・宮内泰介『新訂　環境社会学』放送大学教育振興会（2006）
ロデリック・フレイザー・ナッシュ『自然の権利──環境倫理の文明史』松野弘訳、筑摩書房（1999）
伊東俊太郎編『講座 文明と環境　第14巻　環境倫理と環境教育』朝倉書店（1996）
鬼頭秀一・福永真弓編『環境倫理学』東京大学出版会（2009）
鬼頭秀一『自然保護を問いなおす──環境倫理とネットワーク』筑摩書房（1996）
ネリー・ナウマン『山の神』野村伸一・檜枝陽一郎訳、言叢社（1994）
総合研究開発機構『もう一つの技術　巨大技術の行き詰まりをどう克服するか』学用書房（1979）
デイビット・ディクソン『オルターナティブ・テクノロジー　技術革新の政治学』田窪雅文訳、時事通信社（1980）
遠藤由美「グローバル社会における共生と共感」『エモーション・スタディーズ』1(1)（2015）pp.42-49

第**6**章　目指すべき社会の姿

6.1　持続可能な発展の概念と規範

（1）環境政策の目標としての持続可能な発展

1）利害や価値規範の違いによって異なる目標像

　環境政策の目標は環境問題の解決を図ることである。しかし、「環境問題の解決をどのような方法で図るのか」「環境問題がない社会とはどのような社会か」を問うとき、その答えは利害の異なる立場によって、あるいは価値規範の違いによって様々である。

　環境問題の解決を優先し、経済成長の抑制や生活様式の伝統回帰を図ることをよしとするのか。環境対策技術の開発と普及によって環境問題の解決と経済成長の両立を図るのか。行政による環境規制を強化し、管理型の社会を築くのか。市民や企業が自主的に行動する社会を目指すのか。様々な選択肢があるなか、私（たち）はどのような方法や社会目標を選択すればよいのだろうか。

　こうしたなか、利害の異なる主体の対立の解消や利害調整のためのマジックワードのように使われてきた概念が、「持続可能な発展」である。国際社会における概念の変遷と国内の環境政策の概念を整理してみよう。

2）国際社会における持続可能な発展という概念

　持続可能な発展の概念は、1970年代・1980年代から提示され、1990年代のリオ宣言において確立された（表6-1）。

　1970年代後半、クーマーは「環境制約下での成長」という観点で持続可能性を定義した。1980年の世界自然保護戦略においては、「開発と保全の調和」を持続可能な開発と表し、保全とは将来世代と現在世代を両立させる生物圏利用の管理と定義した。

表6-1　国際社会における持続可能な発展の概念の変遷

年代	代表的な定義	段　階
1970年代	クーマーの定義（1979年） ・持続可能な社会とは、その環境の永続的な制限の内で営まれる社会のことをいう。その社会は…成長しない社会ではない…それは、むしろ成長の限界を知っている…また、他の成長方法を模索する社会である。	環境制約に対して持続可能性を提起
1980年代	世界自然資源保全戦略（IUCN/UNEP/WWF、1980年） ・「持続可能な開発」という表現を文書で使い、「開発」と「保全」について定義づけ。「開発」：人間にとって必要なことがらを満たし、人間生活の質を改善するために生物圏を改変し、人的、財政的、生物的、非生物的資源を利用すること。「保全」：将来の世代のニーズと願望を満たす潜在的能力を維持しつつ、現在の世代に最大の持続的な便益をもたらすような人間の生物圏利用の管理。	世代間での持続可能性を提起
	環境と開発に関する世界委員会（ブルントラント委員会）報告書（1987） ・持続可能な発展を将来の世代のニーズを満たす能力を損なうことなく、今日の世代のニーズを満たすような開発と定義。	
1990年代	国連環境開発会議（1992年） ・環境と開発に関するリオ宣言、アジェンダ21の中心的概念として「持続可能な開発」を採用。リオ宣言の原則4では、「持続可能な開発を達成するため、環境保護は、開発過程の不可分の部分とならなければならず、それから分離しては考えられないものである」と示されている。	持続可能な発展の概念の普及
2000年代	ヨハネスブルグサミット（2002年） ・ヨハネスブルグ宣言において、「我々は、持続可能な開発の、相互に依存しかつ相互に補完的な支柱、すなわち、経済開発、社会開発及び環境保護を、地方、国、地域及び世界的レベルでさらに推進し強化するという共同の責任を負うものである」として示した。	持続可能な発展の概念の定着

　1987年の環境と開発に関する世界委員会報告『われら共有の未来』では、「持続可能な発展」を「将来の世代のニーズを満たす能力を損なうことなく、今日の世代のニーズを満たすような発展」と定義した。この考え方は、1992年にリオデジャネイロで開催された「環境と開発に関する国連会議（リオサミット）」において、リオ宣言、アジェンダ21の中に記され、合意を得ている。

　さらに、2002年の南アフリカのヨハネスブルグで開催された「持続可能な開発に関する世界サミット（リオ＋10)」、2012年ブラジルのリオデジャネイ

ロで開催された「国連持続可能な開発会議（リオ＋ 20）」において、リオサ
ミットで示された持続可能な発展が基本理念として継承された。

　一連の経緯で知るべきは、1990 年代以降は、国際的な環境保全への協調が、
開発途上国の経済成長の抑制にならないようにという配慮から、持続可能な発
展という考え方が使われてきたことである。特に、途上国を説得する手段とし
て、これまで先進国が行ってきた開発一辺倒ではない、代替的な発展方法とし
て、持続可能な発展が提示されてきた。

3）国内の計画に見る環境・経済・社会の３側面の捉え方

　2000 年代には、経済面に対して環境面・社会面を制約として捉える考え方
に明確な変化がみられた。トリプルボトムラインや環境・経済・社会の統合的
発展、環境・経済・社会の問題の同時解決という考え方が示されるようになっ
た。

　トリプルボトムラインは、企業経営分野で定着してきたGRI（Global
Reporting Initiative）の持続可能性報告ガイドラインで示され、企業の環境報
告書を持続可能性報告書に発展させたキーコンセプトとなった。ボトムライン
とは企業の決算報告書の最終行を指し、最終行に収益・損失だけを書くのでは
なく、社会面の人権配慮や社会貢献、環境面の環境や資源への配慮についても
記述することを意味する。

　環境・経済・社会の統合的発展は、3 側面が相互に関連することを前提に、
環境面の取組みによる経済面・社会面の発展、すなわちコベネフィットを強調
する。日本の 21 世紀環境立国戦略（2007 年策定）では、「環境問題への対応
を新しい経済成長のエンジンとする。これにより、内外の環境問題の解決に寄
与するとともに、経済の活性化や国際競争力の強化を進め、環境と経済の両立
を図ることが重要である」と記した。

　さらに、第五次環境基本計画（2018 年）では、環境・経済・社会の問題の
同時解決について、「環境・経済・社会の諸課題は深刻化だけでなく複合化し
ているため、環境面から対策を講ずることにより、経済・社会の課題解決にも
貢献することや、経済面・社会面から対策を講ずることにより、環境の課題解
決にも貢献する…環境政策による経済社会システム、ライフスタイル、技術と

いったあらゆる観点からのイノベーションの創出と経済・社会的課題の同時解決を実現する」と記述している。

　こうした考え方の変化は、景気低迷の状況や縮小する時代のなかで、経済・社会の諸課題が深刻化してきたことによる。経済優先一辺倒の「近代化」に対して、環境・経済・社会の統合的発展の路線は、近代化路線を変えずに環境に配慮する改良を加えるものとして「エコロジー的近代化」と表される。

（2）持続可能な発展の規範

1）持続可能な発展の考え方の混迷と整理

　時代とともに、持続可能な発展の考え方の主たる目的や取組みの重点が変化してきた。このことが、持続可能な発展の考え方を曖昧にさせ、様々な立場を包含しつつ、同床異夢の状態を招き、問題解決のための根本的で本格的な対策を遅らせてきた。

　松下（2014）[1] は、持続可能な発展は、「十分な科学的な検討に基づき作成されたというよりは、当時の政治的妥協の産物として合意されてきたとの性格は否定できず、その定義のあいまいさがしばしば批判されてきた」ものであり、「誰もが受け入れられる空疎な言葉であり、開発・発展が本質的に持続可能ではないことを覆い隠し、今のシステムを維持し、根本的な変化を避ける」と指摘している。

　持続可能な発展の考え方が混迷するなかで、多様化した規範を整理する研究が行われてきた。森田ら（1992）[2] は、持続可能な発展に係る世界の議論の動向を整理し、持続可能性の規範として、「①環境・人間軸の観点（生態系サービスの保全、資源・エネルギー制約、環境容量等）」だけでなく、「②時間軸の観点（経済活動の継続、世代間の公平等）」「③その他の観点（南北間の公平、生活水準、多様性等）」といった３つの側面を整理した。①は人類の生存基盤に係る問題であり、②はその将来世代への保証に係る問題、③はより高次な人権等に係る規範を指している。

　また、国立環境研究所（2011）[3] では、持続可能な発展に関する領域横断的な規範を既往研究等から抽出し、「①可逆であること」「②可逆ではなくとも、代

替できること」「③人の基本的なニーズを満たすこと」「④より安定的であること」
に分類している。①と②の規範は、Herman E. Daly（1996）[4] の 3 原則やナチュ
ラル・ステップの 4 つのシステム条件を踏襲したもので、人間活動と環境の関
係に着目する。③は持続可能な発展の「発展」における人間社会の規範、④は
①〜③を補完し、持続可能性の確保をより確実にするものである。

　これらの整理では、開発や成長に対する環境面さらに社会面の制約としての
規範を明確にしている。

2）持続可能な発展の 4 つの規範

　既往研究を踏まえ、持続可能な発展の規範を、「社会・経済の活力」「環境・
資源への配慮」「公正・公平への配慮」「リスクへの備え」の 4 つに整理する（図
6-1）。4 つの規範を説明する。

① 持続可能な発展では、将来のためにも現在の人間活動の活力が確保されて
　いる必要がある（「社会・経済の活力」）。現在の活力が将来の活力を築く
　基盤となるからである。ここで、この活力は、社会面、経済面、あるいは
　人の生き方の側面に分けられる。

　日本では、低い経済成長時代を迎えるなかで、経済成長中心ではなく、社
　会面や人の生き方面での活力を重視していくことも必要となり、「社会・
　経済の活力」の中身（質）を転換することも、持続可能な発展において必
　要となる。このため、経済面の活力は独立されるべきものではなく、社会
　面、人の生き方面とともに、活力という統合的な目的変数に対する説明変
　数の 1 つとして捉えることが重要である。

② 「社会・経済の活力」は、他者に配慮するという制約のなかで確保されな
　いと持続可能な発展にはならない。他者への配慮は、大きく、人間による
　環境への配慮（「環境・資源への配慮」）と人間同士での配慮（「公正・公
　平への配慮」）に分けられる。

　「環境・資源への配慮」においては、人間活動への不利益を回避するだけ
　でなく、自然の持つ存在価値や人間以外の生物の権利に配慮するという
　人間中心主義ではない側面も重要となる。公正・公平に係る問題の本質
　は、同じ人間であるにもかかわらず、性別・年齢・身体特性・居住地・

　　所得・生きる時代等の属性によって、強者と弱者が生じ、両者の格差や弱者への差別が生じることである。弱者に対する配慮が「公正・公平への配慮」において重要である（第5章の5.2参照）。

③　他者への配慮をしていたとしても、自然災害や想定外の災害は起こりえる。そのことが持続可能性を損なうことになるため、「リスクへの備え」が必要となる。

　　日本では、高齢化や財政難等から人間側の脆弱性（感受性）が高まる傾向にあり、このことが災害の被害を大きくする。また、気候変動の影響が顕在化しており、緩和策（温室効果ガスの削減）だけでは回避できない影響への適応策が検討されつつある。災害からの防御（ゼロリスクの確保）だけでなく、ある程度の被害を受け入れたうえでの被害の最小化、被害を受けた後の回復力の確保等も含めて、「リスクへの備え」が必要である。この規範は、国際的な持続可能な発展の文脈では扱われてきていないが、大規模な災害が顕在化する今日の状況から追加すべき規範である。

④　4つの規範は相互に抑制的、あるいは相乗的に関連する。「社会・経済の活力」を抑制するのが他の3つの規範であるが、制約的な規範が「社会・経済の活力」を創出する場合がある。

　　反対に「社会・経済の活力」を確保することで、企業の環境投資や市民の環境保全活動を活発化するという側面もある。また、環境保全により地域の魅力を高め、活力創出につなげる等、制約的な規範が「社会・経済の活力」のための手段となる場合がある。「環境・資源への配慮」「公正・公平への配慮」「リスクへの備え」の規範も相互に関連する。

⑤　4つの規範は、現在世代の活動に対する規範であるが、その規範の適用においては、将来も各規範が維持できるかどうかを検討することが必要である。つまり、持続可能な発展のための取組みは、各規範に対する現在の不充足を解消するだけでなく、各規範に対応する状況の将来予測を行い、将来的な課題を把握し、その課題の解決方法を現在世代において用意しておくことが求められる。

　以上の持続可能の発展の規範を、次のようにまとめることができる。

　持続可能な発展のためには、主体に活力がなければならない。主体の活力とは経済面だけでなく、社会面や人々の意識を含む総合的な活力である。しかし、主体の活力があっても、他者への配慮がないと、持続可能とはいえない。つまり、主体は環境・資源への配慮と公正・公平への配慮をしなければならない。また、定常時だけでなく、非常時を想定し、リスクへの備えが必要である。

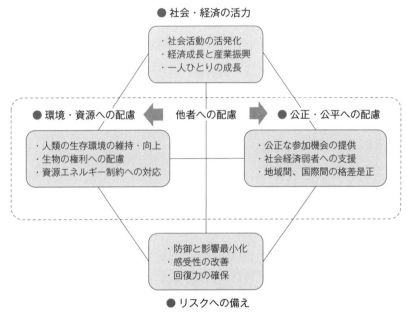

図6-1　持続可能な発展の規範

6.2 SDGs（持続可能な発展の目標）

（1）SDGsの策定と活用

1）SDGsの策定と活用の動き

2015年9月にニューヨークの国連本部で「国連持続可能な開発サミット」が開催され、「持続可能な開発のための2030アジェンダ」が採択された。同アジェンダの中核となったのが「持続可能な開発目標（Sustainable Development Goals：SDGs）」である。SDGsは2016年から2030年までの15年間での達成を目指した17のゴールと169のターゲットで構成される。

同アジェンダの採択以降、世界各国がSDGsの達成に向けて動き出している。日本も2016年5月に、総理を本部長とし、全閣僚を構成員とする「SDGs推進本部」を設置した。同年12月には「持続可能な開発目標（SDGs）実施指針」が決定された。同実施指針では、NPO・NGO、民間企業、消費者、科学者コミュニティ、労働組合、地方自治体との連携が示され、SDGsを盛り込んだ各ステークホルダー（利害関係者）の取組みを支援する政策が動き出した。

環境（Environment）、社会（Social）、ガバナンス（Governance）に関する情報を考慮した投資（ESG投資）が活発化しており、これが企業のSDGsへの取組みの後押しをしている。長期的投資を行う機関投資家は、企業の持続可能な発展の判断基準として企業のSDGsへの取組みに関心がある。

また、地方自治体の総合振興計画、環境基本計画においても、SDGsを取り入れ、施策をSDGsのゴールやターゲットと対応づける試みがなされている。

2）SDGs策定に至る2つの流れ

SDGsは、国際的な2つの流れが合流して、作成された。

1つは、リオサミットの流れで、持続可能な発展の目標として検討された流れである。最初は、2011年、リオ＋20の開催を控えた準備会合の際、コロンビアが提案し、グアテマラが支持する形でSDGsが提案された。やがて、リオ＋20の目玉成果として、SDGsが注目されるようになった。長年の会議の中で、リオ＋20では個別のアジェンダに係る議論の新たな進展はもはや望めない状況に達していたこともあり、新しい成果としてSDGsが歓迎された。

　もう 1 つは、2000 年、ニューヨークで開催された国連ミレニアム・サミットでまとめられたミレニアム開発目標（Millenium Developmemt Goals：MDGs）である。同サミットでは、平和と安全、開発と貧困、環境、人権とグッドガバナンス、アフリカの特別なニーズ等を課題として掲げ、21 世紀の国連の役割に関する方向性として、国連ミレニアム宣言をまとめた。この宣言とそれまでの国際開発目標を統合し、まとめられたのがMDGsである。MDGsは 2015 年が達成期限であったため、後継となる目標の議論がなされていたが、SDGsの検討が活発となり、SDGsがMDGsの後継の役割を得ることとなった。

（2）SDGsの特徴と意義
1）構成する要素：広汎性、普遍性、統合性
　SDGsを構成する要素（17 のゴールと 169 の具体的数値目標を含むターゲット）の特徴として、3 点をあげる。
　第 1 に、SDGsのゴールやターゲットの扱う範囲が広い（広汎性がある）。SDGsとMDGsの示すゴールと環境・経済・社会の 3 側面との対応を表 6-2 に示す。MDGsは国際開発目標であったために社会面が中心であったが、SDGsはMDGsの社会面を継承しつつ、環境面が多く追加され、経済面も含まれたことがわかる。また、持続可能な発展の概念では、社会面の内容が曖昧であったが、MDGsと合体することで、社会面が幅広く明確になった。
　第 2 に、途上国だけでなく、先進国も含めたすべての国やあらゆる人々が関連するゴールとターゲットを扱っている（普遍性が志向されている）。例えば、ターゲットでは「すべての国々において」や「すべての人々に対して」という表現が多くみられる。
　第 3 に、ゴールとターゲットが相互に関連する（統合性が意識されている）。環境・経済・社会の諸課題は相互に関連するが、3 側面ごとの独立した議論となりがちである。このため、リオサミット以降の持続可能な発展の議論では、3 側面の統合の必要性が常に意識されてきた。SDGsも流れを組んでいる。
　特に広汎な入口があり、先進国内の課題も含めた普遍性が意識され、誰もが自分との関わりを見いだしやすいことが、SDGsの特徴となっている。

表 6-2　MDGs と SDGs のゴールと環境・経済・社会の側面との対応

	MDGs	SDGs	
環境	7. 環境の持続可能性の確保	6. 安全な水とトイレを世界中に 7. エネルギーをみんなに そしてクリーンに 11. 住み続けられるまちづくりを 13. 気候変動に具体的な対策を 14. 海の豊かさを守ろう 15. 陸の豊かさも守ろう	
経済	—	8. 働きがいも経済成長も 9. 産業と技術革新の基盤をつくろう 12. つくる責任 つかう責任	
社会	1. 極度の貧困と飢餓の撲滅 2. 普遍的初等教育の達成 3. ジェンダーの平等の推進と女性の地位向上 4. 乳幼児死亡率の削減 5. 妊産婦の健康の改善 6. HIV ／エイズ、マラリア及びその他の疾病の蔓延防止 8. 開発のためのグローバル・パートナーシップの推進	1. 貧困をなくそう 2. 飢餓をゼロに 3. すべての人に健康と福祉を 4. 質の高い教育をみんなに 5. ジェンダー平等を実現しよう 10. 人や国の不平等をなくそう 16. 平和と公正をすべての人に 17. パートナーシップで目標を達成しよう	

2）重要な理念：包摂とガバナンス

SDGsでは、ゴールやターゲットの内容だけでなく、その運用において配慮されるべき、SDGsの設計理念が重要である。重要な理念の2点を示す。

第1に、「誰一人取り残さない（no one left behind）」という包摂性が強調されている。MDGsの取組みにより、貧困等がある程度改善されたことから、その成果を残されたあらゆる人に広げるという意味が込められている。

第2に、政府だけなく、企業や非政府機関等とのパートナーシップやガバナンスが強調されている。例えば、ゴール16、17でパートナーシップやガバナンスに重点を置いた目標を設定している。これは、リオサミット以降に強調されてきた点である。

3）SDGsの意義

SDGsの意義を3点にまとめる。

第1に、持続可能な発展の考え方が途上国への譲歩により生み出され、経済成長主導の中に組み込まれて混迷するなかで、SDGsという具体的なゴール

とターゲットが提案され、日本政府や企業の動きを誘引しつつある。これは、SDGsの持つ広汎な入口やガバナンスの手法が"できることをできるところから"と受けとめられ、受容性を高めているためと考えられる。

　第2に、従来の環境・経済・社会の3側面で示された持続可能な発展の方向性では、社会面が特に曖昧であったことに対して、MDGsの内容を引き受けたSDGsでは社会面のゴールとターゲットが具体的に多く示されている。環境対策による経済成長を主流化してきた状況において、社会面へのさらなる配慮が必要な状況にあり、ここにSDGsが導入されることの意義がある。

　第3に、環境・経済・社会の統合性やガバナンスは持続可能な発展の従来の議論で示されたことであるが、SDGsが注目されることで、これらのアプローチが広く認知、あるいは再確認されることに意義がある。持続可能な発展という言葉が一般に普及しないなか、SDGsという言葉だから普及するとはいえないが、SDGsのアイコンの作成や普及活動が活発になされている。

（3）SDGsの課題と使い方の工夫

1）国内の地域課題に対応していない

　図6-1に設定した4つの規範に対応する国内の地域課題を設定し、その課題に対応するSDGsのターゲットをチェックした結果を表6-3に示す。このように照合すると、SDGsのターゲットは、国内地域の課題に対応するものとはなっていないことがわかる。

　SDGsが開発途上国と先進国の格差の是正（特に開発途上国の取組みが不十分な点）と開発途上国と先進国の共通の課題を扱っているためであり、先進国の地域課題に関する課題、あるいは途上国と共通しない先進国ゆえの課題を対象としていないためである。

　一部のターゲットは、国内地域の課題に対応させることができるが、途上国の問題を国内の農山村に読み替えることで対応できるのであり、先進国内の地域の課題を想定したものでないことは、SDGsの作成経緯や位置づけにおいて明らかである。

表6-3　持続可能な発展の規範に対応する国内地域の課題と SDGs のターゲット

規範	国内地域の課題	関連する SDGs のターゲット
社会・経済の活力	・人口減少と少子高齢化 ・未利用家屋・土地の増加、地域の消滅 ・地域財政の縮小・逼迫 ・社会資本の維持管理、更新の困難化 ・精神疾患や不登校、ひきこもり ・農林水産業、中心商店街の衰退 ・構造的不況業種への依存の限界	・就労、就学、職業訓練のいずれも行っていない若者の割合の削減が示されている（ターゲット 8.6）。 ・漁業等を通じた経済的利益の増加が示されているが、小島嶼開発途上国、及び後発開発途上国を対象としている（ターゲット 14.7）
環境・資源への配慮	・2次的自然や歴史資源の放棄、劣化 ・外来生物種の増加、深刻な鳥獣被害 ・気候変動緩和策や再エネ導入の遅れ	・侵入外来種の移入防止が示されている（ターゲット 15.8）。
公正・公平への配慮	・財源不足による公助の限界 ・大都市圏と地方圏の格差の拡大 ・農山村における公共サービスの低下 ・辺地での交通手段確保の困難化	・属性による格差是正であるが、国内地域差に関する記述はない（ターゲット 10.2）。 ・弱者の交通手段の確保が示されている（ターゲット 11.2）。
リスクへの備え	・気候変動の地域への影響の顕在化 ・災害への防御の限界 ・自助・互助の向上の必要性 ・自然災害に対する回復力の不足による復興の遅れと災害の追い打ち	・脆弱層の保護による被災者数の抑制（ターゲット 11.5）、気候変動の危険や自然災害に対するレジリエンス強化が示されている（ターゲット 13.1）。

2）SDGsの使い方の工夫

　国際的な視野から国やグローバル企業が取組みを進める場合や、地方自治体や中小企業が開発途上国や国際的な共通課題に対する取組みを新たに検討する場合にSDGsの有効性があるが、地方自治体や地域企業や民間団体が地域課題に対する取組みを進めるためにSDGsを活用する際には工夫が必要となる。

　後者においては、SDGsのターゲットをそのまま使うのではなく、SDGsの特長を活かしつつ、自らの抱える課題に対応するゴールやターゲットを各主体が独自に設定すること、すなわちSDGsのローカライズあるいはカスタマイズを行うことがSDGsの正しい使い方となる。

6.3　持続可能な社会の具体像

（1）持続可能な社会の選択肢

1）持続可能な社会の姿は一つではない

　SDGsのうち、関連するゴールをできるだけ達成すれば、持続可能な社会が実現できるのだろうか。持続可能な社会を理想とするなら、理想には理念や哲学が必要である。持続可能な社会の規範を満たす持続可能な社会は具体的にどのような社会だろうか。趣味や信条、志向や価値規範の持ち方によって、答えは一つではない。ここでは、持続可能な社会の異なる姿を整理する。

2）「ドラえもん」型社会か、「サツキとメイ」型社会か

　「2050日本低炭素社会」シナリオチーム（2007）では、温室効果ガスの排出量を2050年に60〜80％削減した姿（低炭素社会）を具体化する前提として、異なる2つの社会を設定した。2つの社会ごとに低炭素を実現する方法を求めている。2つの社会は、アニメーションで描かれた世界観にちなんで、高度技術型の「ドラえもん」型社会と、自然共生型の「サツキとメイ」型社会と呼ぶことができる（表6-4）。

　高度技術（巨大技術）には限界があり、中間（適正）技術が望ましいといえる。一方、「ドラえもん」型社会は高度技術の問題点を、さらなる高度技術の開発により改善し、克服していく社会である。

表6-4　高度先端技術の重視度からみた2つの社会

	高度技術型「ドラえもん」型社会	自然共生型「サツキとメイ」型社会
志向	活力、成長志向、より便利に快適に	ゆとり、足るを知る、豊かさを感じる
	都市型、個人を大切にする	自律型、コミュニティを大切にする
	高度先端技術によるブレイクスルー	地域の力を活かす中間（適正）技術
	集中生産、リサイクルの徹底	地産地消、必要な分の生産・消費
様式	広域的な移動	近隣の商店や公共施設への移動
	大都市への通勤	職住近接
	エコカー、自動走行システム	バス、鉄道、自転車、徒歩
	SNSによる対話、情報システム	近隣での対話や合意形成
	大規模な発電	地域資源による発電

出典）「2050日本低炭素社会」シナリオチーム（2007）[5]より作成

3）「豊かな噴水」型社会か、「虹色のシャワー」型社会か

　国立環境研究所は、持続可能性に関する指標の開発において、効率性か公平性のいずれを重視するかによって指標の取り方が異なるとして、2つの社会を描いている（表6-5）。

　1つは、「豊かな噴水」型社会といい、大企業を中心として効率的な生産活動を行い、高い経済成長を実現することで、環境面や社会面の取組みへの投資や政策が活発化する社会である。もう1つは、「虹色のシャワー」型社会といい、あらゆる主体の公平性を重視して、多様な取組みによる多様な状態を実現し、全体的に停滞する経済成長を、ネットワークを活用した人々の相互支援により補う社会である。

表6-5　社会の効率性と公平性の重視度からみた2つの社会

	「豊かな噴水」型社会	「虹色のシャワー」型社会
志向	大企業を中心とした資本の効率的利用	多様な主体による資本の公平な利用
	高い経済成長の確実な実現	経済成長の鈍化
	得られた財源の配分	ネットワークによる相互支援
様式	大都市の分譲マンション	郊外の戸建て、家庭菜園付き
	超効率コンパクトシティで便利	自然あふれる、過ごしやすい町
	核家族での暮らし	大家族での暮らし（多世代同居）
	インターネットによるコミュニティ	地域コミュニティへの参加・活躍
	申し分のない収入	収入不足の家族や近所での支えあい

出典）国立環境研究所（2015）[6]をもとに、筆者が追記をして作成

4）「便利で気楽な依存」型社会か、「手間のある自立を歓ぶ共生」型社会か

　将来の理想的な社会においては、人々がより幸福で、生き生きとしていることが究極の目標となる。この個人の幸福な生き方を主題として、持続可能な社会の2つの姿を描くことができる（表6-6）。

　1つは、行政あるいは民間の外部サービスを多く利用することによる「便利で気楽な依存」型社会である。もう1つは個人の自立を重視し、自分でできることは自分で行い、できないことを個人間で支えあう「手間のある自立を歓ぶ共生」型社会である。

表 6-6　個人の幸福な生き方からみた 2 つの社会

	「便利で気楽な依存」型社会	「手間のある自立を歓ぶ共生」型社会
志向	生産と消費の切り分け	生産と消費の一体化
	雇用・被雇用の契約関係	自由な労働と自己裁量による労働
	公助による安心	自助と互助、協働による支えあい
様式	巨大で見えない技術への依存	小規模で手間のかかる技術への関与
	整備されたライフラインの利用	食料、エネルギー等の自まかない
	顔の見えない関係の気楽さ	顔の見える関係でのつきあい
	専門医療による健康	自然治癒力による健康
	施設での娯楽と癒やし	人とふれあい、支えあう歓び

出典）白井（2018）[7] をもとに、筆者が追記をして作成

（2）いずれの社会を選択するか

1）慣性型の社会と代替型の社会

（1）に示した 3 つの観点から示される異なる社会のうち、私（たち）はいずれを将来のあるべき姿として選択するだろうか。実現可能性、自分にとってのメリット・デメリット、自分の受容可能性や自分の変化の必要性の程度、自然志向の強さの程度、人とのコミュニケーションの得手・不得手によって、一人ひとりの選択は異なるものとなるだろう。

しかし、選択の自由に任せる前に、共通認識としておかなければならないことがある。それは、これまでの日本が築き上げてきて、今後も維持しようとしている慣性型の社会はその構造ゆえに多くの問題を抱えていることである。確かに、慣性型の経済成長路線は日本を国際社会の中での先進国に押し上げた。しかし、第 2 章及び第 3 章に示した環境問題は未解決であり、従来の方法での経済成長や福祉の限界も露呈してきている。これらの慣性型の社会の継続は、手放しで肯定されるべきものではない。

慣性型の社会は、「ドラえもん」型社会であり、「豊かな噴水」型社会であり、「便利で気楽な依存」型社会である。「サツキとメイ」型社会や、「虹色のシャワー」型社会、「手間のある自立を歓ぶ共生」型社会は、これまでの社会の欠点を解消するために、代替すべき社会として用意されるべきである。

2) 第1の道と第2の道、第3の道

2000 年に策定された第二次環境基本計画では選択肢として 3 つの道を提示した。第 1 の道はこれまでの大量生産・大量消費・大量廃棄といった生産と消費のパターンを今後も続けていく道、第 2 の道は現在の社会のあり方を否定し、人間活動が環境に大きな影響を与えていなかった時代に回帰する道、第 3 の道は生産と消費のパターンを見直し、持続可能なものに変える道である。

第 1 の道には「ドラえもん」型社会や「豊かな噴水」型社会、「便利で気楽な依存」型社会といった慣性型の社会が相当する。「サツキとメイ」型社会、「虹色のシャワー」型社会、「手間のある自立を歓ぶ共生」型社会は、第 2 の道の要素を持ちつつ、第 3 の道に近いものである。

環境問題を解決した持続可能な社会を、第 1 の道の改良によって実現するのか、第 3 の道への転換で実現するのか。

3) エコロジー的近代化とポストエコロジー的近代化

近代化による経済発展と再帰的近代化としての環境問題を捉え、脱近代化により根本的な問題解決を図ることが必要である（第 2 章）。一方、エコロジー的近代化という考え方がある。これは、1990 年代のドイツの環境・エネルギー政策の理念となった思想であり、2000 年代以降の世界のグリーン・ニューディール的政策の先駆けとなった。

エコロジー的近代化では、再帰的近代化としての環境問題を、環境政策による市場の枠組みづくり、環境民主主義、環境技術の革新によって解決しようとする。この考え方は、環境技術の革新を重視する意味で高度技術型「ドラえもん」型社会、環境投資による経済発展を重視する意味で「豊かな噴水」型社会、ライフスタイルの変更を強く求めないという意味で「便利で気楽な依存」型社会を志向し、慣性型社会の改良を図ろうとするものである。

4) 異なる社会を併存させる、多様で多重な社会

環境問題を解決する立場に立ち、あるいは人間中心主義を反省し、弱者の視点を持った環境正義を規範とするとき、慣性型の社会、第 1 の道に構造的な問題があり、エコロジー的近代化にも限界があると捉え、代替型の社会、第 3 の道、ポストエコロジー的近代化への転換を検討することは必然である。

　この際、急激な社会転換は痛みを伴い受容性に欠ける。このため、代替型の社会をニッチなイノベーションとして先行的に実現し、慣性型の社会と併存させながら、その普及を進め、漸進的に社会転換を実現することが現実的である。

　「ドラえもん」型社会と「サツキとメイ」型社会、「豊かな噴水」型社会と「虹色のシャワー」型社会、「便利で気楽な依存」型社会と「手間のある自立を歓ぶ共生」型社会というように対立的に示した社会像のいずれかだけを実現するのではない。地域特性に応じた地域主体の選択により、対立する選択肢への重点の置き方の異なる多様な地域が形成され、それらが多重につながり、相互の刺激でさらに変化していくような社会を目標とするのがよさそうである。

引用文献

1) 松下和夫「日本の持続可能な発展戦略の検討 ― 日本型エコロジー的近代化は可能か ―」『環境経済・政策研究』7（2）（2014）
2) 森田恒幸・川島康子・イサム＝イノハラ「地球環境経済政策の目標体系 ― 『持続可能な発展』とその指標」『季刊 環境研究』88（1992）
3) 国立環境研究所『外部研究評価報告（平成 23 年 12 月実施）・社会経済システム分野・事前配布資料 持続可能社会転換方策研究プログラム』（2011）
   http://www.nies.go.jp/kenkyu/gaibuhyoka/h23-3/pdf/3-7p.pdf
4) Herman E. Daly, Beyond Growth: The Economics of Sustainable Development, Boston: Beacon Press, 1996
5) 「2050 日本低炭素社会」シナリオチーム報告書『2050 日本低炭素社会シナリオ：温室効果ガス 70％削減可能性検討』（2007）
6) 国立環境研究所「持続可能社会転換方策研究プログラム」研究プロジェクトチーム『次世代に残したいものを残せる社会とは？』（2015）
   http://www.nies.go.jp/program/pj1
7) 白井信雄『再生可能エネルギーによる地域づくり～自立・共生型社会への転換の道行き』環境新聞社（2018）

参考文献

船橋晴俊・宮内泰介『新訂 環境社会学』放送大学教育振興会（2006）
伊東俊太郎編『講座 文明と環境　第 14 巻　環境倫理と環境教育』朝倉書店（1996）
内藤正明・加藤三郎編『岩波講座 地球環境学 10 持続可能な社会システム』岩波出版（1998）

第7章　環境政策の体系と動向

7.1　拡張された環境政策の体系

（1）従来の環境政策の体系

1）環境政策の法律体系

　環境政策は、公害、廃棄物、生物多様性、地球環境（特に気候変動）等の環境問題別に法制度が整備され、個別に政策が取られる。それらの基盤となる横断的な政策として、環境経済、環境保全活動・環境教育、協働ネットワーク、環境技術の研究開発、環境監視、環境影響評価、環境情報提供等がある。

　これらの取組みには、根拠となる法律がある。環境政策全体を包括する基本法が環境基本法（1993年公布）である。環境基本法は、それまでの公害対策基本法（1968年公布）に基づく公害対策と、自然環境保全法（1972年公布）による自然保護対策を統合し、廃棄物問題や地球環境問題に対処する枠組みとして制定された。環境基本法は、①「持続可能な発展」の考え方を取り入れ、②規制的手法だけでなく経済的手法も取り入れたこと、③環境基本計画を法定計画として定めたことが特徴である。

　環境基本法の下位法として、廃棄物関連の個別法を下位法とする循環型社会形成推進基本法（2000年公布）、自然保護関連の個別法を下位法とする生物多様性基本法（2008年公布）が制定された。各基本法に基づき、環境基本計画、循環型社会形成推進基本計画、生物多様性国家戦略を政府が作成している。

　法体系の整備に伴い、1972年から作成されてきた環境白書は、2007年から環境・循環型社会白書となり、2009年からは環境白書・循環型社会白書・生物多様性白書と、名称と構成を変えてきた。

　環境政策に関連する法律の全体像を図7-1に示す。

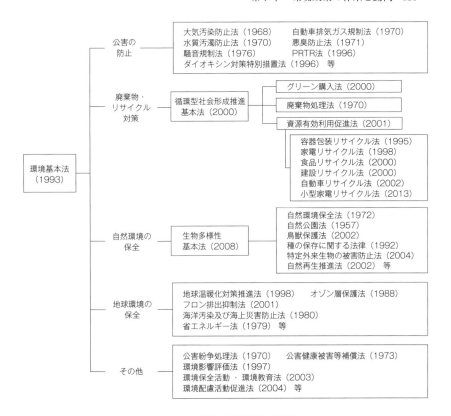

図 7-1　環境政策関連の法律

注）法律の一部は略称で表記

2）地方自治体における環境政策の体系

　地方自治体においては、地域環境基本条例を根拠として地域環境基本計画を策定する。国の計画が策定されたのち、それを受けて 1990 年代後半をピークとして、地域環境基本計画の策定が進んだ。その後、計画は一定期間後に見直しがされ、必要に応じて改定がされてきた。

　環境省の調査[1] によれば、都道府県及び政令指定都市のすべて、市区町村の約 8 割の自治体が環境基本計画（あるいは持続可能な地域づくりに関する計画）を策定している。ただし、1 万人未満の自治体は 5 割強の策定率である。

　地域環境基本計画と関連計画を図 7-2 に整理した。これから、地方自治体に

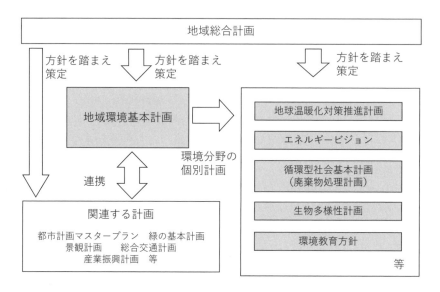

図 7-2　地方自治体の環境基本計画と関連計画の関係

おける環境政策の全体像を見ることができる。分野別の個別計画は、国の法律や計画に対応する。環境基本計画は、関連個別計画を分野横断的に統合する。

　環境政策のカバー範囲は広いが、環境省の調査[1]によれば、地方自治体の環境政策で重視されている分野は、地球温暖化、廃棄物・リサイクル、生物多様性、地域づくりや人づくり（環境学習、普及啓発等）に関する分野が中心となっている。

3）私（たち）と環境の相互作用からみた環境政策

　第 1 章（図 1-2）に、私（たち）と環境の間にある正と負の相互作用を示した。公害防止政策（循環政策）では、負の相互作用である災いを解消するため、環境負荷の削減と汚染された環境の浄化、環境問題の被害の補償・防御を図る。自然保護政策（共生政策）では、開発の抑制・配慮による自然保護、破壊された自然の修復等を行う。また、正の相互作用である環境の恵みを高める環境創造等も環境政策である。

　表 7-1 に、環境との相互作用の観点から、環境政策の枠組みを示す。

表7-1　私（たち）と環境の相互作用からみた環境政策の枠組み

	対策の対象	具体例
負の相互作用（災い）の解消	環境負荷の削減	○環境汚染物質の排出削減（エンドオブパイプ対策） ○環境汚染物質を出さないクリーンな製造 ○環境汚染物質を出さない環境配慮製品の開発・普及 ○再生可能エネルギーの開発・普及 ○環境に配慮したライフスタイルの啓発・教育 ○環境負荷の少ない都市、交通、産業への転換 □環境への影響の大きい開発の規制、抑制 □環境（自然）への影響が少ない開発への誘導　　等
	環境の浄化・修復・保護	○大気汚染や水質汚濁等で汚染された環境の浄化 ○不法投棄された廃棄物の撤去・除去 ○環境問題で分断された地域コミュニティの再生 □開発により破壊された自然の修復、再生 □絶滅の恐れのある野生生物の保護　　等
	被害への対策	○公害被害者への補償・支援 ○汚染された環境からの防御（移転等） ○気候変動の影響への適応（洪水対策、熱中症対策等） □鳥獣被害防止ための鳥獣の管理・駆除　　等
正の相互作用（恵み）の活用		○森林の整備による温室効果ガスの排出削減、大気の浄化 □持続可能な農林水産業の発展 □快適な環境の創造（緑地の整備、景観の保全、歴史・文化の継承等） □自然の持つ治癒力の活用（森林セラピー、温泉） □自然と人とのふれあいを活かすエコツーリズム、地域づくり　　等

注）○は循環政策、□は共生政策に関連する。

4）単体技術対策、制度・仕組み対策、意識・行動対策

　私（たち）の活動は、ハードウエア（技術・インフラ）、ソフトウエア（制度・仕組み）、ヒューマンウエア（人々の意識と人々の関係）といった"3つのウエア"を基盤としている。

　環境政策は、私（たち）の活動を環境配慮型に改善するために、"3つのウエア"を整備する（白井（2012）[2]）。ハードウエア対策は技術対策であり、環境汚染物質の排出削減や除去、自然共生のための技術等の開発と普及を図る。

　ソフトウエア対策では、環境に配慮しない活動を規制し、環境に配慮した活動を促す。環境汚染物質の排出や開発に対する規制、環境配慮商品の認定や情報提供の仕組みの整備等である。

　ヒューマンウエア対策は、私（たち）の環境問題への意識や知識を高め、環

境配慮行動を促すための環境教育や普及啓発等を行う。また、地域のコミュニティづくりや都市と農山村との交流人口の増加支援等も、環境配慮行動の基盤となる。

"3つのウエア"からみると、環境政策の実践は、ハードウエア対策に関連する理学・工学といった自然科学だけでは不十分である。ソフトウエア対策に関連する法学・経済学等、ヒューマンウエア対策に関連する教育学・心理学等の社会科学の成果を活用することが必要である。また、各々の対策は組み合わせて実施されるべきものであり、システム計画や協働コーディネイト、組織や地域の経営といった専門性が不可欠である。

(2) 持続可能な社会を目指す政策の体系

環境政策の枠組みが近年になって拡張されつつある。その理由として、①不特定多数が加害者となる都市生活型公害や地球環境問題が対象となり、大量生産・大量消費・大量廃棄型の構造が問題視されてきたこと、②エコロジー的近代化の流れにより環境と経済の統合的発展という方向が示されたこと、③持続可能な発展という概念が提示され、環境・経済・社会という3つの側面への配慮が規範となり、環境政策もそれへの対応が求められたこと、があげられる。

拡張された環境政策には、環境問題と社会経済の統合的発展を図る「連環政策（統合発展的環境政策）」と、環境問題と社会経済問題の根幹にある構造の改善を図り、諸問題の同時解決を図る「根幹政策（構造的環境政策）」がある（図7-3、図7-4）。

従来の環境政策に膠着感があり、新機軸を打ち出ししにくい状況にあるなか、連環政策と根幹政策を環境政策として位置づけ、環境面から持続可能な社会への転換を目指す政策を進めることが期待される。

しかし、分野ごとの縦割組織で政策が行われる行政システムにおいては、分野横断的に取り組む必要がある連環政策や根幹政策は、機能しにくい面がある。分野横断的な環境政策を行政内で位置づけるため、これを関連する計画や制度等で明示していくことが必要である。

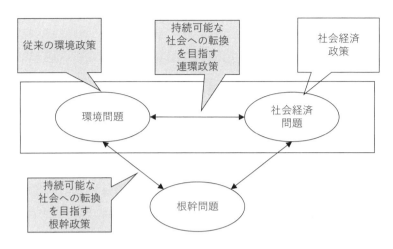

図 7-3　環境問題と社会経済問題、根幹問題に対する政策

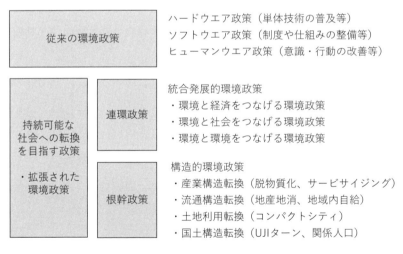

図 7-4　拡張された環境政策の体系

7.2 環境政策の経緯と課題

（1）これまでの環境政策の経緯

1）時代とともに変化してきた環境政策

これからの環境政策を考えるために、これまでの環境政策の経緯、経験と到達点を整理する。第2章の環境問題の変遷を踏まえ、日本における時代ごとの環境政策の特徴や主な事例を表7-2に示す。

表7-2　環境問題と環境政策の変遷

時代	環境問題	環境政策	主な事例
江戸時代	鉱山や水車による農民被害	開発側と農民の調整	・塩田での石炭の煙害の調停等
明治維新後	銅山での農民被害	政府命令による対策設備の導入、精錬所移転、賠償金支払いと住民との協定、戦後の技術対策、森林再生への企業の自主的取組み	・足尾や別子等の銅山での鉱毒・煙害への対策
	都市部での石炭利用によるばい煙等	工場の立地規制、警察による汚染対策の指導（燃焼改善）、国防優先での対策の軽視	・大阪府の公害 ・北九州の八幡製鉄所
第二次世界大戦後	四大公害病、開発による自然破壊	原因物質の調査・解明、賠償金・治療費の支払い、法律による地域指定と対策、汚染地域の浄化対策	・水俣病、イタイイタイ病、四日市ぜんそくへの対策
1970年代	典型7公害、オイルショック	調和事項の削除、排出規制と行政指導、エンドオブパイプ型の対策技術への設備投資と支援、省エネ技術の国家的開発	・公害対策基本法等の整備、環境基準・地域指定の制定
1980年代	アメニティ創造、都市生活型公害	環境庁不要論、快適環境の創造	・アメニティ政策
1990年代	廃棄物問題、地球環境問題	公害対策と自然保全政策との統合、地球規模の環境問題への取組み、循環・共生・参加・国際的取組み、リサイクル制度の整備	・国際条約の批准、環境基本法・循環関連法の整備、企業の自主的取組み
2000年代	環境経済の統合的発展	環境技術の開発と普及、環境と経済の統合的発展を支援する政策、地域環境力の重視	・エコカー・省エネ家電、エコ住宅の導入補助、モデル事業推進
2010年代	原子力発電所の事故	原子力規制と放射能汚染の監視、防災やレジリエンス、持続可能な地域づくり	・原子力規制庁の設置、固定価格買取制度、地域循環共生圏

2）事後対策ですら、経済成長や軍事の優先によりうやむやに

明治時代の銅山の鉱毒事件、都市部での製鉄による大気汚染では、被害を受けた住民の陳情や被害者を支援する世論の盛り上がりから、企業が保障や精錬所の移転等の対策をとり、政府が企業に対策命令を出すことがあった。しかし、重厚長大産業の軍事上の重要性から、戦争に突入することで被害対策はうやむやになっていた。

こうしたなか、大阪府や東京都では独自に対策を行った。大阪府は当時の産業の中心であり、工場等が多数立地していた。それらを発生源として、市民から多くの公害苦情があり、大阪府は公害を規制する府達を出していた。1880年に発した府達では初めて「公害」という言葉を使用した。しかし、第二次世界大戦により十分な効果を発揮できないまま戦後となった。

大阪府の取組みに続き、国は1911年に工場法を制定し、一定規模以上の工場の立地を許可制とした。同法に基づき、地方の警察に工場監督官がおかれ、汚染対策の指導をしていたが、昭和初期でも、監督官の指導のほとんどが燃焼改善（教育による過剰な石炭投入の抑制、焼却炉の改善等）であり、設備投資を必要とされる対策はほとんど実施されていなかった。

東京都においても、警視庁が公害対策を担当し、公害苦情は警視庁工場課が受け付けていた。石炭利用による大気汚染を中心に公害被害が進行していたが、戦時色が強くなり、統制経済の時代となり、公害施策や対策はほとんど実施されなかった。

3）高度経済成長期における公害対策の初期対応や原因特定等の遅さ

戦後に発生した公害病は、環境問題に対する科学や制度が不十分な状況であったとはいえ、敗戦後に先進国を追随する高度経済成長を目指すなかで、環境政策が後手後手となり、多くの禍根を残すこととなった。

水俣病における対策の問題点として、4点を示す。これらの出来事は、不確実性がある問題における初期対応、事後補償等における優先順位のあり方として、猛省すべき点を示している。

第1に、初期対応の遅れがあった。1956年5月に、保健所によって原因不明の奇病として公表された（発病者54名、7人死亡）。しかし、当初は中毒事

件として扱われ、漁獲・販売禁止の法的措置は行われなかった。中毒実態の調査も不徹底であり、原因究明を推進する組織体制も構築されず、工場の調査協力を得られなかった。1957年8月に漁獲操業禁止の行政指導がなされた。

第2に、原因の特定が遅れ、被害の拡大を防止できなかった。1959年7月、熊本大学医学部によって原因が有機水銀であると発表された。しかし、学術的な論争が続き、チッソ㈱水俣工場は、1968年5月まで操業を続けた。政府が「水俣病は実はチッソ㈱のメチル水銀が原因だった」と発表し、公害病だと正式に認定したのは1968年9月である。

第3に、患者の救済において、地域経済の維持に配慮がなされ、問題への取組みが徹底されなかった。患者とチッソ㈱との補償交渉中に開催された水俣市発展市民大会（1968年9月）のスローガンは、「患者を支援する。しかしチッソの再建計画の遂行には十分協力する」であった。

第4に、患者の認定基準が明確にできず、争いが継続し、国・熊本県の賠償責任を認めた最高裁の判決（2004年10月15日）を契機に一挙に認定申請者が増えた。未だ被害者の全容が把握されていない。

4）成功した環境政策：行政による規制と指導

公害対策が大きな社会問題となるなか、1960年代後半から1970年代は公害対策の法制度等が整備され、成果をあげた（第2章の2.3参照）。この時代の環境対策の成功要因として、①国による排出源への直接的な法規制、②地方自治体による上乗せ規制等の独自な政策、③重化学工業から機械工業等への産業構造の変化、④公害によるイメージや経営損失に対する企業意識の変化、があげられる。

国及び地方自治体における政策の成功側面を、二酸化硫黄を例に示す。二酸化硫黄の濃度は1970年代に劇的な改善を得た（図7-5）。その成功の理由として、3点がある。

第1に、汚染物質の排出規制が徹底された。二酸化硫黄の排出規制は、1962年に制定された「ばい煙の排出の規制等に関する法律」による排出口（エンドオブパイプ）の濃度規制であったが、1968年の大気汚染防止法により、K値規制（排出口の高さや地域の大気汚染の状況に応じて排出量を規制する）

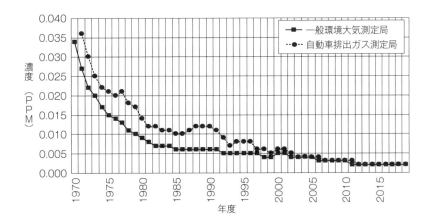

図 7-5　二酸化硫黄濃度の年平均値の推移

出典）環境省資料[3] より作成

へと変更された。さらに、1974 年に総量規制特定地域制度が導入され、大気
汚染が深刻な地域では都道府県が計画をたて、対策を推進した。

　第 2 に、排出規制とあわせて、ペナルティとインセンティブが整備された。
前者は違反行為者に対する直罰制度、後者は公害防止設備投資や事業所の移転
等への低利融資制度等である。二酸化硫黄の排出削減技術には、排ガスの脱
硫、燃焼・生産工程の改善、低硫黄燃料への転換等があるが、これらの導入に
は費用負担が必要であったため、経済的支援が不可欠であった。

　第 3 に、地方自治体が国の政策をリードして、強い政策をとった。地方自
治体は、公害防止協定により、企業と直接交渉を行い、協定を結び、場合に
よっては国の基準値よりも厳しい基準の遵守を求めた。また、地方自治体は条
例により、環境基準の上乗せ規制を行い、国は暗にそれを認めていた。

5）不特定多数の加害者への対策：ポリシーミックス

　特定発生源への対策が一巡したのち、不特定多数を加害者とする都市生活型
公害、さらにはその延長上にある廃棄物問題、地球環境問題へと問題の中心が
移行した。これらの問題に対しては、ハードウエア対策（単体対策技術の普
及）に限界があり、ポリシーミックスが進められることとなった。すなわち、
大量生産・大量消費・大量廃棄に関連するあらゆる主体の取組みの改善を求

め、①法制度によるペナルティとインセンティブの仕組みの整備（ソフトウエア対策）、②主体の意識・行動を変えるための普及啓発（ヒューマンウエア対策）が進められてきた。

家庭から排出される一般廃棄物では、リサイクル関連法が整備され、生産者によるリサイクル費用の負担（拡大生産者責任）が仕組みとなり、容器包装の減量化、リサイクルが容易な製品設計等が進められてきた。消費者にもごみの有料化等の制度が導入されるとともに、ごみの分別の徹底や買い物の仕方に対する普及啓発が行われてきた。

気候変動についても、企業による省エネルギー製品の開発を促す制度として、トップランナー制度が設けられた。同制度は、1998年に改正された「エネルギー使用の合理化に関する法律」（省エネ法）によって設けられたもので、最も省エネ性能のよい製品を基準として、その達成度を製品にラベルで表示し、消費者の購入を促す仕組みである。また、消費者には自宅での省エネや移動時における公共交通利用の促進等を進めようという国民運動が進められてきた。2000年代には省エネ性能のよい製品の購入に特典を与えるエコポイント制度等も導入された。

6）環境対策による企業の競争力の向上と自主的取組み

環境対策と経済成長は得てしてトレードオフとなる。しかし、環境対策の経験を重ねるなかで、企業の環境対策の怠りが自らに不利益をもたらし、企業の環境対策の率先が自らに利益をもたらす場合が出てきた。いくつかの事例を示す。

例えば、足尾銅山（第2章の2.1参照）とともに、銅の精錬による煙害が問題となった愛媛県新居浜市の別子銅山では、荒廃した森林の再生のために植林事業を興した。第二代住友総理事の伊庭貞剛は、「このまま別子の山を荒廃するにまかしておくことは、天地の大道に背く。どうかして濫伐のあとを償い、別子全山をあをあをとした姿にして、之を大自然に帰さなければならない」として、年平均6万本に満たなかった植林本数を毎年100万本超へと拡大した[4]。ここで得たノウハウをもとに、1921年に住友林業所、1955年に住友林業株式会社が設立され、大規模な山林経営で成功を収めている。

　自動車の大気汚染対策としてのマスキー法への対応は、日本の経済界にとって大きな経験となった。米国のマスキー議員による自動車への厳しい排出ガス規制に対して、世界各国の自動車メーカーが対応できないと回答するなかで、日本の自動車メーカー（本田技研工業）がエンジン開発により、いち早く対応を行い、排ガス規制に対応するトップランナーとして売上げを伸ばした。国内の他の自動車メーカーも追随し、1970 年代のオイルショックもあり、日本の小型車ブームも起こった。1960 年から 70 年にかけ、自動車の生産量は 10 倍となって世界を席巻し、自動車産業が日本のリーディング産業となってきた。

　マスキー法対応を裏付ける理論が米国の経営学者マイケル＝ポーターによるポーター仮説である [5]。従来の通説は環境規制が企業の負担になると後ろ向きに見ていたが、ポーターは、「適切に設計された環境規制は、費用逓減・品質向上につながる技術革新を促進し、その結果、国内企業は国際市場において競争上の優位を獲得する一方で、国内産業の生産性も向上する」という仮説を提示した。その後、ポーター仮説については多くの議論がなされてきたが、環境対策と経済成長の統合的発展（エコロジー的近代化、第 6 章の 6.3 参照）を進める考え方の礎の一つとなっている。

　1990 年代に、経済団体連合会（経団連）が環境保全に向けて自主的かつ積極的な取組みを進めていくことを宣言したことには、自動車の環境対策による競争力向上等の経験が影響していると考えられる。2000 年代以降は、環境分野への集中・大型投資で気候変動防止と景気浮揚の両立を目指すというグリーン・ニューディール政策が米国のバラク・オバマ大統領によって打ち出され、エコロジー的近代化は世界的な潮流となっている。

　日本では、2007 年に 21 世紀環境立国戦略 [6] を策定し、省エネルギー、再生可能エネルギー等の環境・エネルギー技術に磨きをかけ、創造的な技術革新と新たなビジネスモデルを創出するという方向性を打ち出している。

　近年では、環境あるいは持続可能性への配慮はビジネスチャンスだと捉え、大企業を中心に SDGs に取り組む動きが活発化している。

（2）今後の環境政策の課題

1）市場の枠組みをつくる環境政策

　1900年代以降、日本の産業界は地球環境問題に対して率先して自主的に取り組む方針を打ち出してきた。1992年地球サミットに先駆け、1991年に経団連地球環境憲章を策定し、「環境問題への取組みが企業の存在と活動に必須の要件である」を基本理念として、環境保全に向けて自主的かつ積極的に取組みを進めていくことを宣言した。

　1996年には経団連環境アピールを発表し、気候変動対策について、産業界として実効ある取組みを進めるべく、自主行動計画を策定することを宣言した。自主的行動は、従来の規制、税や課徴金等の手法では十分な対処が難しく、各業種の実態を最もよく把握している事業者自身が、技術動向その他の経営判断の要素を総合的に勘案して、費用対効果の高い対策を自ら立案、実施することが、対策として最も有効であるという考え方に基づいている。

　こうした動きは、環境と経済の統合的発展を進めるものであるが、規制や環境税の導入の動きを牽制する面もある。企業の自主的取組みにも限界があるとすれば、特に気候変動対策をさらに進めるために、これまで懸案とされてきた環境税（カーボンプラシング等）や排出権取引等といった市場の枠組みをつくる環境政策の実現が必要である。

2）ポストエコロジー的近代化を担う拡張的環境政策

　環境政策のポリシーミックスを進めるなか、従来の政策には限界もあることから、社会経済システムや土地利用の構造転換に踏み出す「連環政策（統合発展的環境政策）」と「根幹政策（構造的環境政策）」といった拡張的環境政策の実効性を高めることが求められる。

　環境と経済の統合的発展を目指し、省エネ家電、エコカー、環境共生住宅等の普及促進策は、国をあげて進められてきた。しかし、再生可能エネルギー事業による地域内の経済循環、サービサイジング、コンパクトシティ等のように社会転換を目指す構造的環境対策については、政策課題とされてはいるものの、十分な成果を得ていない。

　第6章の6.3に持続可能な社会の具体像として、高度先端技術の重視度、効

率性か公平性の重視度、個人の幸福な生き方からみた社会の選択肢を示した。これまでの道を補完代替していくポストエコロジー的近代化の道を用意していくこと、すなわち、従来の枠組みを超えた環境政策の推進が課題である。

3）「公正・公平への配慮」「リスクへの備え」を重視する環境政策

第 6 章に示した持続可能な発展の規範では、持続可能な発展にとって「社会・経済の活力」が重要であるが、その活力は経済面だけではなく、社会面や一人ひとりの活力も含めた総合的なものであるべきことを示した。

また、「社会・経済の活力」は他者への配慮が必要であることから、「環境・資源への配慮」とともに、社会経済的あるいは心身の弱者に配慮すること、すなわち「公正・公平の配慮」を規範とすべきことを示した。さらに、他者への配慮をしていたとしても、自然災害や想定外の災害は起こりえることから、「リスクへの備え」が必要となるとした。

この規範から考えると、環境と経済の統合的発展は不十分である。社会の活力や一人ひとりの活力の向上が必要である。また、大企業や富裕層が中心となるエコロジー的近代化では、強者と弱者との格差が広がる。縮小時代にある日本では、災害リスクが高まる傾向にあり、脆弱性の改善が重要である。

社会や人の活力、弱者への配慮、安全・安心の確保を重視する、持続可能な発展を目指す拡張的環境政策が求められる。

4）環境政策担当部署から持続可能な発展のための統合的部署へ

経済・産業や都市・交通計画、保健・医療・福祉、教育・人づくり等の分野との統合をしていく環境政策は環境政策担当部署だけでは推進できない。環境政策担当部署に行政分野を横ぐしとする企画・調整・推進機能を持たせ、さらには持続可能な発展のための統合的部署を新設することも必要となる。

また、持続可能な発展のためには現在世代の利害を反映する各行政分野の統合だけでは不十分であり、将来世代の立場から、長期的な環境管理計画をたて、進行管理を担う行政内の機能が必要となる。

持続可能な発展のための統合的部署においては、他者に配慮した発展、あるいは将来世代の代弁という理念を具体化し、行政分野横断的な政策の立案、調整、進行管理を担うことが期待される。

5）地方自治体及び広域連携における先駆モデル的な取組みへの期待

　地方自治体は、公害防止対策において国の政策を先取りする役割を果たしてきた。気候変動政策でも排出権取引を東京都が国に先駆けて制度化した。しかし、地方自治体の環境基本計画等では、「持続可能性」や「SDGs」を、計画の見出しや施策の整理には用いるものの、持続可能性という考え方により、新たな施策を打ち出しているとは言い難い。

　環境面のみならず、経済面、社会面に踏み込んだ施策の打ち出しをする団体が増えてきており、SDGs も注目されているなか、環境政策から持続可能政策への移行は進んでいる。環境モデル都市、環境未来都市を踏まえて、SDGs 未来都市といった持続可能な地域づくりを先取りする国の支援施策も進められている。

　さらに、地域の持続可能な発展を目標に掲げ、行政分野の統合や将来世代の代弁等を担う部署を設け、「公正・公平への配慮」「リスクへの備え」等を組み込んだ拡張的環境政策を実践し、次世代の環境政策を切り拓くような、革新的な地方自治体の出現が期待される。

引用文献
1)　環境省『環境基本計画に係る地方公共団体アンケート調査　平成 28 年度調査報告書』
2)　白井信雄『環境コミュニティ大作戦〜資源とエネルギーを地域でまかなう』学芸出版社（2012）
3)　環境省『平成 30 年度　大気汚染物質（有害大気汚染物質等を除く）に係る常時監視測定結果』
4)　住友グループ広報委員会のサイト
　　　https://www.sumitomo.gr.jp/history/person/ibate_01/
5)　Porter, M., America's Green Strategy, Scientific American, 1991
6)　21 世紀環境立国戦略（2016 年 閣議決定）
　　　http://www.env.go.jp/guide/info/21c_ens/index.html

参考文献
　地球環境経済研究会『日本の公害経験』合同出版（1991）
　マルティン・イェニッケ、ヘルムート・ヴァイトナー編『成功した環境政策 ― エコロジー的成長の条件』有斐閣（1998）
　伊藤康『環境政策とイノベーション　高度成長期日本の硫黄酸化物対策の事例研究』中央経済社（2016）
　寺西俊一・細田衛士編『岩波講座 環境経済・政策学　第 5 巻　環境保全への政策統合』岩波書店（2003）

第**8**章　環境政策の基本的な考え方

8.1　環境政策の基本原則

（1）未然防止、予防原則、そして将来志向

1）未然防止原則：経済成長や軍事を優先しない

　未然防止原則（Preventive Principle）については、環境基本法の第4条の基本理念に、「環境への悪影響が発生することが予見される場合に、影響が発生してから対応するのではなく、未然に防止する」と記されている。

　未然防止の必要性は、原因が特定されているにもかかわらず、軍事や経済成長を優先させてきた環境問題の歴史から明らかである。

　例えば、足尾銅山の鉱毒事件では、1900年に東京に向かう農民が川俣宿（群馬県明和村）で警官と衝突、100人余りが逮捕された川俣事件、1901年の田中正造による明治天皇への直訴により、世論は沸騰し、支援の輪が広がった。しかし、1904年に日露戦争が始まり、大砲等に銅が欠かせず、鉱山の営業が優先された。1906年には鉱毒流出の被害を受けた下流の谷中村が消滅している。

　水俣病への対策が遅れ、被害を拡大させた理由としては、経済成長を優先する当時の時代状況があった。環境省の報告書[1]では、「水俣病の拡大を防止できなかった背景には、チッソ水俣工場が雇用や税収等の面で地元経済に大きな影響を与えていたことのみならず、日本の高度経済成長への影響に対する懸念が働いていたと考えられる。また、熊本、鹿児島にとどまらず、さらに後年、新潟で第二の水俣病が発生したことで、原因究明と初期対応の大切さが改めて問われることとなった」と記している。

　環境庁（当時）の研究会[2]によると、水俣病の被害額は年間約126億円

（1989 年度価格）である。被害額は患者への補償金等と汚染された海域のヘドロ除去費用、漁業被害への補償費用の合計である。一方、水俣病の原因となった工場で未然防止対策を行うと仮定した時の公害防止装置投資額は年間換算で1億数千万円程度であると試算された。

　水俣病の発生メカニズムの解明に長い年月がかかったとはいえ、工場が早い段階で対策を行い、未然防止を図ったなら、工場は莫大な補償負担を回避できたのである。まして、失われた人命や健康は取り戻すことができないものである。人命や健康を金額に換算することはできないため、そのことを考慮すれば、未然防止対策の負担は、被害に対して、さらに限りなく小さい。

2）予防原則：科学的不確実性を理由に対策を延期しない

　予防原則（Precautionary Principle）は、リオ宣言第 15 原則、気候変動枠組条約等に示された考え方であり、「将来生ずる可能性のある環境への悪影響を未然に防止すること、科学的不確実性を理由に取るべき措置を延期しないこと」をいう。環境への悪影響に関する知見が不確実であっても防止措置を取るべきとする点が、未然防止原則と予防原則の違いである（表 8-1 参照）。

　予防原則が適用されてきた例としては、オゾン層破壊物質のフロン禁止がある。1987 年に採択されたモントリオール議定書では、オゾン層破壊のリスクについての科学的な解明が不完全であったにもかかわらず、オゾン層破壊物質の規制措置に合意した。その後、科学的知見が充実され、規制物質の追加、規制スケジュールの前倒し等の規制措置の強化が行われてきた。

　気候変動については、1990 年代にはその現象や原因の解明、将来予測等に不確実性があり、懐疑的な見方もあったが、予防原則によって対策が取られてきた。今日では、気候変動の進展が顕在化しつつあり、現象や原因の確からしさが高まっている（第 3 章の 3.4 参照）。このため、気候変動対策は、もはや予防というより未然防止の段階になっている。

　予測が不確実な場合に予防原則が適用されるため、環境ホルモンのように過剰な対応になる場合もある。それでも予防原則が必要な理由として、人の生命や生物の生存に致命的被害を与える不可逆的な問題に対しては、対策の遅れの回避が最優先であることがあげられる。人の生命はかけがえのないものであ

表 8-1　未然防止原則と予防原則の相違点

	対策の実施時点	問題の発生時点	問題の発生の確実性	必要性
未然防止原則	現在	将来	高（予見）	水俣病等での対策の遅れ
予防原則	現在	将来	低（予測、可能性）	地球規模で複雑かつ不可逆的な問題

り、少人数の被害であったとしても、軽視されてはならない。

　化学物質等の環境や健康への影響は、長距離移動や生物濃縮等もあって、メカニズムが複雑である（第 3 章の 3.4 参照）。このため、完全な現象解明は困難であり、予防原則での対策の実施が必要となっている。

3）将来志向：目的短絡的にならず、長期を見通した対策をとる

　未然防止原則と予防原則はともに、対応する問題の不確実性の程度は違うが、どちらも、将来志向を具現化する原則である。現在利益優先、近視眼的、ゆえに目的短絡的になりがちであるが、将来を予測し、将来世代のニーズを損なわないという観点をもって、将来に備える環境政策を進めることが必要である。

　しかし、未然防止原則と予防原則、将来志向の政策が、実行されないことが多い。この理由となる行政や政治の構造的な欠陥として 2 点を示す。

　第 1 に、行政予算の基本は単年度主義であり、短期的に目に見える成果が表れるものが予算化される。特に地域の環境政策は、将来を予測する科学的資源が不足し、現世代である住民の現在ニーズを優先するため、縮小傾向にある行政予算が将来に向けた気候変動対策等に配分されにくい。

　第 2 に、政治家には任期があり、行政職員にも担当する仕事の期間に限定がある。このため、任期中の短期的な成果を出すことが目的となり、長期的な視点からの成果を設定しようとしない。

　こうした構造的欠陥を解消するための制度や組織の抜本的改善、構造的な欠陥を補う政策手法の導入が必要である。バックキャスティング、シナリオライティング、順応型管理等の方法がある（第 12 章の 12.1 参照）。

（2）汚染者や生産者の負担、加害・被害の自分事化

1）汚染者負担の原則：加害者が費用を負担する

　汚染者負担の原則（Polluter-Pays-Principle：PPP）は、「汚染者は受容可能な状態に環境を保つための汚染防止費用を支払うべき」という考え方である。

　同原則は、1972年のOECD委員会において、貿易の歪み（非関税障壁）を回避するための原則として提示された。民間企業に汚染防止のための補助金を与える国と、補助金を与えない国がある場合に、市場で相対的に有利な立場に立つ企業が現れることを危惧し、この原則を加盟国全体で実施し、汚染者に補助金を与えないことを決定した。

　OECDの考え方によれば、汚染者（企業）が負担する費用は、一部が製品価格に転嫁され、消費者の負担になる。このため、環境配慮製品の生産と消費が促される。

　日本の公害健康被害補償法（1973年）では、企業の汚染防止費用の負担だけではなく、汚染環境の修復費用や公害被害者への補償費用についても汚染者負担とするというように、汚染者負担の拡大解釈がなされている。加害者の企業が収益から被害額を負担すべきだという考えであるが、公害の未然防止（あるいは予防）のための費用の生産者負担という本来のPPPの考え方とは異なる。

　また、日本では、下水道処理やごみ処理等は国民や地域住民の税金で費用が賄われる（「共同負担原則」）。これに対して、地方自治体ではごみの有料化が導入されているが、これはごみを発生させる一般市民にPPPを適用している。

2）拡大生産者責任：加害者が費用を負担する

　汚染者負担の原則は、生産者の生産段階（あるいは消費者の消費段階）での環境負荷に対する責任を示す。これに対して、製造物責任（Producer Liability：PL）は製品の使用過程での問題に企業が責任を持つ。さらに、製品の使用後の廃棄過程まで企業の責任を拡張したのが拡大生産者責任（Expended Producer Responsibility：EPR）である。

　EPRもまた、OECDにより1990年代に示された考え方である。PPPと同様に、EPRの本質は、環境コストである廃棄物処理費用を生産者に負担させ、製品の価格に内部化させるという考え方である。内部化による価格上昇 → 消

費者の負担増・需要低下 → 処理・リサイクル費用の抑制インセンティブ → 材料選択や製品設計での配慮というように、EPRは生産の質を変える動機である。EPRでは、消費者もまた価格に転嫁された廃棄物処理費用を負担するという点で、PPPも適用されていることになるが、企業の製品設計の改善を促すという点がEPRの本質として重要である。

　EPRの必要性は、廃棄物問題が深刻になるなかで、汚染者（廃棄物の発生者）の責任を求めるだけは不十分な状況が生じてきたことにある。すなわち、廃棄物となる製品の減量化やリサイクル容易性の向上、長寿命化等のように製品設計等の変更が必要であり、そのためには製品のことを一番よく知っている生産者の対応が必要である。

　また、図8-1に示すように、税金で廃棄物処理・リサイクルがなされる仕組みでは、廃棄物の排出者と費用負担者が一致しなく、不公平である。排出量に応じた費用負担の仕組みとして、EPRがある。

　循環型社会形成推進基本法（2000年制定）では、事業者の責務として、①製品・容器等の耐久性の向上及び修理実施体制の充実等、②製品・容器等の設計の工夫及び材質・成分の表示、適正処分困難化の防止等、③製品・容器等が循環資源となったものの引取り・循環的利用等を促している。この責務を費用負担として仕組みにしたものがEPRである（第10章の10.1参照）。

■税金による費用負担

■拡大生産者責任による費用負担

図8-1　税金による費用負担と拡大生産者責任による費用負担

3）ライフサイクル思考：ゆりかごから墓場まで

　製品の生産段階での責任がPPP、廃棄段階での責任がEPRである。これらは環境負荷への責任である。これに対して、製品の製造段階の品質管理責任、労働者の安全管理・安全配慮責任、流通段階の品質保証責任や宣伝・広告における表示責任、消費段階の製品の安全や指示・警告に関する製造物責任等といった責任がある。これらの責任は、品質や安全面における生産者責任であるが、流通段階、消費段階に関わる責任である。

　このように、製造事業者の責任は、生産、流通、消費、廃棄といった製品のライフサイクル（一生）の各段階に及ぶ。環境面からもライフサイクル全体の環境影響への責任負担が求められる。

　環境面から製品等のライフサイクルを捉え、段階ごとの環境負荷への責任を持とうとするのが、ライフサイクル思考（Life Cycle Thinking：LCT）である。そして、LCTに基づき、ライフサイクルの各段階の環境負荷影響を定量的に評価する方法がライフサイクルアセスメント（Life Cycle Assessment：LCA）である。

　LCAは1969年に米コカ・コーラ社がリターナブル瓶と飲料缶の環境影響の比較を民間研究所に委託したことが最初とされる。リターナブル瓶は製造過程での環境負荷は小さいが回収のための輸送における環境負荷がある一方で、飲料缶は製造過程での環境負荷が大きい。どちらがライフサイクル全体で環境負荷が大きいのかという比較である。

　1970年代にはオイルショックがあり、エネルギー消費を中心としてLCAがなされた。1985年にはEC環境委員会が「飲料容器に関する政令」を発令し、加盟国の企業に容器に関する資源とエネルギーの利用の監視を義務づけた。

　日本においては1995年に産官学250組織が参加してLCAフォーラムが設置され、国家的に手法やデータベースの開発が進められてきた。1997年には国際規格としてISO14040（LCAの原則及び枠組み）が発行され、LCA手法が統一されてきた。LCTやLCAは、制度として企業に義務づけられたものではないが、生産者による製品開発や情報公開の道具として普及してきている。

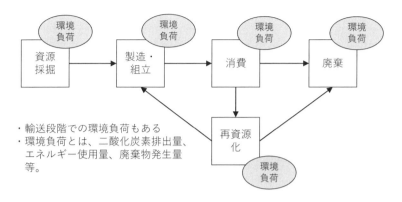

図8-2　ライフサイクルアセスメントの考え方

4）生産者だけでなく、消費者による問題の自分事化

　PPPやEPRは、加害者責任を明確にして、応分な負担を求める。しかし、EPRにおいて、廃棄物処理・リサイクル費用が製品価格に転嫁されるといっても、消費者がその価格増分を認知しているのだろうか。また、実際に製品価格への転嫁がなされているのだろうか。消費者という不特定多数に加害者責任を求めるという点で、EPRが目的を十分に達成しているとは言いがたい。

　一方、日本国内の地方自治体では、ごみの有料化により、排出者である住民への直接負担を求める制度を導入している。リサイクル法では拡大生産者責任を原則としつつ、消費者に直接、リサイクル費用の負担を求める仕組みを整備している。こうした不特定多数の消費者・排出者に加害者としての直接負担を求める制度は、加害者に問題を見える化し、自分事化するうえで必要である。

　気候変動のように加害者が不特定多数となる場合には、加害者に負担を求めにくい。このため、炭素税のように二酸化炭素の排出量に応じて、加害者の負担を求める手法が必要となる。しかし、税負担増に対する産業界や消費者の受容性が低く、先送りとなっている。炭素税は、対策財源の確保等の意味もあるが、二酸化炭素の排出量に応じた負担を見える化する点で重要である。

（3）参加と協働、補完性原理

1）参加：権利と義務、政策手段、社会目標

　参加には、市民としての権利の保障、加害者の義務の履行、政策手段としての参加、市民主導の社会の構築、という4つの側面がある。ここで市民とは民間主体のことをいい、事業者も含む。

　第1の市民の権利としての参加の考え方は、1992年の「環境と開発に関するリオ宣言」の第10原則と1998年の「環境問題における情報へのアクセス、意思決定への市民参加及び司法へのアクセスに関する条約（オーフス条約）」に示されている。同条約は、情報アクセス権、行政決定への参加権、司法アクセス権という3つの権利を市民に保障し、環境権を実効的にすることを目的としている。

　第2の加害者の義務としての参加については、1994年の日本の環境基本計画に汚染者負担の原則の観点での「参加」が示されている。同計画では、「循環」「共生」「参加」及び「国際的取組み」が実現される社会を構築することを長期的な目標とした。「参加」については、「あらゆる主体が、人間と環境との関わりについて理解し、汚染者負担の原則等を踏まえ、環境へ与える負荷、環境から得る恵み及び環境保全に寄与し得る能力等それぞれの立場に応じた公平な役割分担の下に、相互に協力・連携しながら、環境への負荷の低減や環境の特性に応じた賢明な利用等に自主的積極的に取り組み、環境保全に関する行動に参加する社会を実現する」と記している。

　第3の政策手段としての参加について、倉阪（2012）[3]は利害関係者としての市民の声を反映した、きめ細かい環境政策の立案、社会の構成員としての市民の参加による公共的意識（環境意識）の涵養、政策の正統性の確保といった側面をあげている。特に環境問題における強者と弱者の構造（第5章の5.1参照）を解消するうえで、弱者の参加が必要である。また、声をあげない市民の声を聞くことが重要である。アンケート調査に回答しない市民、ワークショップに参加しない市民の参加と学習をどのように促すかが課題となる。

　第4の市民主導の社会の構築を目指す参加とは、アーンスタインの「参加のはしご」（図8-3）における住民による自治（Citizen Control）を目指すもので

Citizen Control 住民によるコントロール	市民の力が活かされる参加	事業や組織の運営に、住民が自治権を持っている状態
Delegated Power 権限委譲		住民側に、より大きな決定権が与えられている状態
Partnership パートナーシップ		住民と権利者の間で、決定権が共有されている状態
Placation 懐柔	形式だけの参加	住民の参加は認めるが、決定権限は権力者が保留する状態
Consultation 意見徴収		意見反映の有無が不明なアンケートやワークショップの実施
Informing 情報提供		一方通行な情報提供（パンフレットやポスター）や形式的な公聴会
Therapy 緊張の緩和	参加とはいえない	住民の不満感情をなだめるガス抜きとしての参加
Manipulation 世論調査		決定事項への誘導、住民参加の箔付け、アリバイづくりの参加

図 8-3　アーンスタインの「参加のはしご」

出典）Arnstein, Sherry R. (1996)[4] より作成

ある。理想とする持続可能な社会では、自立した市民が参加による学習と成長を続けながら、社会経済を担っている自治が重要な要素となる。

　なお、「参加のはしご」の下位には、参加とはいえない"形式的な参加"が位置づけられている。これらは、市民の権利や参加の義務の達成、あるいは、よりよき社会の実現のいずれにもおいて、不適当である。

2）協働：主体間の対等な関係と相互理解、自己変革と自立化

　協働は、参加を図る主体間の関係における原則である。個々の主体の個別の参加だけでなく、主体間の関係において、連携や協力を促そうという考え方である。

　環境政策における協働は、適切な役割分担と連携による政策効果の増幅、異なる主体間の相互理解による学習の促進といった積極的な取組みとして期待される。さらに、協働は環境政策の手段であるとともに、持続可能な発展の要素として重要である。関係主体のネットワーク化（社会関係資本の形成）、学習

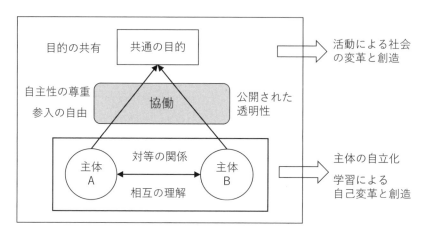

図 8-4　協働の原則

出典）世古一穂（2016）[5] より作成

による自己変革・自己実現による主体の活力の形成こそが、持続可能な発展の肝である。協働は（前述の参加と同様に）環境政策の手段であり、目的である。

　図 8-4 に協働の原則を整理した。横浜市では行政と市民活動（公民協働）の原則を示しているが、その原則は市民活動団体間、市民活動と企業との協働にも当てはめることができる。

　協働の原則として重要なことは、主体間が目的を共有し、対等の関係をもって、自主的かつ自由に活動を行うことである。この際、共通の目的の達成により社会を変革するとともに、主体の学習により主体の変革、さらに主体の自立化が促されることが期待される。

　協働の基盤としては、主体の各々の持つ情報へのアクセスが確保され（情報の偏在が解消され）、透明性が確保されていなければならない。

3）補完性の原理：より小さな単位、近接する基礎自治体の優先

　補完性の原理の原型は、1931 年にローマ法王ピオ 11 世がナチスによる全体主義台頭への警鐘として示した見解にある。人間の尊厳を個人の主体性に求め、「決定はできるだけ身近なところで行われるべきである」と示された。

　この原型を元にすれば、補完性の原理は個人と行政の間の関係として解釈さ

れる。つまり、補完性の原理とは、①個人でできることは個人で解決する（自助）、②個人でできないことは家族が支援する（互助）、③家族が支援できないことは地域コミュニティが支援する（共助）、④①～③でできないことは行政が支援する（公助）と解釈されるべき考え方である。

　これに対して「市町村ができることは市町村が行い、そうでないものを県、県ができないことを国が行う」というように、住民に身近な基礎自治体の活動を優先することを補完性の原理という場合もある。これは行政間の関係に限定されており、近接性の原理とも言われる。

　EU統合の際には、国とEUの関係として、補完性の原理が示された。1985年のヨーロッパ自治憲章では、①市民に最も身近な行政主体の優先性、②任務の範囲・性質・効率性や経済性を考慮した（他の団体への）責務配分、③自治体の意に反した上位政府の介入制限、といった内容が示された。その後、1992年のマーストリヒト条約において、EU加盟国の自立性を尊重しつつ、その限界がある場合にのみEUが役割を果たすと示された。EU統合時の補完性の原理は、EUの権力抑制のために示されたが、EUによる権力統合の理論にもなっている。

　日本では、地方分権化の文脈で補完性の原理が持ち出される。国から地方への分権を正当化している一方、地方自治体に権限を配分しても、行政資源が不足する地方自治体もあり、地域格差を助長するという問題点も指摘されている（高見（2011）[6]）。

　以上のように、補完性の原理は文脈によって使われ方が異なる。環境政策においては、市民個人の参加や主体間の対等な協働というボトムアップの取組みが重要であり、それを補完する基礎自治体の役割が重要であるという視点で補完性の原理を適用することができる。ただし、広域自治体や国の役割もまた重要であり、その役割をむやみに縮小すればよいというものではない。

8.2 環境政策の担い手と役割

（1）市場と政府と市民活動団体の分担と連携の必要性

1）各主体の行動原理としての失敗

　企業、行政、市民活動団体のすべてに、環境政策への参加と協働が求められる。しかし、各主体に各々の行動原理や特性があり、それを踏まえた役割分担と連携が必要となる。この前提として、"各主体だけに任せておいてはうまくいかない失敗構造"があることを理解しておく必要がある。

　ここに示す失敗は、各主体が活動する領域に由来する、各主体の行動原理としての特性である。

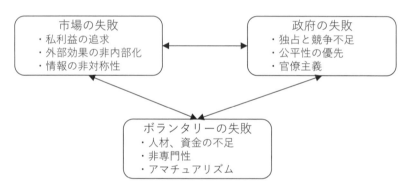

図8-5　市場の失敗、政府の失敗、ボランタリーの失敗

2）市場の失敗

　企業には市場の失敗（market failure）がつきまとってきた。高度経済成長期の公害問題や今日の地球環境問題等は企業利益を追求した失敗である。失敗として指摘されている3つの側面を示す。

　第1に、市場で活動する企業は私利益を中心とする。企業活動は、費用を抑えて、売上げを伸ばし、利益を得ることが基本である。環境配慮のための費用増は抑制され、環境に配慮した商品が売上をあげなければ生産されない。

　第2に、外部効果が内部化されない。公害を出す企業はマイナスの外部効果

があるが、それが企業に負担されず、公害問題を引き起こした。一方、林業は森林の持つ多面的な公益機能を高めるというプラスの外部効果を持つが、これが木材価格に反映されないため、林業が低迷し、未整備な森林が増えてきた。

　第3に、情報の非対称性である。市場メカニズムは、製品や企業の情報が公開され、利用でき、かつ消費者がそれを判断できるという完全情報の下で正常に機能する。しかし、実際には企業が製品情報を持ち、それが消費者に伝達されなければ、正しく公開された環境情報による製品選択がなされない。

　こうした市場の失敗に対して、社会貢献を経営理念とする企業、あるいはソーシャルビジネスといった社会課題解決をテーマとする企業もある。目先の私利益だけを経営目標とせずに、SDGsを掲げる等により、長期的な社会貢献活動に取り組む企業が増えていることも確かである。しかし、私利益をあげないと、速やかに市場から退出することになる企業においては、利益確保が至上命題であり、そこに企業の限界がある。

3）政府の失敗

　行政は市場の失敗を公益性の観点から是正することが期待されるが、行政の行動原理ゆえに、行政も完全ではない。これを経済学では、市場の失敗と対比させて、政府の失敗（Government failure）という。政府の失敗に相当する3点を示す。

　第1に、独占と競争不足である。市場メカニズムにおいては、企業は私利益を追求し、収入増と支出減を図るために、また競合する他企業と競争するために、製品・サービスの改善の努力がなされる。これに対して、行政は独占的であり、競争を強いられない。また、収入が税収であり、行政活動の直接効果が収入に反映されにくい。税収は比較的安定した収入であり、税収が厳しい状況であっても、にわかに支出減を図るためのインセンティブが働きにくい。

　第2に、公平性の重視である。民主主義社会の下、行政は平均的な多数の住民（有権者）ニーズを最大化する役割を担う。しかし、行政は社会的弱者や少数者を含めた多様な主体の多様なニーズに応えきれない。また、公平性を重視するがゆえに、特定主体による社会変革的な活動を支援することで波及的に地域づくりを進めるような、戦略的で効果的な環境政策が導入されにくい。

　第3に、官僚的な行動様式である。行政組織では、安定や維持、秩序が重視される。このため、規則の遵守が徹底され、形式や手続きが重視される傾向があり、前例や慣例を変えることへの抵抗がある。守秘義務があるとはいえ過剰な秘密主義がはびこり、オープンな情報公開がなされにくい。こうした官僚的な行動様式は改善されつつあるものの、旧態依然とした体質が解消されたとは言いがたい場合がある。

　このほか、行政は公益性を担うとはいえ、それが十分とはいえない。地方自治体では所管する地域内の公益性を優先し、他地域との関わり、あるいは国・地球レベルの問題に対する取組みが優先されにくい。また、国の補助金等に依存して予算が確保されることから、地域独自の創造的な取組みも予算化されにくい。さらに、単年度主義の予算であるため長期的な政策が実施されにくく、効果が定量化しにくい政策は評価されない。

　こうした政府の失敗に対して、民間企業のノウハウを取り入れる等の改善が進みつつあるが、それでも政府の失敗があるべき政策の推進を阻害している。

4）ボランタリーの失敗

　市場の失敗、政府の失敗を補う役割を持つ主体として、期待されてきたのが市民活動団体（非営利の公益団体 Nonprofit Organization：NPO）である。市民活動団体は市場活動では優先されない公益的な活動のうち、行政では行き届かない多様な取組みや少数者の視点での非営利活動を担う。また、小規模で活動の初期費用が小さいため、行政に先行して、フットワークよく活動を行うことができることも市民活動団体の強みである。

　この市民活動団体の弱点、すなわちボランタリーの失敗（voluntary failure）を指摘するとすれば、人材・資金等の資源が不足し、専門性が不十分であることがあげられる。市民活動団体も収益事業を活発に行い、専門性の高い人材が活動を担っている場合も多い。しかし、収益性を重視すると、市民活動団体が担う公益的な活動に十分に手が回らないというようなジレンマが生じる。

　また、市民活動団体にはプロ意識（責任意識）が弱いアマチュアリズムがあることが指摘されている。アマチュアリズムは自由で柔軟な発想や楽しい活動を生み出す可能性を持つ。アマチュアリズムが悪いとはいえないが、市民活動

団体が社会的責任を果たすうえでの課題となる。

（2）各主体の役割

1）各主体の協働による補完、相互乗り入れに向けた自己変革

　環境政策の推進においては、市場・政府・ボランタリーの失敗という各主体が背負う特性があることを自覚することが必要である。そのうえで、各主体が長所を活かし、短所を改善し、改善しきれない短所を補いあうように、役割を果たすことが求められる。各主体の役割の基本的考え方として、4点を示す。

　第1に、各主体が環境問題における加害側面を持つことから、加害者として未然防止や予防に取り組む必要がある。行政や市民活動団体は企業や市民の改善行動を支援する主体であるが、一方で行政活動においても環境負荷は発生するため、率先して改善行動をとる必要がある。

　第2に、各主体は長所と得意を活かして、環境政策への参加を図るともに、他主体との協働が期待される。参加と協働は、用意された場への受動的な対応ではなく、自主性に基づく能動的かつ創造的な活動であることが望まれる。参加と協働は主体間の相互理解を促し、学習により、各主体の短所と不得手の自己変革、取組みの創造を促す。企業は外部経済を内部化し、行政は競争原理を導入して効率化を図り、市民活動団体は経験を積んで、専門性を高める。

　第3に、参加や協働の延長上として、主体間の行動原理の相互乗り入れを図る。企業も本業を通じて三方よし（売り手よし、買い手よし、世間よし）を追求し、行政は企業のノウハウに学び、官僚主義を脱する組織運営を図るのである。市民活動団体や市民も、専門性を高めたり、収益事業の起業を行うことで経済的な基盤を確立していく。こうした動きは既に起こりつつあり、各主体が本来の役割に留まるべきという理由は何もない。

　第4に、行政は企業や市民、市民活動団体の参加と協働について、調整や支援を行うことが求められる。重要なことは、規制や経済的手法によって各主体が受動的に取り組まざるを得ない状況をつくるのではなく、各主体の自主性や能動的な姿勢を導き、各主体の意志による学習や創造的な取組みを促すことである。例えば、企業に環境配慮製品の生産を義務づけ、消費者は環境配慮製品を

表 8-2　環境政策における各主体の役割

	環境問題との関わり・役割（参加）	他の主体との関係（協働）
市　民	日常生活による環境負荷の削減、行動への環境配慮の折り込み、環境問題及び持続可能な発展への取組みへの参加	・消費者、投資者、労働者の立場で事業者に働きかけ ・政策決定過程への意見・参加
企　業	公害防止、資源・エネルギーの効率的利用や廃棄物の削減、製品やサービスのライフサイクル全体を見渡した取組み	・環境配慮技術の開発、環境に配慮した製品設計等の工夫 ・環境配慮に資する製品やサービスを提供するエコビジネス
市民活動団体（NPO）	自律的、組織的に幅広い活動を活発に行うことにより、環境配慮に係る取組みに関する基盤	・あらゆる主体が環境配慮に係る取組みに主体的に参加する社会を構築していくうえでの結節点
大学、教育機関・研究機関	環境問題・持続可能な発展に関わる問題の構造解明、将来予測政策評価・計画への専門的支援、専門的人材の育成	・専門的な立場からの各主体の取組みの支援 ・各主体の取組みを担う専門的人材の育成
国	事業者・消費者としての環境配慮に係る取組みを率先	・各主体の参加を促進する枠組み構築 ・各主体間の対話促進と取組み相互のネットワーク化 ・パートナーシップの構築
地方自治体	事業者・消費者としての環境配慮に係る取組みを率先	・地域の環境配慮に係る取組みの推進（企画、推進、評価） ・地域の取組みに係る関係者の調整、国の施策への協力 ・全国に先駆けた環境施策の創造

出典）『第二次環境基本計画』[7] をもとに追記をして作成

知らないままに、環境負荷が削減されるという状況は最善な状態とはいえない。

　以上を踏まえ、環境政策における各主体の役割を整理したのが表 8-2 である。

2）地方自治体の役割

　地方自治体は、市民や事業者の身近にある行政として、地域特性に応じた環境政策の創造と実践に能動的に取り組むべき主体である。持続可能な社会を実現していくためには、これまでのトップダウンの社会を転換して、地方自治体こそが環境政策を主導する役割を発揮することが期待される。

　地方自治体は、自らが「事業者」「消費者」として環境配慮を率先して実施

する主体であるとともに、地域の住民、事業者、あるいは市民活動団体と関わりながら、地域における環境配慮に係る取組みの企画や評価、支援や調整を行う「推進者」「調整者」である。

京都議定書目標達成計画（2008）では、地方自治体の役割を具体的に記した。同計画では、「地方公共団体は、その区域の自然的社会的条件に応じた総合的かつ計画的な施策を策定し、実施する」「事業者や住民に身近な公的セクターとして、地域住民への教育・普及啓発、民間団体の活動の支援等地域に密着した施策を進める」という、政策の「推進者」としての役割を記している。

気候変動問題は、国全体の温室効果ガスの排出削減目標を国際間の調整者である国が定め、国内政策に反映するというように、従来の環境問題に比べて、トップダウン的な性質が強い。一方で、同計画では「他の地域の模範となるような先進的なモデル地域づくりが各地の創意工夫で進められ、それが他の地域に波及することが期待される」という記述もある。民生（家庭部門）の温室効果ガス削減や都市計画等によるコンパクトシティ化等のように、ボトムアップでの創意工夫を具現化する先進地域の登場とその水平波及という展開が期待される。

引用文献
1) 環境省『水俣病の教訓と日本の水銀対策』
　　　https://www.env.go.jp/chemi/tmms/pr-m/mat01.html
2) 地球環境経済研究会『日本の公害経験』合同出版（1991）
3) 倉阪秀史『政策・合意形成入門』勁草書房（2012）
4) Arnstein, Sherry R., A Ladder of Citizen Participation, JAIP,1996,Vol.35, No.4
5) 世古一穂『参加と協働のデザイン』学芸出版社（2016）
6) 高見茂「論点整理と今後の課題」『日本教育行政学会年報』37（2011）
7) 『第二次環境基本計画』閣議決定（2000）

参考文献
　植田和弘・大塚直『環境リスク管理と予防原則』有斐閣（2010）
　大内功「予防原則の観点から見たリスク・マネジメントの現状と今後の対応」植田和弘・大塚直監修『環境リスク管理と予防原則』有斐閣（2010）
　植田和弘・山川肇『拡大生産者責任の環境経済学 ― 循環型社会形成にむけて』昭和堂（2010）
　環境省『環境保全から政策協働ガイド〜政策をすすめたい行政職員に向けて〜』（2018）
　宮川公男『政策科学入門』東洋経済新報社（2010）

第**9**章 環境政策の手法とポリシーミックス

9.1 環境政策の個別手法

（1）環境政策の手法の分類

　環境問題は、私（たち）が環境とのつながりを軽視し、私（たち）中心に行動し、環境につけ回し（負荷）を与えた結果、生じる"災い"である（第1章）。環境問題の解決のためには、環境政策の手法を用いて、環境への配慮を私（たち）の意識・行動に内省化させることが必要となる。

　環境政策の手法は、大きく規制的手法、経済的手法、情報的手法の3つに分けられる。規制的手法は法制度の順守といった社会メカニズム、経済的手法は経済合理的行動における市場メカニズム、情報的手法は人の認知・行動メカニズムを用いて、主体の環境配慮行動を促す。

　これらの手法に2つの手法を追加する。1つは普及啓発・学習手法である。持続可能な発展においては、一人ひとりの活力の形成と他者への配慮が不可欠であり、このためには学習による自己変革・自己実現が肝となる。人の意識が変わらず、その行動を規定する外部要因を操作するだけでは、持続可能な社会を目指す手法として不十分である。もう1つが自主的取組みである。これは主体が自主的に行う環境配慮行動を政策として位置づけるものである。自主的取組みを尊重し、それを促すための取組みの表彰や情報共有等が政策となる。

　各手法の概要と実施例を表9-1に示す。これらの手法は既に導入されており、十分に成果をあげてきたもの（例：原因物質の排出規制等）もあれば、限定的に導入されており、本格的導入が課題となっているもの（例：炭素税、排出量取引等）がある。

表 9-1　環境政策の手法の分類

大分類	基本的考え方	中分類	実施例
規制的手法	社会全体として達成すべき目標や遵守事項、手続き等を示し、これを法令に基づく統制的手段を用いて達成する	直接規制	・原因物質排出規制（大気汚染防止法による自動車排ガス規制等） ・製品の環境配慮規制（自動車の燃費や家電機器の省エネ基準（トップランナー方式）等） ・土地利用への規制（自然公園における保護地区での建築規制等）
		枠組み規制	・環境配慮計画の義務づけ（地方公共団体への温暖化防止計画の策定義務等） ・環境影響の調査、予測、評価の義務づけ ・原因物質のモニタリングと届出
経済的手法	市場メカニズムを前提とし、経済的インセンティブにより、各主体の経済合理性に沿った行動を誘導し、政策目的を達成する	経済的賦課	・廃棄物収集手数料、炭素税、容器包装の再商品化委託料金
		経済的便益の付与	・太陽光発電等の設置補助金、エコポイント、再生可能エネルギーの固定価格買取制度
		新規の市場創設	・二酸化炭素の排出量取引、環境配慮の市場の形成
		預かり金の払い戻し	・飲料容器代の上乗せと返却
情報的手法	製品・サービスや事業活動における環境情報の開示と流通を図り、環境配慮行動を促進する	製品・サービスへの情報付与	・環境ラベリング（第三者認証、自主ラベル等）、環境性能の実証
		事業活動への情報付与	・環境管理システムの認証、環境監査、環境情報公開（環境報告書、環境会計）
		消費者への情報的支援	・グリーン購入の評価基準、購入選択の指針・消費者向けの情報提供
普及啓発・学習手法	問題や行動への気づき、知識・思考・主体性の向上を図る場やプログラム、人材を提供する	普及啓発	・温暖化防止のための国民運動（キャンペーン、マスメディアやWEBを使った配信等）
		環境教育(学習)促進	・環境教育（学習）、ESD（持続可能な社会のための教育）
		実践による人の成長支援	・環境に関する実践（持続可能な社会に関する実践）を通じた人の成長支援
自主的取組み	事業者や市民活動団体等が自らの行動や社会の改善活動を実施する自主的な取組みを促す	・下記のような取組みの表彰や推奨、情報共有等 ・業界団体による自主行動計画（経団連環境自主行動計画） ・企業の社会貢献活動、SDGsへの取組み、環境ビジネス起業 ・地方自治体首長による宣言・誓約（非常事態宣言、ゼロカーボン宣言等） ・市民によるソーシャルアクション（市民共同発電、環境NPOへの参加等）	

出典）『第二次環境基本計画』[1] をもとに追加して作成

（2）規制的手法

1）直接規制：義務規定と努力義務規定、責務規定

　規制的手法には、直接規制と枠組み規制がある。

　直接規制は、実施すべき行為あるいは実施すべきではない行為、遵守すべき基準を法・政令・条例等で示し、違反する行為に対しては罰則を設けて、経済的、社会的なペナルティを課す（科す）。命令・統制・指導・罰則といった法的根拠を持つ方法を通じて、一律に活動をコントロールする強い手法である。

　この手法は、甚大な健康被害を生じ、発生源が特定される公害病や産業公害に対する手法として導入された。1970 年代の大気汚染や水質汚濁対策では、煙突や排水口から排出される汚染物質の濃度（あるいは総量）を規制することで、環境改善の成果をあげた。特定の発生源に対して、設定した基準の達成を法的に求めるため、効果が確実である。

　法的根拠を持つ直接規制にも、義務規定と努力義務規定や責務規定がある。義務規定では、法律に定められた要求（禁止や制限等）を満たさない場合には、法律違反とみなし、命令、科料、罰金、公表、あるいは代執行等が執行される。努力義務規定は、努力することを義務としたものであり、理念的な要素が強く、違反に対する措置は指導や勧告に留まる。責務規定は、各主体の果たすべき役割を宣言的に規定したもので、実効性を担保する強制的な手法はない。例として、大気汚染防止法で定められた義務規定を表9-2 に示す。

2）地方自治体独自の規制の上乗せ・横出し

　直接規制には、国の法律に基づくものと地方自治体が条例により独自に定めるものがある。例えば、2002 年から施行された自動車NOx・PM法では、自動車による大気汚染が深刻な地域を指定し、トラック・バス等やディーゼル乗用車に対して、窒素酸化物（NOx）と粒子状物質（PM）の排出基準に適合しない車種の登録を禁止している。既に使用している車についても、猶予期間を越えると車検が通らなくなる。

　これに対して、東京都、埼玉県、千葉県及び神奈川県においては、条例により、PMのみを対象として、域外からの流入車をも含め、地域内を運行する自動車のすべてに排出基準に適合しない場合の走行を禁止している。兵庫県にお

表 9-2　大気汚染防止法で定められた義務規定

法律	義務規定
排出制限、改善命令・使用停止命令	・ばい煙の排出者に対し、排出基準に適合しないばい煙の排出を禁止し、故意、過失を問わず違反者に対して刑罰を科す。 ・都道府県知事等は、排出基準違反のばい煙を継続して排出する恐れがあると認めるときは、当該ばい煙の排出者に対し、ばい煙の処理方法等の改善や一時使用停止を命令することができる。
設置・変更の届出、計画変更命令	・ばい煙の発生施設を新たに設置・変更をしようとする者は、あらかじめ（60 日前まで）、管轄都道府県知事等に所定の事項を届け出なければならない。 ・都道府県知事等は、その内容を審査し、排出基準に適合しないと認めるときは、計画の変更または廃止を命ずることができる。
測定義務、立入検査	・ばい煙の排出者は、施設から排出されるばい煙量またはばい煙濃度を測定し、その結果を記録しておかなければならない。 ・都道府県等の職員は、ばい煙の排出者が排出基準を守っているかチェックするため、工場・事業場に立ち入ることや必要な事項の報告を求めることができる。
事故時の措置	・故障、破損その他の事故が起こり、ばい煙等が多量に排出されたとき、排出者は直ちに応急の措置を講じ、復旧に努めるとともに事故の状況を都道府県知事等に通報しなければならない。 ・都道府県知事等は、事故により周辺の区域における人の健康に影響があると認めるときは、排出者に対して、必要な措置をとるように命ずることができる。

いては、地域外からの流入車も含めて、走行するトラック（車両総重量 8 t 以上）・バス（定員 30 人以上）を対象に、NOx・PM の両方を対象として、排出基準に適合しない自動車の走行を規制している。これらの地域では、特に通過交通による大気汚染が深刻であるために、地域の状況に応じて、独自の規制を追加している。

3）トップランナー方式

　直接規制では、規制を受ける主体の受容性を考慮して、達成すべき基準を設ける。大気汚染のように健康被害をもたらす環境問題の基準では、科学者と業界、行政との合議により基準を決め、段階的な規制強化がなされている。

　自動車や家電製品、住宅への環境規制におけるトップランナー方式も受容性を高める方法である。トップランナー方式は、1999 年のエネルギーの使用の合理化等に関する法律（省エネ法）の改正により導入された。自動車や家電製

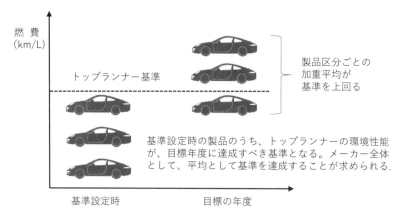

図 9-1　トップランナー方式による基準（自動車の場合の例）

品、住宅の省エネルギー基準を、基準設定時に商品化されている製品のうち
「最も省エネ性能が優れているトップランナー」の性能以上に設定する。

4）枠組み規制：環境配慮のための計画や環境影響の評価、モニタリング

　枠組み規制は、環境目標を設定し、それを実現する手順を定めて、状況に応
じた適正な対策を促すための手続きの実施を義務づける手法である。環境問題
が複雑化し、不特定多数が発生源となる状況においては、加害者の状況や特性
が多様で一律に規制することが困難である。

　都市生活型公害や地球環境問題への対策の推進、開発による環境配慮の規制
（環境アセスメント）等において、枠組み規制が用いられる。また、加害と被
害の因果関係の解明に不確実性がある化学物質のように、直接規制の受容性は
低いが、予防原則の適用が必要な場合に枠組み規制が用いられる。

　例えば、地球温暖化対策法では、都道府県及び政令指定都市・中核市に対し
て、温暖化対策（事務事業に伴う温室効果ガスの排出削減のための率先と地域
全体の温室効果ガスの排出削減の推進）の計画策定を義務づけている。

　廃棄物処理法では、産業廃棄物の発生量が 1,000 t 以上、または特別管理産
業廃棄物の発生量が 50 t 以上である事業者は、産業廃棄物の減量や処理に関す
る計画を策定し、都道府県知事に実施状況を報告することが義務づけられてい
る。

（3）経済的手法

1）経済的賦課：再商品化費用負担、炭素税

　経済的手法のうち、経済的賦課は環境に配慮しないことへのペナルティを課す手法であり、その逆に経済的便益の付与は環境に配慮することへのインセンティブを設ける。

　経済的賦課は、発生源が不特定多数の問題に対して、環境負荷の大きさを製品・サービスの価格に反映させることで、生産者及び消費者の行動変容を促す手法である。

　廃棄物の分野では、容器包装リサイクル法において、ペットボトルや清涼飲料の製造者に容器の生産・使用量に応じた費用負担を求め、洗剤・シャンプーの容器のコンパクト化、詰め替え容器の普及が進んだ。また、市町村が導入している「ごみの有料化」は、生活者に費用負担を求めることで、ごみの減量化と分別の徹底という効果をもたらした。

　気候変動の分野では、炭素税の導入が検討課題となっている。炭素税を含む環境税の効果として、3点がある（図9-2）。

　第1の効果は、税負担による行動変容を促すミクロな効果である。炭素税により、それまで無料で排出されていた温室効果ガスの費用が「見える化」され、製品・サービスの価格に追加される。消費者には「価格シグナルによる学習効果（意識と行動の変容）」、生産者には「コスト負担の回避効果（製品・サービスの変容）」が期待される。つまり、消費者は炭素税による費用負担増を考慮して、製品・サービスの消費抑制や税負担の小さな製品・サービスの選択を行う。こうした市場メカニズムを介して、生産者は製品・サービスを温室効果ガスの排出が少ないように変更する。消費者に対しては、行動変容の効果とともに、日常に行われる消費活動に炭素税が見える化されることで、気候変動に対する意識変容（学習効果）が期待できる。

　第2の効果は、「環境に配慮した産業構造への転換効果」というマクロな効果である。短期的には温室効果ガスの排出量が多い産業に負担を強いることになるが、中長期的には温室効果ガスの排出量が少ない産業構造への転換と雇用の移動、産業連関構造の転換等といった構造転換がなされることが期待される。

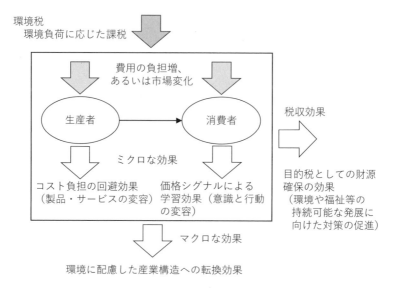

図9-2　環境税のインパクトと効果

　第3の効果は、「目的税としての財源確保の効果」である。税収は環境や持続可能な発展に向けた目的に使用することで、関連する対策を推進することができる。

　なお、日本では、2012年に温暖化対策税が導入されているが、これは石油・石炭・天然ガスといった化石燃料に二酸化炭素排出量1t当たりの課税が行われている。消費者からみれば温暖化対策税の負担が小さい税率となっており、消費行動を変える効果がなく、年間2,600億円以上となる税収を環境目的に使用するという効果に留まっている。

2）経済的便益の付与：補助金、エコポイント、固定価格買取制度

　経済的便益を付与する制度としては、補助金やエコポイント、固定価格買取制度がある。

　補助金の例としては、1970年代の公害防止設備投資、2000年代以降の太陽光パネルの設置補助が典型的である。補助金は対策技術の導入初期において、設置の初期費用負担を軽減し、対策技術の導入を促す。補助金により対策技術の普及が進むと、その量産による費用低減が期待され、自走による普及が期待

される。しかし、OECD（1997）等に指摘されているように、補助金には問題点も多く、補助金が政策の柱とされるような状況は避けなければならない。補助金の問題としては次の点がある。

① 補助金を行う国と行わない国の間で貿易に歪みが生じ、非関税障壁となる。

② 対策技術の普及は対症療法であり、根本的対策を先送りする。

③ 補助金が関係産業を保護することとなり、産業構造の転換を阻害する。

④ 補助金の設定根拠が曖昧であり、過剰な補助率になっている場合がある。

⑤ 確保した財源を使う必要があるため、必要性の薄い補助を行う恐れがある。

エコポイント制度は、商店街等で導入されていたポイント制度が原型である。2000年代後半になり、環境配慮製品の普及促進とともに停滞する景気浮揚のための経済政策として、国のエコポイント制度が導入された。対象商品とその支援期間は、省エネ家電製品（2009年5月〜2011年3月末に購入）、エコ住宅（2009年12月〜2011年7月末の着工）、エコリフォーム（2010年1月〜2011年7月末に工事着手）である。家電エコポイントの政策効果を表9-3に示す。環境面とともに経済面の効果が確認されている。

固定価格買取制度は、EUで先行して導入されていたが、日本では、東日本大震災の後、再生可能エネルギーの普及を早めることを目的として、2017年7月よりスタートした。この制度により、再生可能エネルギーの発電事業者

表9-3　家電エコポイント制度の政策効果

事業経費等	予算額　　約6,930億円 発行点数　約6,391億点（1点＝1円相当） ・発行点数のうち約82%が地上デジタル放送対応テレビの購入 ・商品交換件数：約5,531万件（90%が商品券） ・購入店舗交換数：地デジアンテナ工事の約53万件、省エネ電球・電池交換の約74億円分
地球温暖化防止	・省エネ家電製品の普及促進：約270万t-CO_2／年
経済効果	・家電3品目で約2.6兆円の販売押し上げ ・経済波及効果：約5兆円、約32万人／年の雇用の維持・創出
その他	・地上デジタル放送対応テレビの普及

出典）環境省・経済産業省・総務省資料等より作成

は、固定価格で長期間（10 年ないし 20 年）の売電が可能となり、安定した初期投資コストの回収が見込める。発電設備の市場拡大に伴い、設備コスト等の低減化が進めば、それに伴い買取価格を下げていき、最終的には買取価格を高くしなくても、発電設備の投資回収が成立する状態（グリッドパリティ）を目指す。

　この制度では、特に太陽光発電の設備導入が活発化した。しかし、日本の固定価格買取制度では大規模な太陽光発電の買取価格を高く設定しすぎた。これにより太陽光発電の急速な導入がなされたが、地域環境に配慮しないメガソーラーの設置が見られる。また、地域外部の大規模資本によるメガソーラーが地域に経済循環をもたらさないというような問題も生じている（山下（2018）2)）。

3）新規の市場創設：排出量取引

　排出量取引制度は、もともとはアメリカの発電所で排出される二酸化硫黄を削減するための制度として、成果をあげた。今日では、温室効果ガスの排出削減を目的として検討されており、スイス（2008 年開始）、カザフスタン（2013 年開始）、韓国（2015 年開始）での導入例がある。日本では 2005 年から試行がなされたが、制度の創設を含む法案は 2010 年に廃案になった。

　排出量取引は、総量削減義務（キャップ）といわれる直接規制とセットで行われ、「キャップ＆トレード」と言われる。キャップとは、各企業等に温室効果ガスを排出することのできる量を排出枠として定め、その実行を求めることである。企業等は排出枠を超えて排出をしてしまった分を、キャップより実際の排出量が少ないところから排出枠を買ってくることを可能とする。この仕組みが排出量取引である。全体として排出枠の削減を確実なものとすると同時に、より安いコストで排出削減を図ることが可能となる。

　排出量取引は、炭素税等とともに「カーボンプライシング」と呼ばれ、炭素に価格をつける経済手法として、今なお検討途上にある。産業界との合意形成に手間取る国に先立ち、東京都は 2008 年に、埼玉県は 2011 年に地域内の排出量取引制度を導入した（両都県は協定により、両都県間での排出枠の取引も可能としている）。東京都は当初、「地球温暖化対策計画書制度」といった自主的取組み制度を行っていたが、総量削減の達成が保証されていないことから、

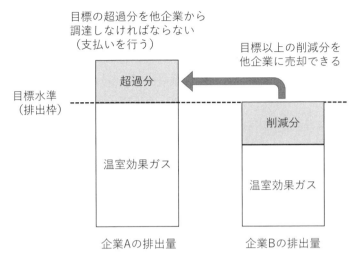

図9-3　排出量取引の考え方

条例を改正し、キャップ＆トレードを導入した。同計画書制度により、東京都行政が業界ごとの排出削減策や実効可能性に関する情報を持つことになり、これを根拠にキャップをかけることができた。

4）預かり金の払い戻し：デポジット制度

デポジット制度とは、製品購入時に製品本来の価格に一定額を預り金（デポジット）として上乗せして販売し、使用後に使用済みの製品を所定の場所に返却すれば、購入時に徴収した預り金の全部もしくは一部を返却者に払い戻すという制度である（田崎ら（2010）[3]）。回収に対して、経済的インセンティブを与える制度である。

欧米では、国あるいは州の制度として、主に飲料缶を対象にしたデポジット制度の導入事例がある。しかし国内では、1970年代から、空き缶の散乱に対する対策として、市民活動団体から提案されてきたが、生産者に負担する仕組みであったため、生産者の抵抗があり、導入されなかった。

一方、地域を狭い範囲に限定し、デポジット制度の形式（あるいは形式の一部）を取り入れた「ローカル・デポジット」が導入されている。

（4）情報的手法

1）情報の非対称性の解消

　環境配慮技術・製品に関する情報が、生産者に偏在し、消費者に正しく伝達されていないため、同技術・製品の適正な調達が阻害されている。これは、生産者と消費者との間での「情報の非対称性」の問題と言われる。

　また、生産者が情報提供を行う際に、提供すべき情報の内容、情報の作成方法がわからない場合や、あるいは情報の作成・提供のためのコスト負担が困難な場合もある。さらに、生産者から情報が提供されても、それを消費者が評価できないという場合もある。

　こうした状況を是正し、「生産者（第一者）と消費者（第二者）の間での情報伝達を適正かつ円滑なものとするための第三者による支援」を行うことが情報的手法である。

　情報的手法の枠組みを、図9-4に整理する。このほか、情報伝達におけるインセンティブの付与（表彰制度等）、ノウハウの向上（人材育成等）等も情報的手法に含まれる。

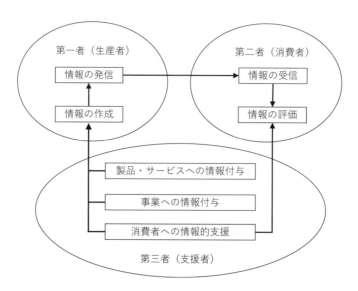

図 9-4　情報的手法の考え方

2）製品・サービスへの情報付与：環境ラベル

　環境ラベルは、製品・サービスの環境配慮に関する情報の偏在を解消し、消費者に環境に配慮した製品・サービスを選択してもらうため、製品や包装・広告等に付与される。ISO（International Organization for Standardization、国際標準化機構）の規格では、環境ラベルの3タイプを示している。

　タイプ1（第三者認証）：特定の基準に従って、第三者が認証を与える。

　タイプ2（自己主張）：独自の基準に従って、生産者がつける。

　タイプ3（数量化情報）：基準はなく、製品のライフサイクル全体における
　　　　　環境負荷を定量的データで表示する。

　タイプ1の第三者認証は旧西ドイツで始まり、日本では1989年にエコマークの認定事業が始められた。現在、日本のエコマークの認定商品数は5万を超える。エコマークの認定基準は、資源循環・気候変動・有害物質・生物多様性の4つの側面の環境影響を、ライフサイクル全体で評価する総合的なものである。エコマークの対象商品は、家庭用品から家電・家具、土木建築資材、容器包装、サービスと多岐にわたる。サービスでは、損害保険、小売店舗、飲食店、カーシェアリング、ホテル・旅館、機密文書サービス、電力プラン等のカテゴリが設けられている。

　タイプ1の環境ラベルには、エコマークのように国によるもの以外にも、国際的に使われているもの、国内の業界団体によるもの、地方自治体独自のものがある（表9-4）。森林製品に使われるFSC、水産資源に使われるMSC等は国際的に使われている。森林製品や水産資源は国際間の流通が多いため、国際的なラベルが必要となっている。また、エコマークは環境配慮の4つの側面を認定基準としているが、省エネラベルや燃費基準のように特定の環境側面だけを認定基準としているものもある。タイプ1の環境ラベルが乱立気味であり、消費者に各環境ラベルの意味が正しく理解されにくいという問題がある。

　タイプ2の環境ラベルでは異なる企業間の製品比較ができない、タイプ3の環境ラベルでは定量データの解釈が困難といった問題がある。

　持続可能な発展という観点でいえば、生産地の地域づくりへの配慮、災害時の耐性や有用性等も評価基準としたラベルが必要となる。

表9-4　主な環境ラベル

第三者認証	全般	エコマーク	（公財）日本環境協会
	建築物	CASBEE	日本の国土交通省が開発
		LEED	米国の民間が開発、日本にも普及
	農林水産物	FSC	森林管理と木材・木製品の国際認証
		有機JAS	農産物、加工食品、飼料及び畜産物
		MSC	水産物の国際認証
	工業製品	省エネラベル	省エネ法に基づくラベル
		燃費基準達成車ステッカー	自動車の燃費基準の達成
数量化情報		エコリーフ	（一社）サステナブル経営推進機構

出典）環境省「環境ラベル等データベース」より作成

3）製品・サービスへの情報付与：環境性能の実証

　汚染物質を浄化したり、エネルギー消費量を抑制したりするための対策技術（以下、環境対策技術）は、環境改善効果等の性能を見える化する必要がある。このため、第三者が、環境対策技術の性能を評価し、信頼できる情報が利用者に提供されるようにして、利用者による技術の比較と適正な選択ができるように支援する取組みがなされている。

　これを「実証（Verification）」という。実証は環境ラベル・タイプⅠの「認証」とは異なる。認証は一定の判断基準を満たすかどうかを判定するが、実証は信頼できる情報を付与するだけで判定は行わない。

　環境技術の実証を行う国の制度として、環境技術実証事業（Environmental Technology Verification：ETV）がある。この事業は2003年度からモデル事業として実施され、2008年から本格的に実施されている。同事業で実証されている分野は、山岳トイレ、水環境改善、VOC処理技術、ヒートアイランド・気候変動防止等の分野まで多岐にわたる。例えば、窓用日射遮蔽フィルムの実証では、夏場は遮蔽によるエネルギー消費量の削減が確認できるが、冬場は室内温度を下げてしまい、地域によってはエネルギー消費量を増加させる場合がある等のデータが示されている。

　環境対策技術を扱う中小企業では性能情報を付与できずに、顧客獲得が進まない場合もあるため、環境性能の実証は中小企業の支援施策にもなる。

4）事業への情報付与：EMS認証、環境監査、環境報告書・環境会計

　事業所の環境配慮の見える化を行う手法も整備されてきている。事業所の環境配慮は事業所の業種や規模等の状況に応じて実施されるものであり、特定の基準を設けて事業所を判別することはできない。そこで、事業所に求められるのが、環境管理を行う体制や手続き等の仕組みを整備することである。この仕組みを「環境マネジメントシステム（Environmental Management System：EMS）」という。EMSはISO14001として国際規格が定められており、その規格への適合が審査され、認定を得ることができる。国際規格とは別に、中小企業等向けのEMS認証制度としては、環境省による「エコアクション21」、京都のNPOによる「京都環境マネジメントシステム・スタンダード（略称KES）」等がある。

　ISO14001やエコアクション21等の第三者が認証するEMSを構築・運用している企業は、上場企業では7割を超える（環境省（2019）[4]）。しかし、中小企業のEMS認証の取得率は低く、認証取得をしていたとしても、環境管理のための人員確保が困難であり、形式的な運用に留まっている場合も多い。

　環境監査は、環境管理の取組み状況について、客観的な立場からチェックを行うことをいう。環境対策技術の実証に対して、環境監査は事業所の環境管理システムを対象とする。また、環境報告書は、事業所の環境管理を見える化する手法である。

　2005年に施行された「環境情報の提供の促進等による特定事業者等の環境に配慮した事業活動の促進に関する法律（環境配慮促進法）」において、特定事業者に環境報告書の作成・公表を義務づけることとなった。さらに、環境報告書の国際的な指標を作成しているNPOのGRI（Global Reporting Initiative）が企業活動を環境・社会・経済の3つの側面から評価することを指標としたことをきっかけに、持続可能な発展に関わる側面も盛り込んだ「CSR（Corporate Social Responsibility）報告書」を作成する動きが広まった。

　ISOは2010年11月に、CSRに関するガイドラインをISO26000として発行した。ここでCSRとして取り扱うテーマは、組織統治、人権、労働慣行、環境、公正な事業慣行、消費者課題、コミュニティへの参加及びコミュニティ

の発展とされた。

　環境会計は、事業所が活動における環境保全のためのコストと得られた効果をできるだけ定量的に測定し、伝達する仕組みのことである。環境会計は、環境報告書に盛り込まれる。

　環境報告書あるいは環境会計は、外部機能と内部機能を持つ。消費者等（取引先、投資家、金融機関、地域住民、行政等を含む）といった外部向けのコミュニケーションの道具であるとともに、事業所内部の経営者・従業員向けの経営管理の道具である。

　行政施策としては、環境報告書や環境会計のガイドラインの作成、それらの情報の閲覧システムの提供等が行われている。

5）消費者への情報的支援：グリーン購入の評価基準・選択指針等

　環境情報が提供されたとしても、その情報の評価基準や活用の仕方が不明では意味がない。エコマーク等の第三者認証ラベルが付与された商品を調達すればよいといっても、既に製品・サービスでエコマーク付きのものが提供されているわけではない。また、環境ラベルが乱立気味にあるため、かえって消費者の混乱を招く恐れがある。

　こうした状況で、消費者に環境に配慮した製品・サービスの評価基準・選択指針等を示すグリーン購入ガイドラインが作成されている。同ガイドラインは、2000年に循環型社会形成推進基本法の個別法の一つとして制定された「国等による環境物品等の調達の推進等に関する法律（グリーン購入法）」に基づき策定された。同ガイドラインに則して、製品・サービスの環境情報の提供がなされている。

　同ガイドラインでは、個別の製品・サービスごとに購入の際の判断基準を示している。その基準を決める原則を表9-5に示す。この原則は、ライフサイクルの考慮では資源循環の基準が多く、気候変動防止の側面が全面に出ていないこと、環境面以外の持続可能性の側面は"社会面の考慮"に集約されていて、具体性がないこと等、時代とともに改良されてきたとはいえ、まだ不十分な点がある。

　ISOは、2017年にISO20400（持続可能な調達に関するガイドライン）を発

表9-5　グリーン購入の基本原則

1. 必要性の考慮	購入する前に必要性を十分に考える
2. 製品・サービスのライフサイクルの考慮	資源採取から廃棄までの製品ライフサイクルにおける多様な環境面や社会面の影響を考慮して購入する 2-1 有害化学物質等の削減　　2-2 省資源・省エネルギー 2-3 天然資源の持続可能な利用　2-4 長期使用性 2-5 再使用可能性　　　　　　2-6 リサイクル可能性 2-7 再生材料等の利用　　　　2-8 処理・処分の容易性 2-9 社会面の配慮
3. 事業者の取組みの考慮	環境負荷の低減と社会的責任の遂行に努める事業者から製品やサービスを優先して購入する 3-1 環境マネジメントシステムの導入 3-2 環境への取組み内容 3-3 情報の公開
4. 情報の入手	製品・サービスや事業者に関する環境面や社会面の情報を積極的に入手・活用して購入する

出典）グリーン購入ネットワーク（GPN）資料より作成

行した。この中に持続可能な調達の原則として、アカウンタビリティ、透明性、人権尊重、倫理行動等が定義され、調達ポリシーや戦略、プロセスに持続可能性を組み込むための指針が示されている。

6）消費者への情報的支援：エシカル消費

　グリーン購入ガイドラインやISO20400は、事業所における調達指針であるが、一般消費者における持続可能な消費を促す活動として、エシカル消費という考え方がある。英国では、1989年にエシカル・コンシューマーという専門誌が創刊されており、1998年にはエシカル・トレード・イニシアティブというエシカルビジネスの協会も発足している。

　日本では、消費者庁が2015年から2年かけて「倫理的消費」調査研究会を設置し、エシカル消費の支援施策を検討した。同研究会では、エシカル消費を「地域の活性化や雇用等も含む、人や社会、環境に配慮した消費行動」と定義している。エシカル消費の具体例として、障がい者支援、フェアトレード、地産地消、被災地支援、動物福祉等があげられている。

　一般消費者におけるエシカル消費を促す情報的手法として、公的に評価基準や指針が作成されているわけではないが、一般社団法人エシカル協会等が普及啓発活動を進めている。

（5）普及啓発・学習手法

1）普及啓発・学習手法の考え方

　情報的手法は人の認知・行動メカニズムを用いて、主体の環境配慮行動を促す手法であるが、情報の非対称性の解消に重点がある。この場合、人は情報を得ることで合理的に判断し、行動をすること（情報合理性）が前提になる。

　しかし、実際には情報合理性だけで人の行動が規定されるわけではなく、人の特性に応じた3つのアプローチが必要となる。

　第1に、人の行動はその人が持つ感性、気分、雰囲気が行動動機となるため、行動心理学に基づく普及啓発が行動を促すうえで有効となる。

　第2に、情報流通があったとしても、それを受けとめ、判断し、行動につなげる資質・能力（コンピテンシー）がなければ、環境配慮行動が実施されない。このため、資質・能力を高めるための環境教育（学習）促進が必要となる。

　第3に、人の行動決定の根本には、価値規範や生き方の志向がある。これは、資質・能力の獲得だけでなく、自然や人との関わりにより形成されていく。地域づくりでの体験、自分と対話する内省、他者との葛藤とその克服の過程で人は価値規範や生き方を変え、他者との関係形成を図り、自己を成長させていく。この成長を促すために、人の成長支援が必要となる。

　情報的手法と上記の3つを含めた4つの手法の特徴を表9-6に示す。

表9-6　情報的手法及び普及啓発・学習支援手法の特徴

手法分類		成果目標	継続期間	環境問題への関与
情報的手法		環境配慮を促す情報流通の円滑化	その時	浅い（情報を合理的に判断し、行動する）
普及啓発・学習手法	普及啓発	特定の問題への関心喚起、特定の行動の促進	短期	浅い（自分の考え方は変えない）
	環境教育（学習）促進	環境に関する資質・能力の獲得	中期	深い（知識を深める、自分の考え方を変える、能力を高める）
	人の成長支援	価値規範や生き方の変化、他者との関係形成	長期	より深い（体験を重ねる、生き方を変える、関係を変える）

2）普及啓発：ミクロな行動心理学に基づく理論と実践

　普及啓発に関わる理論として、ミクロな行動心理学とマクロな普及理論とがある。ミクロな行動心理学の研究成果から、普及啓発の手法を検討する際に留意すべき4点をあげる。

　第1に、私（たち）は自らの行動を否定する情報を回避する傾向があり、私（たち）を否定する情報提供は効果を得ない。このため、その人を肯定する情報を取り上げてみることから、コミュニケーションを始めることが必要である。これは「フェスティンガーの認知的不協和理論」[5]が根拠となる。この理論は、自らの行動を肯定的に説明する情報に対して、その後接触する傾向が強くなる（協和状態維持）反面、否定的な情報に対しては回避する（不協和回避）と説明している。

　第2に、私（たち）が行動に至るプロセスには段階があり、このプロセスを理解して情報提供・普及啓発を合理的に行うことが必要である。例えば、広瀬（1994）[6]は、環境配慮の目標意図（問題解決をしたい・すべきだという意図）と環境配慮の行動意図の2段階にわけて、各意図の形成を規定する認知要因が異なると整理した（図9-5）。このことは、環境問題を解決すべきという意識がいくら高まっても、行動の実行可能性（自分でも実施できること）、便益・費用効果（リーズナブルな効果があること）、社会規範（社会的に求められていること、みんなが実施していること）等の認知が高まらないと行動意図が形成されないことを示している。つまり、行動意図を形成することを目標とするなら、環境問題を伝えるだけでなく、環境配慮行動に関する具体的な情報提供まで行うことが必要となる。

　第3に、私（たち）の行動変容は、論理的な思考と判断に基づく場合もあれば、思考を伴わない直感的な場合もある。論理的な行動変容を促すうえでは、経済的手法や情報的手法が有効である。直感的な行動変容は、ワクワク感や共感、慈愛等の気持ち、あるいは行動をしやすくさせる見せ方や雰囲気により促される。直感的な行動変容を促す方法としてナッジがある[7]。ナッジはひじでそっと突く・軽く押すという意味である。省エネルギーを促すナビゲーションで、電力消費実態をわかりやすく表示したり、節電対策のおすすめメニューを

提示するといった方法が、ナッジの考え方で実践されている。

　第4に、伝達媒体の特性を知り、うまく使うことである。一般に、新聞・テレビといったマスメディアは環境問題の認知を高め、地方自治体の広報誌等のローカルメディアや専門誌等の媒体は環境行動に関する情報を提供する媒体として有効である。また、知人・友人・家族といったパーソナルメディア（オフラインとオンライン）は社会規範評価を高め、行動意図の形成を促す。

　以上のような理論が、地球温暖化防止のための国民運動に活かされてきた。この国民運動は2005 ～ 2010年にかけてチーム・マイナス6％というキャッチフレーズを掲げて展開された。それ以降は、チャレンジ25、クールチョイスとキャッチフレーズを変更して継続されてきた。

　この国民運動では、予算を一元化し、テレビや新聞等のマスメディアの露出度を多くし、地方公共団体や企業の取組みを一体的に進めた。普及成果として、夏場の軽装により温度設定を上げるクールビズ（COOL BIZ）がある。クールビズは、環境配慮に対する意識や知識レベルは高くとも、行動が伴わない傾向がある男性層に行動メニューを提供した。楽しみながらできる具体的な行動メニューの提供、メディアミックスによる皆で参加する雰囲気づくりによる社会的規範の認知形成等がクールビズの普及を促した。

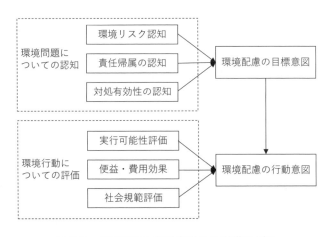

図9-5　目標意図と行動意図の2段階モデル

出典）広瀬（1994）[6]

3）普及啓発：マクロな普及理論

　マクロな普及理論として、イノベーションの普及学がある。古くは、エベレット・ロジャーズがトウモロコシの新種等の普及過程を分析し、まとめた知見がある[8]。普及啓発の理論的根拠となる普及学の知見として、2点を示す。

　第1に、ロジャーズは、新しいモノやコトを採用する時期の速さから、人々を、革新者（イノベーター）、初期採用者（アーリー・アダプター）、前期多数採用者（アーリー・マジョリティ）、後期多数採用者（レート・マジョリティ）、遅延者（ラガード）に分けた（表9-7）。革新者は、いわゆる"新しいもの好き""目立ちたがり"で、冒険者である。その革新者の様子を見て、新しいモノやコトの良さを考えたうえで、それらを採用するのが、初期採用者である。初期採用者は、新しい情報を常に入手している一方、社会的常識を持っている、尊敬される人々とされる。初期採用者が採用すると、周りの多くの人々も追随するとされる。

　イノベーションは、革新者、初期採用者、多数採用者、遅延者といった社会を構成する人々のタイプの順に採用されること、また各々のタイプの比率はおおよそ決まっていること（革新者2〜3％、初期採用者10％強、多数採用者70％弱、遅延者15％）から、普及人数の推移はS字型の普及曲線になると説明される。

　環境配慮の普及を普及曲線にのせるためには、初期採用者の採用を促すため、初期採用者をターゲットとした普及啓発を重点的に行うことが重要となる。しかし、環境配慮行動が熱心層までで頭打ちとなる傾向もある。初期採用者と多数採用者のキャズム（溝）を埋めるうえでは、両者の採用特性に違いがあることを前提にした普及啓発の作戦が必要となる。

　第2に、ロジャーズは、イノベーションの普及速度を5つのイノベーション属性（相対的有利性、両立性、複雑性、試行可能性、観察可能性）によって説明した（表9-8参照）。イノベーション自体が普及条件を満たす場合に、普及速度は速く、満たさない場合に、普及速度は遅くなる。環境配慮においても、普及しやすい特性を持った製品等を開発するとともに、その普及しやすさを規定する属性を訴求していくことが普及速度を速めるうえで有効となる。

表9-7　イノベーションの採用者の分類

者分類	特性
革新者	新しいアイデアや行動様式を最初に採用する人々。社会の他の大部分のメンバーが新しいアイデアや行動様式を採用するより前に採用に踏み切る。社会の価値からの逸脱者であり冒険者である。
初期採用者	進取の気性に富んでいるが、革新者に比べて社会の価値に対する統合度が高く、新しいアイデアや行動様式が価値適合的であるかどうかを判断したうえで採用する。多数採用者と革新者ほどにかけ離れていなく、オピニオン・リーダーシップを発揮する。
前期多数採用者	社会体系において、平均的メンバーが採用する直前に新しいアイデアや行動様式を採用する。社会での新しいアイデアや行動様式の採用を正当化する機能を果たすが、完全採用するまで慎重に行動する。
後期多数採用者	社会の平均的メンバーが採用した直後に採用する。新しいアイデアの有用性に関して確信を抱いても、採用へと踏み切るためには、さらに仲間の圧力に採用を動機づけられることが必要な、順応型である。
遅滞者	イノベーションを最後に採用する人々であり、大部分は孤立者に近い。伝統志向的で、過去に注意の眼を固定している。

出典）E.M.ロジャーズ（1990）[8]をもとに作成

表9-8　普及速度を規定するイノベーション属性

普及速度を規定する5つのイノベーション属性	環境配慮製品の場合
1. 相対的有利性 イノベーションを利点があると知覚する程度。相対的有利性が高いほど、普及が速い。	環境配慮製品を訴求する場合、環境改善効果が大きい場合に、普及しやすい。
2. 両立性 イノベーションが潜在的採用者の価値、欲求と一致していると知覚される程度。両立しないと普及は遅い。	コスト削減効果が大きい環境配慮製品は普及しやすい。 例：省エネ家電
3. 複雑性 イノベーションを理解したり、使用することが難しいと知覚される程度。新しい技術や知識を習得する必要がある場合、普及は遅い。	環境配慮が第三者に保証されている場合は普及しやすい。 例：エコマーク付き商品
4. 試行可能性 イノベーションが小規模で実験できる程度。分割して試すことができる場合、より急速に採用される。	実行容易な環境配慮は普及しやすい。 例：簡易包装
5. 観察可能性 イノベーションの成果が人々に見える程度。容易に見ることができるほど、採用の傾向がある。	目に見えるところにある環境配慮製品は普及しやすい。 例：ソーラーパネル

出典）E.M.ロジャーズ（1990）[8]をもとに作成

4）環境教育（学習）促進：持続可能な社会のための教育の推進

　環境教育（学習）は、私（たち）の環境に関する資質・能力（コンピテンシー）の獲得・向上を図る。コンピテンシーが基盤となって、情報や機会に接触したときの感受と解釈が促され、論理的あるいは直感的な行動変容が促される。

　環境教育は、環境問題の変遷や社会経済変動が進むなかで、その目標や重点が変化してきている。1990 年代までの環境教育、2000 年代以降の ESD（持続可能な社会のための教育）、近年の SDGs や気候変動に対応する環境教育、といった環境教育の流れを整理する。

　まず、1990 年代までの環境教育の動きである。国連人間環境会議（1972 年、ストックホルム開催）において、環境教育の必要性と国際的協議を踏まえた計画づくりが勧告され、5 年後の 1977 年に、環境教育に関する政府間会議がトビリシで開催された。同会議で合意されたトビリシ宣言では、環境教育の目標として、①関心、②知識、③態度、④技能（評価能力）、⑤参加の 5 つを示した。

　この考え方が日本の環境教育にも取り入れられた。1991 年の文部科学省の『環境教育指導資料』[9] では、環境教育は「環境や環境問題に関心・知識をもち、人間活動と環境の関わりについての総合的な役割と認識の上に立って、環境の保全に配慮した望ましい働き掛けのできる技能や思考力、判断力を身に付け、より良い環境の創造活動に主体的に参加し、環境への責任ある行動がとれる態度を育成する」教育だとした。

　2000 年代に入り、環境政策の動きと連動して、教育において、環境・経済・社会の統合化が進められた。環境教育と並行して各分野で展開されていた開発教育、人権教育、平和教育等が統合化され、「持続可能な社会のための教育（Education for Sustainable Development：ESD）」が生まれた。2002 年の「持続可能な開発に関する世界首脳会議」（ヨハネスブルグ・サミット）では、日本の政府と NGO が国連 ESD の 10 年を提案し、ESD という呼称とともに、ESD に係る活動が国内外に広げられてきた。

　ESD という合言葉が示されることにより、環境、貧困、人口、健康、食糧確保、民主主義、人権、平和等をテーマとする行政や市民活動の関係者が連

携・協働を進め、分野縦割りであった教育・学習プログラムの統合化が進められてきた。

ESDへと拡張されてきたことにより、環境教育を中心に異なる教育分野間や主体間のつながりが進んだ。しかし、ESDへの期待は分野間のつながりをつくることだけではない。2013年の第37回ユネスコ総会で採択された「ESDに関するグローバル・アクション・プログラム」[10] においても「ESDは社会を持続可能な開発へと再方向付けするための変革的な教育である」と示されており、社会・経済構造とライフスタイルの変革（転換）を目指す教育としてのESDの役割がある。

ESDと従来の環境教育との違いが不透明なまま、ESDが展開されており、ESDはもう一歩進んだ自己転換を扱う必要があるという指摘がある（曽我(2018)[11]）。この社会転換と一体的にある自己転換に関連する教育が、1980年代より生涯学習論（特に成人学習論）において研究テーマとなってきた転換学習（Transformative learning）である。転換学習は日本の研究論文では変容学習と表記されることが一般的であるが、本書では社会転換という言葉と整合させるため、あえて転換学習と表記する。

転換学習の提唱者であるメジローは、転換学習を「従来の考え方・感じ方・行動の仕方がうまく機能しないという段階を出発点とし、自己批判の吟味や、新たな自分の役割や自分の生き方の計画立案、その計画・役割を実行するための準備等を経て、新たな役割・関係性を自分のものとして生き始めることによって完結する」という多段階のプロセスとして捉えている[12]。

転換学習は、価値判断や行動の枠組み（frame of reference）を変えることに特徴がある。枠組みとは、「知覚や認知を統御するもの」で「習慣的な予想のルールシステム（順応であり、個人的なパラダイム）」である。知識や認知が変わるのではなく、知識や認知の根本にある枠組みが変わることが転換学習である。むろん、枠組みの転換は自律的であることが重要である。この転換学習を、深いESDとして環境教育分野で具現化していくことが課題となる。

また、SDGsが環境政策に持ち込まれているなか、それを活かしたESDの再構築が期待される。

5）人の成長支援：実践による人づくり・関係づくり

　私（たち）は、環境保全や災害復旧、グローバルな課題に対する活動において、様々な場面や人との出会い、自然とのふれあいといった経験をする。経験により、他者への理解、他者への共感を深め、持続可能な社会のためのリテラシーやコンピテンシーを高めることができる（第5章の5.4参照）。

　こうした活動の実践を通じた人の成長支援は、環境教育やESDにおけるアクティブラーニングや問題解決型学習等と重なる。また、人の成長支援の目標の中心は、価値判断や行動の枠組みを変え、生き方を転換していくことにあり、転換学習の目標と重なる。このため、ESDや転換学習の1つの手法として、人の成長支援を捉えることもできるが、両者の異なる点として3点をあげる。

　第1に、学びの場や方法の用意の仕方の違いである。ESDは学校教育や生涯教育という教育の場が中心となり、指導者やプログラムを用意して行う政策である。しかし、人の成長支援の場やプログラムは、多様な持続可能な社会に関する実践そのものである。

　第2に、問題解決という実践の位置づけの違いである。ESDや転換学習では教育に対する手段として実践があるが、人の成長支援では問題解決の実践により重きがある。問題解決の実践は自ずから大なり小なり、人の成長支援を促すが、その人の成長支援の側面を政策として位置づけ、人の成長をさらに促すような工夫を行うのである。

　第3に、他者との関係形成についてである。人の成長支援では価値規範や生き方を変えるだけでなく、それを通じて、一人ひとりが多様な他者の関係性を高めることが重要である。他者との関係は実践を通じて形成され、変化していく。人の成長とは、内的な変化だけでなく、他者との関係の変化でもある。

　関係性に着目した概念としては、社会関係資本がある。社会関係資本はソーシャル・キャピタルの日本語訳である。社会関係資本は、「人々の協調行動を活発にすることによって社会の効率性を高めることのできる信頼、規範、ネットワーク」と定義される（パットナム（2001）[13]）。この定義は社会組織の状態を対象としているが、一人ひとりが形成している関係は、個が持つ社会関係資本である。つまり、一人ひとりが社会関係資本を築いていくことが人の成長支

援の目標として重要である。

　また、環境政策では、地域環境力という言葉がある。地域環境力は地域全体のことであり、人の成長は個人のことであるが、地域で暮らす個人にとって両者は不可分である。地域環境力とは、「環境保全・活用に参加しようとする地域住民や事業者、地域行政等の主体性と関係性の力」である（白井（2012）[14]）。ここで主体性の力とは、各主体の個々の力であり、取り組もうとする意識や意欲等である。関係性の力とは、環境保全・活用に係る主体同士のつながり、すなわち社会関係資本のことである。

　地域づくりと人の成長のダイナミズムを図9-6に示す。持続可能な地域づくりでは地域環境力の活用 → 地域活動の実践 → 地域環境力の向上というサイクルが形成されていることが重要である。この地域環境力を高めるダイナミズムに市民が参加し、協働を行うことで人の成長が促される。

　人の成長支援施策としては、地域づくりの活動への市民参加を促すだけでなく、一人ひとりが経験や交流を重ね、他者への理解と共感を高めるような工夫を追加することが重要である。

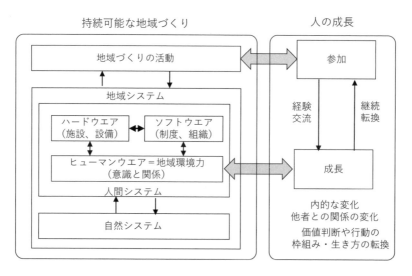

図9-6　持続可能な地域づくりと人の成長のダイナミズム

6）対象に応じた手法の選択

　既に示したように、普及啓発と環境教育（学習）は重なりはするが、異なる手法である。普及啓発は行動変容、環境学習は意識変容を中心的な狙いとする。このため、対象とする人の意識・行動の状況、それに対する政策の狙いに応じて、適した手法を選択することになる。

　行動の実施程度、意識（関心・知識）の程度を軸として、対象をA〜Dの4タイプに分けることができる。行動の実施程度を高めるのが普及啓発、意識の程度を高めるのが環境学習である。4タイプごとの手法を次のように整理することができる（図9-7）。

　「Aタイプ：低意識で行動もしない層」には、2つのアプローチがある。1つには普及啓発（うち直感的な行動促進）によりBタイプへの移行を図る。もう1つには環境学習（うち気づき学習）によりCタイプへの移行を図ることである。

　直感的な行動促進には先に示したナッジによる方法がある。ナッジでは、既述のとおり、省エネルギーを促す情報を表示するモニターを用いて、電力消費実態をわかりやすく表示したり、節電対策のおすすめメニューを提示するといった方法がとられる。

　気づき学習には、気候変動の影響を受けた地域の視察、農作業体験による楽しさの実感、自然の中での五感体験等を行い、環境や持続可能性に関する問題への感性による気づきを促す方法がある。また、本人が知らないでいる気候変動の危機等に関する事実を伝える書籍や映像等も気づきを促す場合がある。

　「B：タイプ：低意識で行動する層」は、節約等の暮らしの工夫をしているが、それが気候変動問題等に貢献することを考えていない層である。この層に対しては、環境学習（うち意味づけ学習）によるDタイプへの移行を図る。

　意味づけ学習としては、環境家計簿をつけて家庭内のエネルギー消費量や二酸化炭素排出削減効果を見える化し、実施している行動の有効性を知ってもらう方法が考えられる。

　「Cタイプ：行動をしない高意識層」は、環境問題への関心や知識を持つが、時間・資金の制約から行動をしない層である。この層に対しては、普及啓発（うち合理的な行動促進）によりDタイプへの移行を図る。

　合理的な行動促進としては、行動心理学の知見に基づく環境配慮行動に関する合理的情報提供、普及学の知見に基づく普及しやすい環境配慮行動の選択肢の提供といった手法がある。

　「Dタイプ：高意識・行動実施層」は、自分の行動だけでなく、さらに社会活動に参加し、率先する層となっていくことが期待される。この層への手法は、人の成長支援施策、すなわち環境に関する実践（さらには持続可能な社会に関する実践）の機会を提供する、

　また、人の成長支援（実践による人づくり・関係づくり）は、図9-7に示すあらゆるタイプが対象になる。つまり、実践は、対象の関心・知識、行動の実施の程度に応じて、多様なものとなる。環境問題に対する関心・知識が低いとしても、趣味や嗜好に応じて関心が高いテーマがあれば、そこを入口にした実践活動を促し、それによる社会意識の高まりを環境配慮につなげることが可能である。

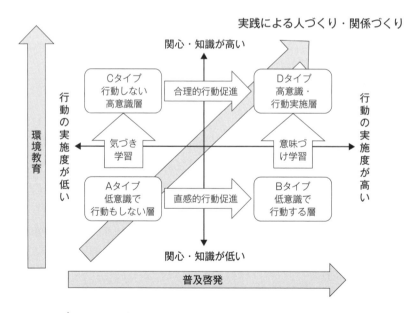

図9-7　意識・行動の4タイプとそれに応じた学習支援・普及啓発手法

（6）自主的取組み

　自主的取組みの例として、経団連の取組みがある。経団連は、1991 年の経団連地球環境憲章により、環境保全に向けて自主的かつ積極的な取組みを進めていくことを宣言し、1997 年に「経団連環境自主行動計画」をまとめた。同計画は、製造業・エネルギー産業だけでなく、流通・運輸・金融・建設・貿易等の 36 業種が行動計画を策定したものである（産業団体ベースで 137 団体をカバー）。2010 年代以降は、気候変動対策に対して業界間の連携を図りつつ、経団連低炭素社会実行計画を作成している。計画は数値目標を持っており、第三者評価、見直しといった PDCA（plan-do-check-act）を回している。

　自主行動計画の狙いについて、経団連は次のように記している。

　　温暖化のような長期的かつ地球規模で生じる環境問題は、その原因があらゆる事業活動や我々の日常生活の隅々にまで関係している。そのため、一律に活動を制限することができず、従来の規制、税や課徴金等の手法では十分な対処が難しい。自主的取組みは、各業種の実態を最もよく把握している事業者自身が、技術動向その他の経営判断の要素を総合的に勘案して、費用対効果の高い対策を自ら立案、実施することが、対策として最も有効であるという考え方に基づいている。

　企業の自主的取組みは、自動車の環境対策による競争力向上等の経験が影響している（第 7 章の 7.2 参照）。さらに、環境あるいは持続可能性への配慮はビジネスチャンスだと捉えるエコロジー的近代化の潮流が自主的な取組みを後押ししている。環境（Environment）、社会問題（Society）、企業統治（Governance）を重視する ESG 投資も企業の自主的取組みの誘因となっている。

　このほか、市民の自主的取組みも活発である。例えば、市民出資による共同発電所は、2010 年代の福島原子力発電所事故を契機に、脱原発・脱中央集権の意志を持って、市民主導で設立されたものが多い。現在、全国で 1,000 か所を超える市民共同発電所がある。

　市民活動団体による自主的取組みは全国各地で行われている。これらには、行政の経済的手法の支援を得ているものがあるが、経済的手法により意識転換・行動転換がなされたわけではなく、経済的手法は補助的である。

9.2 環境政策のポリシーミックス

（1）環境政策の手法の一長一短

1）環境政策の手法に求められる要件

環境問題の動向（第2〜第5章）、あるべき環境政策の方向性（第6〜第8章）を踏まえて、環境政策の手法に求められる5つの要件を示す。

第1に、あらゆる主体に環境問題を内省化させることである。今日の環境問題は、加害者と被害者が不特定多数化し、その影響が広域化、複雑化、長期化しており、加害者と被害者の両方から環境問題の実態が見えにくく、全体像が捉えにくくなっている。こうした状況で、不特定多数の加害者が問題を自分事にして、行動を改善する効果のある手法が必要となる。

第2に、環境問題の解決や持続可能な社会の実現は公益性の高い政策課題であるが、その手法は自主性が尊重されることが重要である。自主性により、主体の特性や状況に応じた創意工夫による柔軟で適切な行動が実施される。また、自主性がないと、政策側が監視と改善を常に行わなければならなくなる。

第3に、少子高齢化、人口減少、低成長の時代となるなかで、人材・予算といった行政資源も縮小する。このため、行政による実施費用が少ない手法、あるいは環境税のように財源確保につながる手法が必要となる。また、環境への取組みが初期段階の支援を得て、事業採算性を確立し、市場メカニズムにより自走、継続していくというように、市場形成を意図した手法の採用が望まれる。

第4に、環境配慮を入口として持続可能な発展を目指すことが環境政策であるとすれば、その手法は主体の活力（経済、社会、一人ひとり）の向上、あるいは弱者への配慮や格差の是正といった公平性への配慮といった規範を満たすことが必要となる。特に、環境問題の影響は社会経済的弱者が受けやすく、環境対策の実施は社会経済的弱者において実施困難である。

第5に、環境問題の根本にある社会経済システムの構造転換、あるいは持続可能な発展という目標に向けた連環的・根幹的環境政策を実践していくことが政策課題となる。土地利用、産業構造、流通構造、国土構造等の転換を促すような効果を期待できる政策手法である必要がある。

2）環境政策の手法の長所・短所

1）の要件に照らし、環境政策の各手法の長所と短所をまとめた（表9-9）。いずれの手法にも特徴がある。

規制的手法や経済的手法は即効性のある強い手法であり、情報的手法、普及啓発・学習手法は主体の取組みを促す基盤として重要な手法である。

表9-9　環境政策の手法の長所・短所

手法	不特定多数への実施効果	自主性の尊重	政策コストや市場形成	統合的発展	転換への誘導
規制的手法	強制力がある　不特定多数には限界がある	自由な活動を阻害する	法的整備に時間がある	規制による費用負担と機会創出の両面がある	規制がイノベーションを起こす場合もある
経済的手法	あらゆる経済活動に効果がある。経済的弱者の負担となる	補助金依存になりやすい。価格シグナルによる学習効果がある（環境税の場合）	補助金では財源確保が課題。環境税の税収による財源確保ができる	費用負担と機会創出の両面がある。税収を地域課題解決や福祉財源にできる	産業構造の転換効果が期待できる
情報的手法	リテラシーが低い主体には効果がない	主体的な判断、取組みを促進する	ラベルの氾濫により、非効率的になっている	環境配慮製品・サービスの市場形成を促す。情報偏在を解消し、賢い消費者を育てる	変革を補完する働きに留まる
普及啓発・学習手法	義務的な場合に長期的基盤として効果的。義務的でない場合に無関心層の参加が得にくい	社会教育や地域づくりの実践は自主的参加である	指導者育成、プログラム開発等の費用に留まる	人づくり・関係づくり・地域づくりの効果が期待できる	深い学びが意識転換をもたらす可能性がある
自主的取組み	拘束力が弱い	参加する企業にとっては自主的な取組みである	政策側のコストは発生しない	産業界に有利な取組みとなる可能性がある。市民との協働が弱い	既存の活動で受容可能な範囲となり、変革は起こしにくい

出典）環境省資料等を参考にして作成

（2）ポリシーミックスの考え方

1）手法の長所・短所を補いあうように組み合わせる

　環境政策の手法には長所・短所がある。このため、施策手法を組み合わせて、全体として効果を発揮できるようにするポリシーミックスが必要となる。

　例えば、温室効果ガスの排出削減目標の達成を確実なものとするためには、企業に目標達成計画の作成を求めるだけでは不十分であり、目標達成計画の達成を義務づけたり、達成目標を割り当て、未達成の場合にはペナルティを課すような方法も必要となる。また、中小企業であれば、省エネルギー化のための診断やサポートをしたり、省エネ改修に必要な資金を融資するような措置も必要となる。

　また、行政が多くの予算を確保し、補助金をたくさんつければよいものではない。直接的な規制で企業に義務を課し、行政指導を徹底させれば、仕事をしたと評価されるものでもない。経済的手法や直接的規制は施策実施の難易度が高く、それらの施策を実施していれば行政の努力量が高いとは言えるが、行政コストの制約を考えると継続の困難が懸念される。市場形成による自走への支援や事業所や市民の自主性を高める工夫が求められる。

2）目指す持続可能な社会の姿と整合のとれた手法の重点化

　ポリシーミックスが必要だとしても、目指す持続可能な社会の目標設定次第で、どの施策手法に重点をおくかが異なってくる。慣性の継続である第一の道においてエコロジー的近代化を目指すのか、社会転換を図るポストエコロジー的近代化を視野に入れて、そこへの転換を視野に入れていくのか。

　現在の経済政策あるいは環境政策は、環境技術の革新とそれによる経済発展を重視するエコロジー的近代化路線である。このため、補助金といったインセンティブ型の経済的手法が中心となり、産業界は自主的手法により企業発展と両立できる範囲での対策を進めている。

　この現実路線がいつまで成果をあげられるのか。法制度による規制的手法、あるいは市場制約をつくる経済的手法の採用が必要となる可能性もある。

　重要なことは、ポストエコロジー的近代化を進める準備を並行して進めていくことである。次の社会への転換を目指すとき、従来の経済成長を重視する方

法ではなく、社会的な活力の形成や社会的な公平性を重視する政策手法が重視されるべきである。特に、普及啓発・学習手法を重視した政策手法をポリシーミックスに組み込むことが重要である。

3）人づくり・関係づくりを重視したポリシーミックス

地域政策においては、普及啓発・学習手法の中でも、実践による人づくり・関係づくりに関する手法を重視したポリシーミックスを進めることが期待される。実践による人づくりと関係づくりにより、地域全体の地域環境力を高めることができ、それを基盤として、次の地域での取組みがさらに活性化していくという正のスパイラルを形成することが望まれる。

実践による人づくり・関係づくりは、表9-10のように他の施策手法に組み合わせて実施することができる。手法導入における一手間が重要である。

表9-10　施策手法と地域環境力の形成手法のポリシーミックス

施策手法	地域環境力手法との組み合わせ
規制的手法	〈二酸化炭素の排出削減量の義務づけの場合〉 二酸化炭素炭素の排出削減量を割り当てるだけでなく、削減のノウハウ等の報告を求め、それを共有する学習の場を設ける。 〈省エネルギー等の計画策定の場合〉 事業所に計画策定を求めるだけでなく、上記の直接的規制の場合と同様に、計画の事後報告会を行い、相互の学習を促す。
経済的手法	〈補助金の場合〉 補助金の交付対象に事後的な報告を求めたり、学習会や交流会を開催するなど、補助金の交付を学習や関係形成の機会とする。 〈排出量取引の場合〉 削減クレジットの売買だけでなく、購入側の従業員が削減側の取組み（例えば森林整備）を体験する機会を設ける。
情報的手法	〈環境情報提供の場合〉 生産者と消費者間の環境コミュニケーションにおいて、生産者の環境情報の一方的な提供ではなく、相互の学習や交流が促されるようにする。 〈第三者認証の場合〉 認証の評価項目として、環境負荷削減等だけでなく、地域づくりや人づくり（地域環境力形成）への配慮を加味する。
自主的取組み	〈企業の自主的取組みの場合〉 自主的取組みの成果を企業間、あるいは地元住民との間で共有できるような交流会を開催する。 〈カーボンオフセットの場合〉 カーボンオフセット組込み商品において、二酸化炭素の排出量をオフセットしているだけでなく、学習や関係形成にも配慮していることをアピールしてもらう。

（3）実践例：住宅用太陽光発電の普及施策

1）経済的手法のミックス：補助金と電気買取

　住宅用太陽光発電の普及施策を例に、ポリシーミックスの実際を取り上げる。住宅用太陽光発電の設置においては、初期投資分が大きいことが課題となる。このため、初期投資への補助金により、初期投資の負担軽減を図る政策手法がとられてきた。

　2012年7月からはFITが導入され、売電価格を高く設定し、売電収入による投資回収期間を短縮させることで、住宅用太陽光発電の設置が促進された。これらの手法はいずれも経済的手法である。

　設置補助金にせよ、FITにせよ、補助には原資が必要であり、原資の制約を考えると永続的に実施するものではない。国の制度設計においても、太陽光発電の普及が進むことで、量産効果が働き、パネル価格の低減が期待できる。そうすると、太陽光発電と既存の電力のコストが同等（グリッドパリティ）となり、補助金やFITがなくても太陽光発電の価格競争力を獲得できる。このように、市場を形成するまでの初期段階の施策として、経済的手法が正当化された。

2）地方自治体における補助金におけるポリシーミックス

　設置補助金は、国による補助金だけでなく、地方自治体（都道府県と市町村）独自の補助金により、両方の併用が可能であった。この際、地方自治体の設置補助金においては、次のように地域独自の工夫が見られた。

① 太陽光発電パネル以外の省エネ機器（エコキュート等）を併設することを補助金受給（増額）の条件とする。

② 同自治体内の施工業者・事業者に発注・購入することを、補助金受給（増額）の条件とする。

③ 同自治体内の製造者のパネルを購入することを、補助金受給の条件とする。

④ 自治体内で利用可能な「お買い物ポイント・金券」という形で補助を行う。

⑤ 設置後に発電状況や電力消費量を報告するモニターとなることを条件とする。

⑥ 地域名産の瓦を使った屋根の上に設置する場合や、地域内の景観規制区内において設置した場合には補助金を増額する。

　これらの工夫のうち②から④は、地域活性化（地域経済循環）を意図したものである。環境対策と地域経済の統合的発展を図る工夫である。

　⑤の施策は、地域環境力を高めるポリシーミックスである。モニターとなってもらうことだけで、発電やエネルギー消費行動への意識が高まる効果が期待できる。さらにモニター向けの学習会を実施したり、モニター同士の情報共有と交流の場を設けることが考えられる。

3）設置者の設置理由と情報媒体に則した情報提供・普及啓発

　住宅用太陽光発電の設置理由としては、「売電収入を得たい」「光熱費を安くしたい」という経済的理由とともに、「気候変動防止に貢献したい」「災害時に非常用電源として利用できる」といった公益的あるいはリスク対応の観点がある。また、住宅用太陽光発電の設置意向は、初期投資の負担額、年間売電収入だけでなく、気候変動防止に関する行動意図等に規定されることがわかっている（白井（2012）[15]）。

　このことを考えると、経済合理性を高める補助金だけでなく、住宅用太陽光発電の便益・費用効果、社会規範評価を高める普及啓発・学習手法を組み合わせて実施することが効果的である。意識を高めた主体は高い補助金がなくても住宅用太陽光発電を設置することを考えると、高い補助金さえつければよいという施策は費用対効果の悪い施策である。

　また、住宅用太陽光発電に関する情報入手媒体の調査結果を見ると、気候変動防止上の有効性、社会的な期待の側面についてはテレビや新聞等のマスメディア、家族・知人・友人との会話、企業の広告が有効であるという結果がある。一方で、住宅用太陽光発電のコスト等については、書籍やインターネットの情報が有効であるという結果である。これらの知見は、情報的手法や普及啓発手法におけるメディア選択に示唆を与える。

4）公民協働による人づくり・関係づくり

　民間の事業も、志次第で住宅用太陽発電の設置に対する意識を高める効果をもたらす。例として、長野県飯田市における市民共同発電事業をあげる。

　市民共同発電は市民が出資して、太陽光発電等を設置する活動である。飯田市では市内の公共施設のほとんどに市民共同発電所を設置し、全国に 1,000 か

所ある市民共同発電のうち 300 か所が飯田市にある。

　同市の市民共同発電を担う民間主体が、おひさま進歩エネルギー㈱である。同社は保育園の屋根上に太陽光発電を設置し、それを活かして園児の環境教育を展開したいという想いから設立したNPOが母体である。その志は株式会社となっても継承され、全市で園児向けに環境教育を実施してきた。住民調査では、おひさま進歩エネルギー㈱の影響を幼児の親たちや地域住民が受け、影響を受けた住民が住宅用太陽光発電の設置意向を高めていることが確認できる（白井（2012）[15]）。

　さらに、飯田市は、2013 年に「飯田市再生可能エネルギーの導入による持続可能な地域づくりに関する条例（再エネ条例）」を施行した。再エネ条例は、おひさま進歩エネルギー㈱と市との協働の経験を踏まえて、地区主導による再生可能エネルギー事業を支援する仕組みを整備するものである。

　地区の重要な施設の屋根上に太陽光発電が設置されることで、その合意形成の段階あるいは設置後の売電収入の運用段階で再生可能エネルギーへの関心や知識が啓発される効果があり、また事業協力会社による環境学習事業も展開される。再エネ条例により、住民の地域環境力がさらに高まる。地域環境力の高まりにより、さらに住宅用太陽光発電の設置の進展が期待される。

　以上のように、飯田市の取組みでは、①民間の自主的取組みにおける環境教育が地域全体に影響を与えており、②市が民間企業と地区が協働する仕組みを条例として整備し、さらに人づくり・関係づくりを進め、③行政と民間の協働によるポリシーミックスが 20 年近く継続して実施されている。

写真 9-1　NPO が設置した保育園の太陽光発電

引用文献

1) 『第二次環境基本計画』閣議決定（2000）
2) 山下紀明「地域で太陽光発電を進めるために地域トラブル事例から学ぶ」『科学』88（10）（2018）
3) 田崎智宏・沼田大輔・松本津奈子・東條なお子「経済的インセンティブ付与型回収制度の概念の再構築」『国立環境研究所　研究報告』（205）（2010）
4) 環境省『環境にやさしい企業行動調査』（2019）
5) レオン・フェスティンガー『認知的不協和の理論：社会心理学序説』末永俊郎監訳、誠信書房（1965）
6) 広瀬幸雄「環境配慮的行動の規定因について」『社会心理学研究』10（1）（1994）
7) 経済協力開発機構（OECD）編著『環境ナッジの経済学：行動変容を促すインサイト』濱田久美子訳、明石書店（2019）
8) E.M.ロジャーズ『イノベーション普及学』青池愼一・宇野善康監訳、産業能率大学出版部（1990）
9) 文部科学省『環境教育指導資料』大蔵省印刷局（1991）
10) 『持続可能な開発のための教育（ESD）に関するグローバル・アクション・プログラム』https://www.mext.go.jp/unesco/004/1345280.htm
11) 曽我幸代『社会変容をめざすESD ― ケアを通した自己変容をもとに』学文社（2018）
12) ジャック・メジロー『おとなの学びと変容：変容的学習とは何か』鳳書房（2012）
13) ロバート・D. パットナム『哲学する民主主義 ― 伝統と改革の市民構造 ―』河田潤一訳、NTT出版（2001）
14) 白井信雄『環境コミュニティ大作戦　資源とエネルギーを地域でまかなう』学芸出版（2012）
15) 白井信雄「『環境イノベーションの普及と地域環境力の形成』の相互作用を高める地域施策の研究〜住宅用太陽光発電と長野県飯田市に注目して〜」大阪大学工学部博士学位論文（2012）

参考文献

北村喜宣『現代環境規制法論』上智大学出版（2018）
佐藤一光『環境税の日独比較：財政学から見た租税構造と導入過程』慶應義塾大学出版会（2016）
三橋規宏監修『よい環境規制は企業を強くする：ポーター教授の仮説を検証する』海象社（2008）
沼田大輔『デポジット制度の環境経済学 ― 循環型社会の実現に向けて ―』勁草書房（2014）
植田和弘『環境政策の経済学』評論社（1997）
安藤香織・杉浦淳吉編著『暮らしの中の社会心理学』ナカニシヤ出版（2012）
阿部治・増田直広編『ESDの地域創生力と自然学校：持続可能な地域をつくる人を育てる』ナカニシヤ出版（2020）
阿部治編『ESDの地域創生力：持続可能な社会づくり・人づくり9つの実践』合同出版（2017）
北村友人・佐藤真久・佐藤学編著『SDGs時代の教育：すべての人に質の高い学びの機会を』学文社（2019）

第**10**章　持続可能な発展のための環境政策の実践

10. 1　循環型社会に向けた実践

（1）目指すべき循環型社会

1）3R（リデュース、リユース、リサイクル）の優先順位

　循環型社会形成推進基本法（2000 年）では、「循環型社会」を「製品等が廃棄物等となることが抑制され、並びに製品等が循環資源となった場合においてはこれについて適正に循環的な利用が行われることが促進され、及び循環的な利用が行われない循環資源については適正な処分が確保され、もって天然資源の消費を抑制し、環境への負荷ができる限り低減される社会」と定義している。

　この記述では、リデュース（廃棄物の発生抑制）を行うことが先であり、廃棄された場合には適正な循環的利用をすることを示している。さらに、同法では、適正な循環的利用における優先順位について、①リユース（再使用）ができるものはリユース、②リユースができないものでリサイクル（再生利用）ができるものはリサイクル、③リユースもリサイクルもできないものはサーマルリカバリー（熱回収）、④サーマルリカバリーもできないものは処分、と示している。つまり、「出てしまったごみをリサイクルする」のでなく、そもそもごみとなるものを作らない・使わないリデュースや繰り返し使うリユースによって、「ごみを出さないようにする」ことが必要である。

　今日の日本では、リサイクル関連法の整備により、リサイクルが目に見えて進行している（図 10-1）。今後はさらにリサイクルを進めるとともに、リサイクルよりも優先的に実施すべき、リデュース・リユース（2R）のさらなる推進が課題である。

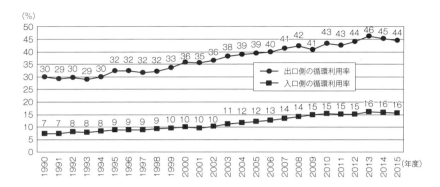

図 10-1　入口側と出口側の循環利用率
出典）「環境白書・循環型社会白書・生物多様性白書」[1] より作成

2）バイオマスの基軸化と地域内循環

　循環させる資源の中身についても目標設定が必要である。資源には、化石資源（石油、石炭等）、鉱物資源（金属）、バイオマス資源（木材・有機物）があり、そのうちバイオマス資源を基軸とする循環型社会を築くことが目標となる。化石資源と鉱物資源は地下に埋蔵する地下資源、バイオマスは地上で循環する地上資源である。

　バイオマス資源を循環の基軸とすべき理由は 2 つである。

　第 1 に、地上資源であるバイオマスは光合成で生産され、太陽エネルギーが地球に降り注ぐ限り、再生可能である。これ対して、地下資源は再生不可能であり、3R により循環的に利用するとしても、いずれ枯渇してしまう。

　第 2 に、バイオマス資源はカーボンニュートラルである（図 10-2）。カーボンニュートラルとは、バイオマス資源も最後には燃焼により二酸化炭素となるが、それは植物が生長過程で大気中から吸収した二酸化炭素を大気中に返すだけのことであり、大気中の二酸化炭素を増やすことにならないという考え方である。これに対して、地下資源（うち化石資源）の利用は地下にあった炭素を大気中に放出する一方向であり、大気中に二酸化炭素を増やしてしまう。地下資源はリサイクルやリユース等を行ったとしても、カーボンニュートラルにはならない。

●地上資源（バイオマス）の利用

循環
光合成による吸収＝二酸化炭素の放出

●地下資源（化石資源）の利用

一方向
化石資源の利用＝大気中の二酸化炭素増加

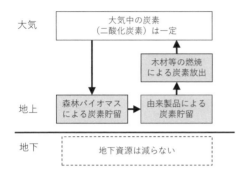

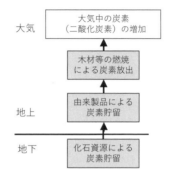

図10-2　地上資源と地下資源における炭素の流れ

3）持続可能な発展の規範に配慮した循環型社会

　目指すべき循環型社会は、環境面だけでなく、経済面、社会面にも配慮したものでなければならない。第6章の6.1に示した持続可能な発展の規範から、循環型社会が満たすべき要件を表10-1に整理した。

　このように、循環型社会とは3Rへの取組みを通じて、私（たち）と環境との関係を健全なものとし、人の生き方の豊かさを創造していく社会である。

　また、持続可能な発展の規範を満たす持続可能な社会の具体像は1つではなく、選択肢がある（第6章の6.3参照）。循環型社会についても、グローバル経済における国際的循環を抑制するのか、あるいはそれを維持するなかでリサイクルを確立していくのか、大量生産・大量消費・大量廃棄のままに大量リサイクルを行い、経済成長を図るのか、あるいはモノに依存しない豊かな暮らしを重視し、経済成長を鈍化させるのか。価値規範のおき方によって異なる社会像を整理し、対話によって目標像を形成していくことが望まれる。

表 10-1　持続可能な発展の規範を満たす循環型社会の方向（例）

持続可能な発展の規範		循環型社会の方向性（例）
社会・経済の活力	社会活動の活発化	・ごみ分別や清掃活動等を通じたコミュニティ活性化 ・海ごみ問題等を通じた流域での住民交流
	経済成長と産業振興	・3R 関連ビジネス（リユース、リサイクル等）の振興 ・サービス主導の経済構造への転換
	一人ひとりの成長	・モノを大事にする愛着を高める暮らし ・モノに囚われない、心が豊かな生き方
環境・資源への配慮	人類の生存環境の維持・向上	・マイクロプラスチック汚染の防止 ・有害な廃棄物の使用と排出の抑制、適正処理
	生物の権利への配慮	・廃棄物の不法投棄や拡散、不適正な処理による生物生息環境の悪化の防止
	資源・エネルギー制約対応	・化石資源の枯渇への配慮、脱化石資源 ・バイオマス資源の基軸化、再生可能な範囲での利用
公正・公平への配慮	公正な参加機会の提供	・3R 関連ビジネスへの参入障壁の解消 ・3R 関連ビジネスでの障がい者雇用
	社会経済弱者への支援	・社会経済的な弱者への廃棄物処理費用の負担軽減 ・高齢者や障がい者のごみ出し支援
	地域間、国際間の格差是正	・3R 関連施設の立地における受益と受苦の乖離是正 ・リユース製品の提供による途上国支援
リスクへの備え	防御と影響最小化	・3R 関連施設における自然災害への備え ・災害廃棄物の処理・処分システムの想定
	感受性の改善	・災害に強い耐久性があり、修理が容易な製品 ・安定した場所への 3R 関連施設の立地
	回復力の確保	・災害発生後の 3R 関連施設の早期復旧体制の確保 ・非常時における廃棄物処理・処分の地域間連携

（2）拡大生産者責任とごみの有料化

1）拡大生産者責任を仕組みにした個別リサイクル法

　2000 年の容器包装リサイクル法の施行に始まり、2000 年以降、家電、食品、建設、自動車、小型家電といった個別物品に対するリサイクル法が制定されてきた。6 つの個別リサイクル法のうち、容器包装、家電、自動車の 3 物品について、どのようなリサイクルの仕組みを整備したのかを整理する。

　3 つの物品に対する個別リサイクル法の違いを表 10-2 に整理した。共通点と相違点をあげる。

　第 1 に、回収の方法は、いずれも既存の回収システムを利用することを前提としている。容器包装は、リサイクル法の制定以前には一般廃棄物として市

町村に処理責任があった。ペットボトル等の増加により市町村負担が課題となってきたため、リサイクル法を制定し、市町村の回収ルートを活用しつつ、回収後は生産者負担とする仕組みを整備した。家電と自動車は製品の販売ルートを回収ルートに使っている。

　第2に、費用の負担者は、容器包装では生産者、家電と自動車では消費者（排出者）である。このため、廃棄物の発生量に応じて生産者が負担するという（厳密な意味での）拡大生産者責任の原則は、容器包装にのみ適用されている。家電と自動車は、（厳密な意味での）拡大生産者責任ではないが、再商品化に責任を持つことに変わりなく、製品の3R配慮が法的義務となっている。

　第3に、同じ消費者の負担であっても、家電は製品の廃棄時、自動車は製品の購入時というように、支払い時期が異なる。製品購入時の負担の方が3R配慮製品の選択を促す効果が期待できる点で、自動車の方が進んだ仕組みである。ただし、自動車の購入選択に影響を与えるほど、支払額が大きいわけではない。また、自動車リサイクル法では廃車ではなく、中古車として再使用をすれば、購入時の支払いが戻る仕組みとなっており、リユースを促す意味を持つ。

表10-2　容器包装、家電、自動車のリサイクル法の比較

	回収・処理の方法	費用の負担	製品の配慮
容器包装	市町村による消費者（排出者）からの回収 → 指定法人が入札で選定したリサイクル事業者による処理	生産時に、生産者が負担	生産者負担をインセンティブとして製品の減量化
家電製品	小売事業者を通じた消費者（排出者）からの回収 → 生産者が共同で設立したリサイクル事業者による処理	廃棄時に、消費者（排出者）が負担	生産者に製品の3R配慮を義務づけ
自動車	小売事業者を通じた消費者（排出者）からの回収 → 関連事業者によるフロン回収等処理 → 生産者によるシュレッダーダスト・エアバッグ・フロンの処理	購入時に、消費者が負担（中古車と転売すれば当初の負担金が戻る）	

2）個別リサイクル法の成果と課題

　3 物品に対する個別リサイクル法は、リサイクルの促進という成果をあげている。容器包装のうちペットボトルの回収率は 1997 年に 10％を切っていたが、2012 年以降 90％を超えている。家電製品のリサイクル率も 2015 年以降、ほぼ 80％以上となっている。自動車におけるシュレッダーダスト、エアバッグのリサイクルも 90％を超えている。

　製品の配慮（生産の質の変更）については、表 10-3 に示したような 3R 配慮が進められている。容器包装では費用負担を軽減するための生産者の取組みを促した。家電製品等についても、生産者がリサイクルに責任を持って関わり、リサイクルの現場を知ることで得られる生産者の学習効果がある。

　個別リサイクル法は、リサイクル率の向上や製品の配慮（生産の質の変更）等で成果をあげてきた。しかし、2 点が課題となっている。

　第 1 に、リサイクル費用の負担額の大小が製品選択に影響を与えるほどではない。消費者という不特定多数が加害者責任を持ち、それによってライフスタイルの配慮（生活の質の変更）を行うという点では、現行の個別リサイクル法では十分とはいえない。

　第 2 に、容器包装におけるプラスチック使用原単位は減少しているが、容器包装におけるプラスチック使用総量は増加傾向にあり、リデュースという点は不十分である。また、リユースについてもリサイクル法で家電製品や自動車のリユース市場が活性化したとはいえない。2R（リデュース、リユース）を促す、現行のリサイクル法とは異なる枠組みを持つ政策が必要となる。

表 10-3　3R に配慮した製品設計

容器包装	・容器のコンパクト化、薄肉化 ・詰替え・付替え製品の出荷率の増加
家電製品	・解体の容易化（材料の統一化、材料の表示、部品点数の削減、解体しやすい構造等）
自動車	・リサイクル材の使用（回収した材料からの部品の製造等） ・長期使用の促進

3）ごみの有料化

　ごみの有料化は、一般廃棄物の回収・処理責任を持つ市区町村が一般廃棄物処理についての手数料を徴収する施策である。ごみの有料化の導入状況を示す。

　第1に、有料化を導入する市は戦後10年間で増加し、その後1960年代後半から無料化が進み、1990年代から有料化の導入率が増加してきた。現在の市区町村の導入率は6割を超える。

　第2に、市区町村独自に導入する施策であるため、実施方法は均一ではない。従量制（ごみの排出量に応じて手数料額を変える）の場合もあれば、定額制（排出量に関係なく手数料額が一定）の場合もある。

　第3に、注目すべきは、手数料の価格が市区町村で大きく異なることである。従量制の場合、大袋1枚の価格は30円台・40円台が多いが、10円台の市区町村、90円以上の市区町村もある。

　第4に、ごみの有料化は多目的に導入されている（表10-4）。個別リサイクル法による消費者負担が、消費者に対する価格シグナル効果やライフスタイルの配慮（生活の質の変更）を促すに十分な仕組みになっていないことを考えると、ごみの有料化は消費者の意識・行動転換を促す仕組みとして有効である。

　第5に、ごみの有料化の効果は、手数料の価格が大きいほど効果がみられる。有料化導入前後のごみの減量率は、大袋1枚の価格は10円台で5％程度、50円台で15％である[2]。手数料が低いと、有料化導入から数年たつとごみの減量率が低下するというリバウンドが起こりやすい。一方、低い手数料で減量効果を維持している市区町村もある。有料化に合わせた、分別回収の拡充、啓発・奨励活動といった施策により、リバウンドが抑制される。

　第6に、ごみの有料化の目的のうち、住民や事業者の意識変革を重視して、ポリシーミックスを行うことが重要である。意識変革により、リバウンドが抑制される。有料化にあわせたポリシーミックスを促す施策としては、分別収集区分の見直し、資源ごみの集団回収への助成、排出抑制や再生利用に取り組む小売店等の支援、バザーやフリーマーケットの開催支援、中古品譲渡の斡旋、リサイクルショップの情報提供等、マイバッグキャンペーンの実施等がある。

表10-4 ごみの有料化の目的

① 3R の推進	費用負担を軽減しようとして、リデュースやリユースを進めるインセンティブとする。
②公平性の確保	税金により誰もが一律に負担するのではなく、排出量に応じて公平に手数料を徴収する。
③住民や事業者の意識改革	住民・事業者が処理費用を意識することで、排出やごみ問題への関心や意識を高める。
④その他	ごみの減量化により環境負荷や処理費用を低減する。徴収額を収集運搬費用等の財源とする。

出典）環境省『一般廃棄物処理有料化の手引き』[3] より

（3）地域事例：生ごみの地域内循環（福岡県大木町）

1）地方自治体の政策と生ごみの堆肥化

　工業製品のリサイクルは、拡大生産者責任の考え方に基づき、国が物品種別に法制度を整備し、直接的な規制と経済的な手法により進められてきた。工業製品の循環は地域というスケールで完結するものではなく、産業界と対峙する国が役割を発揮すべきであり、地方自治体の独自性や主導性を発揮するものではない。

　これに対して、一般廃棄物全般の収集・処理責任を負う市町村では、ごみの有料化という経済的な手法等を用いて、3Rを進めてきた。加えて、市町村では、集団回収への支援、リユースを促す情報提供や拠点整備、3R関連ビジネスを担う民間事業者への支援等の多様な施策を実施している。これらは地域に密着した市町村が主導すべき施策である。都道府県や国は市町村の取組みを補完する役割になる。

　生ごみの堆肥化もまた、市町村が主導すべき施策である。なぜなら、生ごみの回収 → 堆肥化 → 堆肥の利用（有機農業）→ 有機農産物の消費といった循環の実現には、それぞれの段階での関係者の理解と協力が必要であり、各関係者の近くにいる主体からの働きかけが不可欠だからである。

　生ごみの腐敗しやすい特性、輸送に伴う運送費用等の点においても、生ごみを遠距離輸送し、広域的な循環をつくることは不適当である。

2）生ごみの発生と処理の実態

　家庭から排出される可燃ごみのうち、生ごみが占める比率は3〜5割程度であり、紙類やプラスチックの量を上回る。生ごみの比率は都市部で多く、農村部で少ない傾向にある。

　近年、生ごみの排出量が増えているとされるが、この理由としては①家族人数の減少に伴う必要消費量と最小包装販売量のギャップ、②まとめ買いによる消費期限切れの発生、③値引き商品の買いすぎ等が指摘されている。

　生ごみの処理は、可燃ごみとしての焼却以外では、堆肥化が多い。一部、飼料化、メタン化がなされている。

　メタン化は、嫌気的な条件でのメタン発酵により、有機物の減量化を図る方法で、メタンは熱源等として自家消費をされる。この際、メタン発酵の副生物として消化液ができるが、これは肥料成分を含んでいるにもかかわらず、肥料としての利用が十分になされていない場合が多い。生ごみをそのまま堆肥化させる場合よりも、メタン発酵ではし尿・下水汚泥等を混ぜることもあり、消化液のイメージが悪く、農家が利用したがらなかったためである。

3）福岡県大木町における生ごみの地域内循環

　生ごみのメタン化と消化液の堆肥利用を実現したのが福岡県大木町である。大木町は、県南西部に位置し、町全体が標高4〜5mの田園地帯、町域の6割弱を水田が占める農村である。

　大木町の生ごみの地域内循環を図10-3に示す。生ごみはし尿・浄化槽汚泥とともにメタン発酵プラントに入れられ、生成されたメタンはプラントの加温に用いられている。消化液は液体のまま農地の肥料として使われる。農産物は「くるるん元気野菜」として道の駅で販売、また地域の学校給食で使われている。

　この循環の実現のために、①消化液を使える肥料にする、②肥料を使うと農家が得をする、③生ごみ循環に地域が誇りを持つといった3段階での工夫がなされている（中村（2017）[4]）。「使える肥料にする」ためには、肥料登録、液肥による実証栽培等により消化液を液肥として使用するための制度や技術を確立させた。「農家が得をする」ためには施肥の手間を省くように、液肥を散布するサービスを設け、これまでの肥料よりも安い価格に設定した。「地域が

誇りを持つ」については、液肥を利用した農産物のブランド化・地産地消、学校での循環授業やシンポジウム等での啓発といった取組みが展開された。

　この地域内循環は 2008 年度に導入され、これにより燃えるごみの量が半分となり、一般廃棄物全体のリサイクル率は 2 割弱から 6 割弱へと上昇した。行政の塵芥費用（可燃ごみ、不燃ごみ、生ごみ、し尿処理、及び各収集運搬費用）は 3 千万円近く削減された。農家は、消化液の肥料は無料で、運搬散布手数料のみの負担であるため、従来の肥料代を大きく減らすことができた。また、メタン発酵施設、「くるるん元気野菜」の直売所・レストランでの雇用が創出され、視察客も多い。

　大木町で実現した生ごみの地域内循環は、その後、福岡県みやま市、岡山県真庭市へと技術移転がなされている。この方法の導入は、ハードウエア（技術・インフラ）やソフトウエア（制度・仕組み）の模倣だけではうまくいかない。行政と地域住民・農家等との顔の見える関係づくり、粘り強い普及啓発、将来を見据えた子どもの教育等、ヒューマンウエア（人々の意識と人々の関係）の形成に力点をおく必要があり、それを担うコーディネイト人材の活躍が不可欠である。

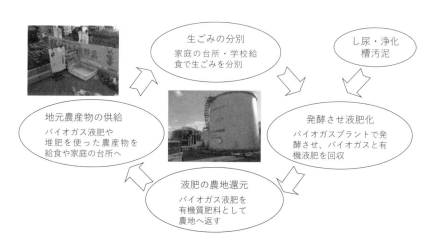

図 10-3　福岡県大木町の生ごみの地域内循環

10. 2　自然共生社会に向けた実践

（1）生物多様性に係る危機への対策

1）保護と保全

　生物多様性への対策は、私（たち）の自然生態系に関わり方の違いから、保護（preservation）と保全（conservation）の2つがある。

　保護は、「自然を手つかずのままとし、私（たち）の影響から護る」ことである。生物多様性の4つの危機との対応でいえば、開発による自然破壊という危機から守るために、開発行為を禁止することが保護である。開発によって破壊された自然を再生することも保護政策である。また、外来生物種等の増加による在来種の危機に対して行う外来種の駆除は、在来種の保護政策である。つまり、保護政策には、生物の生息地や特定の生物種に対して、①自然への私（たち）の関与を抑制する、②失われた自然を再生する、③自然を攪乱する要因を積極的に排除する、といった方法がある。

　保全は、「自然を活用し、私（たち）が適正に利用することで、自然を残す」ことである。生物多様性の4つの危機のうち、放棄に対する対策が保全である。人工林、農地、草地、あるいはかつて薪炭林として利用されていた里山といった二次的自然は、私（たち）が適正に利用し、整備することで維持される。日本の森林では、原生林（照葉樹林やブナ林等）と人工林（スギやヒノキ、カラマツ等）、里山林（クリ、コナラ等の二次植生）が各々3分の1程度を占める。農地も含めて、人工林や里山林の保全政策が重要である。

　保全は、それを活用する経済社会活動の活性化と不可分である。例えば、人工林の保全のためには、木材の需要開発や木材製品の高付加価値化により林業の採算性を高めることが必要となる。また、里山の保全においては、里山をフィールドとする非営利活動の活発化が期待される。

2）開発への対策：自然への関与の抑制

　自然への私（たち）の関与、すなわち開発を抑制するために、①土地利用関連法制度による開発規制、②特定生物種の指定による保護・管理の2つの法制度が整備されている。

　土地利用関連制度における開発規制を表 10-5 に示す（濃色ほど関連性が高い）。もっとも歴史が古いのが森林法である。同法の保安林の目的は水源の涵養、災害防止、生活環境の保全等といった公益性にある。1957 年に制定された自然公園法も優れた風景地の保護と利用を目的とする。生物多様性の保護を中心とする法律は、1972 年の環境庁発足に伴い制定された自然環境保全法である。

　これらの法律では、保護する地域を指定し（ゾーニングという）、地域における開発行為（工作物の新改増築、土地の変質変更、指定動植物の採捕・採取等）を抑制する。自然環境保全法による原生的自然環境保全地域では開発は原則禁止、自然環境保全地域の特別地区では開発行為は許可制、同普通地区では届出制である。自然環境保全地域は国が指定するが、都道府県も独自に同地域を指定することができる。自然公園も国立と都道府県立がある。

　生物多様性の観点からみた場合、森林等の生物生息地はできるだけまとまった面積が確保され、加えて、まとまった生物生息地をつなぐ回廊や飛石となる森林等があるというように、生物が移動できる連続性をもった生態系ネットワークであることが望ましい。

表 10-5　土地利用関連法制度における開発規制（主なもの）

関連法	ゾーニング・制度	対象空間			
		奥山	里山	農地	都市
自然環境保全法	原生的自然環境保全地域				
	自然環境保全地域				
自然公園法	特別地域及び特別保護地区				
	普通地区				
森林法	保安林				
	林地開発許可制度				
農業振興地域の整備に関する法律	農業振興地域				
	農用地区域				
都市計画法	市街化調整区域				
	市街化区域				
都市緑地保全法	緑地保全地区				
	市民緑地制度				
国土利用計画法	全地域				
	規制区域				
地方自治体の条例・要綱					

3）里山・里海・里川の保全

里山は、薪炭林・農用林として利用されていたが、エネルギー革命や農業の工業化（化学肥料の使用等）により活用が放棄され、利用価値が低いと見なされきた。表10-5に示したように自然・農業・都市の各方面から開発規制の対象となってきたが、制度間の相互調整もなく、開発規制も弱いために、乱開発の対象となりやすかった。残された里山では、開発圧が弱まり、里山の近くにある集落の過疎化・高齢化により放棄が進行する。

里山をフィールドとする市民活動は1990年代から活発化し、それと連携する形で里山に関連する企業の活動が活発化してきた（表10-6参照）。

里山の魅力として、①都市生活者の身近にあるフィールドで参加しやすい、②里山の再生はみんなのためになるという共有性がある、③里山を再生する活動自体が楽しめる活動である、④二次林だけでなく、それと一体的にある農地、集落等もフィールドとなり、活動内容が多様である、⑤里山は環境学習の場として貴重であり、主体の学習と成長が促される、といった点がある。

行政施策としては、里山センターのような活動拠点施設の整備、指導的人材の育成と支援、里山関連の市民や企業の活動支援等がある。また、里山は細分化された民間所有地であることが多く、里山の所有者と市民・企業といった利用者のマッチングを図ることも、行政の役割となる。

里山とともに、里海・里川も二次的な自然であり、人が利用する二次的自然としての保全活動が行われている。魚介類の産卵や隠れ家となるアマモ場の再生、タナゴ・アユモドキ等の身近な生物の保全活動等である。

表10-6　多様な里山保全活動

活動の狙い	自然環境保護、生物の生息地の保存、風土や伝統文化の伝承、緑地保全、公園としての整備、環境教育の実践、地域づくり
活動の場所	雑木林、人工林、休耕田、川、用水路、ため池　等
活動への参加者	一般市民、自治体、林業関係者、農業関係者、教育者、行政職員、企業の社会貢献関係者
フィールドでの活動内容	雑木林や人工林の管理、遊歩道や休憩施設等の整備、放棄田の開墾・農業、炭焼き、キノコ栽培、クラフト・草木染め、野菜料理、自然観察会、生物調査、動植物の保護　等

4）外来生物対策：入れない・捨てない・拡げない

　人間活動の広域化やグローバル化が進むなかで、あらゆる生物が本来の生息地でない地域に侵入し、外来生物となる可能性がある。また、複雑な自然生態系を科学的に解明することが困難であり、外来生物の生体や侵入の息実態、侵入経路、影響等を完全に把握し、制御・管理することは困難である。

　このため、優先的に対策をとるべき生物を絞り込み、計画的に侵入対策をとることが必要となる。それとともに、外来生物に関する政策の成果を科学にフィードバックする仕組みをつくる等、政策と科学の一体性を高めることが求められる。

　優先的に対策をとる生物は「侵略的外来種（Invasive Alien Species：IAS）」と呼ばれる。これについては、「侵入・導入経路を特定し、優先的に取り組み、優先度の高い種は制御又は根絶する」ことが、2010 年に愛知県で開催された生物多様性条約第 10 回締約国会議で定められた。

　2016 年には「特定外来生物による生態系等に係る被害の防止に関する法律」が施行され、外来種被害予防三原則の考え方に基づく、侵入的外来種への管理が強化されている。外来種被害予防三原則とは、①悪影響を及ぼす恐れのある外来種を自然分布域から非分布域へ「入れない」、②飼養・栽培している外来種を適切に管理し、「捨てない」（逃がさない・放さないを含む）、③既に野外にいる外来種を他地域に「拡げない」（増やさないを含む）ことをいう。

　外来種はペットしての飼育、ガーデニングでの栽培、他の動物の飼料、研究用の試料等の多様な用途で持ち込まれ、野外のあらゆる所に生息する可能性があり、不特定多数の個人や事業者の協力が必要となる。このため、外来種被害予防三原則について、広く関係者への普及啓発を促し、地域内の関係者の連携、地域間の連携による対策をくまなく実施することが必要となる。

　また、気候変動の進展により、生物の生息域が移動しつつある。このため、地域の在来種や固有種が生息しにくくなり、外来生物が生息しやすくなる。こうした気候変動問題への適応も外来種対策として重要である。気候変動への適応については、本章の 10.4 に示す。

表 10-7　侵略的外来種の例

選定基準		具体例
生物学的条件	定着の可能性	温帯域に生息・生育する生物
	被害の重大性	食肉性哺乳類や肉食性魚類
	分布の拡大・拡散の可能性	生物体が小さく発見が困難で、意図せず拡散しやすい
自然環境・社会経済的条件	大量の拡散の可能性	生き餌、実験試料として生体で大量に輸入、使用
	重要な地域への侵入	小笠原諸島、沖縄やんばる地域に侵入するもの
	特段の被害	人体への強力な毒を有する、治水等に影響を与える

出典）国立環境研究所資料[5]より作成

5）持続可能な発展の規範に配慮した自然共生社会

　持続可能な発展の規範に配慮した自然共生社会の方向性を表 10-8 に示す。ここで特に重要な 4 点を示す。

　第 1 に、自然を活用する暮らしと生業を営んできた地域の社会・経済の活力を向上させることが重要である。農林水産業の低迷・衰退、中山間地域からの人口流出・高齢化が進むなか、自然資源の活用が地域活性化の有効な手段となる。大自然の景観を楽しむ自然観光、自然とふれあう農山村の暮らしを体験するグリーンツーリズム、森林浴や森林セラピー、地元のスギ・ヒノキを活かす産直住宅、手づくりの木製家具や民芸品、放棄された水田の再生と棚田米の栽培等、生物多様性の向上と地域活性化を両立させる方法は枚挙に暇なく、創意工夫の余地は数多ある。

　第 2 に、鳥獣被害は深刻であるが、シカやイノシシ、サル等を駆除対象とし、防護柵等により人間活動のエリアから隔離するという鳥獣被害対策は理想ではないということである。私（たち）に利益を与えてくれる家畜や愛玩動物だけを身の回りにおき、それ以外を遠ざける社会が自然共生社会といえるだろうか。シカやイノシシ、サルの被害は受け入れつつも共存していた山間集落には、人間を超えた自然を受け入れ、自然への畏敬の念をもちつつ、自然とのつきあいを愛おしむ、豊かさがあった。

　第 3 に、自然共生社会は私（たち）が自然から多くの学びを得て、深く成長

する社会である。環境教育・自然体験のプログラムは、自然の魅力や不思議、自然の大きさ、生命の終わり方とつながり、自然の恵みと災い等、多くのことを教えてくれる。また、自然とつきあう暮らしや生業のなかで、私（たち）は喜怒哀楽を味わい、自己の成長を促すことができる。

　第4に、自然共生社会は、自然と直接対峙し、自然を活かす社会経済活動を重視する社会であり、工業化によって分断されてきた自然とのつきあいを再生していく社会である。持続可能な社会には選択肢があるとしても、自然の保全を重視することが重要であるならば、自然共生社会は高度技術や中央集権、外部依存等に軸足がある社会とは異なるものとなる。

表 10-8　持続可能な発展の規範を満たす自然共生社会の方向性

持続可能な発展の規範		自然共生社会の方向性（例）
社会・経済の活力	社会活動の活発化	・自然の活用や再生を通じたコミュニティの活性化 ・自然とのふれあいを求める人々、移住者の増加
	経済成長と産業振興	・農業、林業、水産業の振興 ・エコツーリズムによる観光振興
	一人ひとりの成長	・自然とのふれあい、自然とのつきあいのある暮らし ・自然と対峙する、ストレスのない、心豊かな生き方
環境・資源への配慮	人類の生存環境の維持・向上	・まとまった大自然の保護 ・二次的自然の保全
	生物の権利への配慮	・野生生物と生物生息空間の保護 ・在来種、固有種の保護
	資源・エネルギー制約対応	・地域の自然資源の活用による物質やエネルギーの自給率向上
公正・公平への配慮	公正な参加機会の提供	・自然とのふれあいや自然保護活動など、あらゆる主体への参加機会
	社会経済弱者への支援	・社会経済的な弱者も利用できる、自然とのふれあい空間・機会の整備
	地域間、国際間の格差是正	・大都市における自然とのふれあい機会の創出 ・外部資本による自然破壊による不利益の抑制
リスクへの備え	防御と影響の最小化	・自然空間による災害の緩衝（火事の延焼防止、水田による洪水の緩衝等）
	感受性の改善	・森林による水害と土砂災害の抑制 ・連続した緑による生物の避難経路の確保
	回復力の確保	・モザイク状の自然（単一化された自然は回復力が弱い）

（2）地域事例：照葉樹林の保全と再生（宮崎県綾町）

1）日本では珍しい照葉樹林の保護

　大自然を保全し、活用し、地域再生を行ってきた先進地として、宮崎県綾町を取り上げる。同町は宮崎市から西方約 20 km にあり、総面積 9,521 ha のうち約 80％が森林を占める、人口約 7,300 人の山村である。同町には、日本では珍しい照葉樹が残されているが、それには開発から照葉樹林を守り、照葉樹林を活かすことで地域活性化を図ってきた歴史がある。

　照葉樹は常緑広葉樹で、葉の表面のクチクラ層が発達した、光沢の強い深緑色の葉を持つ。日本ではシイ・カシ類が照葉樹林を構成する。西南日本、台湾、中国南部、ヒマラヤ南麓といった亜熱帯から暖温帯に分布する。

　照葉樹林は、人間が利用のために伐採等の人為的攪乱をすると、落葉広葉樹の混交林に遷移しやすい。開発が進み、現在ではその大部分が失われ、まとまった面積のものはほとんど残っていない。そのなかで、綾町の照葉樹林は原生状態を保っており、約 2,500 ha 以上と日本最大級の面積が残っている。

　一方、綾町の中心部は綾北川と綾南川に挟まれた痩せた扇状地で、災害が多い地帯であった。日本が高度経済成長を遂げる 1960 年代に、綾町は「夜逃げの町」と呼ばれるような状況にあった。

　こうしたなか、綾町の照葉樹林は開発の危機に晒された。1960 年代は、住宅建設や産業振興のため木材やパルプの需要が高まっており、営林署が国有林の伐採を進めようとしたのである。

　当時の町長（郷田実氏）は伐採に反対した。郷田氏は綾町の誇りである「日本一の黄金のアユ」を守るためには自然林を保全しなければと考えた。しかし、林業が衰退の一途にあった当時、町民の多くは営林署の計画に疑問を持たなかった。

　そこで郷田氏は住民を説得するために勉強し、日本のルーツはアジアからつながる照葉樹林にあるという「照葉樹林文化論」に出会い、照葉樹林を守ろうという意を強くした。郷田氏は、町民や議会に熱心に説明し、営林署の計画に反対する署名を町民の 90％から集めた。

そして、国や県に陳情を行い、照葉樹林を残すことに成功した。その後、照葉樹林の国定公園指定運動を 10 年以上の長きにわたって行い、1982 年に九州中央山地国定公園の指定を受けた。

2）照葉樹林を見せるだけの大吊橋

　1983 年には自然生態系を守る町のシンボルとして、綾町の森深くに「照葉大吊橋」を架けた。全長 250 m、川面からの高さ 142 m と歩行者専用の吊り橋として当時は世界一というふれこみで、マスメディアの注目を集め、完成後に年間 20 ～ 30 万人の観光客が訪れた。橋のたもとに照葉樹林文化館をつくり、照葉樹林の自然生態系や森の価値を伝える展示コーナを設けた。

　1985 年には「照葉樹林都市・綾」を宣言した。同宣言では、照葉樹林文化に関する生産や生活の伝統的様式の保存と現代的な活用をうたい、照葉樹林都市をまちづくりの基軸とする方針を確立した。

写真 10-1　照葉大吊橋
（筆者撮影）

3）照葉樹林の保護・復元活動の再加熱

　綾町は自然共生と地域活性化を両立させた町として、注目を集めた。照葉樹林を守る活動は住民の自然生態系への関心や理解を深め、有機農業等の取組みに波及した。また、「手づくりの里」を町内に整備し、国際的な芸術家が移住し、工芸の新興地ともなった。1990 年代の綾町は、当時はまだ数少ない環境保全型の地域づくりの先進地として、注目された。

　しかし、照葉樹林に鉄塔を建設する動きがみられ、反対運動が起こった。照葉樹林を守る活動が再燃し、2001 年には照葉樹林を世界自然遺産にしようという嘆願に 2 か月で 15 万人もの署名が集まって環境省に持ち込んだが、残念ながら次点となった。

　2005 年には、綾町の森の約 1 万 ha の国有林、県有林、町有林をフィールドに、照葉樹林を厳正に保護するとともに、照葉樹林の周辺に存在する二次林や人工林を照葉樹林に復元するため、「綾の照葉樹林プロジェクト」が開始された。

　この活動が実り、2012 年には綾地域が国連教育科学文化機関（ユネスコ）からユネスコエコパークに登録されることが決定した。国内では 1980 年の屋久島、大台ヶ原・大峰山、白山、志賀高原以来 32 年ぶり 5 か所目の登録であり、地方自治体からの申請が登録されたのは国内初であった。綾町が指定された理由として、次のことがある。まさに長年の地域づくりの成果である。

① 東アジアの照葉樹林の北限付近にあり、日本固有種が多い。

② 日本に残されている照葉樹自然林の面積が一番広く、標高が高い地域ではブナの自然林に連続している。

③ 約半世紀にわたる有機農業等と連携した町づくりを通じ、自然と人間の共存に配慮した、地域振興策等が行われている。

④ 2005 年から「綾の照葉樹林プロジェクト」に取り組み、照葉樹林を保護し、その周辺を復元することを目指している。

　綾町ではエコパーク指定を契機に、地域住民主導の新たなアクションが立ち上がった。町役場内にエコパーク推進室を設置し、町民との協働により、照葉樹林を活かす地域づくりを進めている。

10.3　脱炭素社会に向けた実践

（1）脱炭素に向けた動向：マイナス６％からカーボンゼロへ

1）2℃目標の持つ意味

　1992 年の地球サミットで採択された気候変動枠組条約では、「大気中の温室効果ガスの濃度を自然生態系や人類に影響を及ぼさない水準で安定化させる」ことを究極の目的に掲げた。

　安定化とは地球全体の温室効果ガスの排出量と吸収量のバランスをとり、温度上昇がない状態にとどめることである。この際、温度上昇をどこまで許容するかによって、大気中の温室効果ガス濃度の目標値が決まる。温室効果ガス濃度の目標値が決まれば、私（たち）が今後、排出できる温室効果ガスの量（バジェット）が決まる。

　2010 年にメキシコのカンクンで開催された気候変動枠組条約第 16 回締約国会議では、「世界の平均気温上昇を産業革命以前から 2℃以内に抑制すべき」という国際的な合意を得た。2℃以上になると影響の拡大が懸念されるためである。ただし、2℃以内であれば影響がないとはいえず、国際的には 1.5℃目標も検討されている。

　IPCC の第 5 次報告書によれば、2℃目標を達成する場合、大気中の温室効果ガス濃度は 450 ppm、それに相当する温室効果ガスの累積排出量は 820 GtC である。現在までの累積排出量が 515 GtC であるから、残されたバジェットは 305 GtC である。現在の年間排出量が 10 GtC だとして、このままだと 30 年でバジェットを使い切るという計算になる。

2）国際的な削減目標

　国際的な温室効果ガス削減目標は、国連気候変動枠組条約の締約国会議において、検討されてきた（表 10-9）。2010 年前後の削減目標を決めたのが、京都で開催された第 3 回締約国会議で作成された京都議定書である。京都議定書では、第 1 約束期間（2007 ～ 2012 年）における先進国全体の温室効果ガスの排出量の削減目標を決め、日本、アメリカ、EU で異なる法的拘束力のある数値目標を定めた。中国やインド等の開発途上国については、数値目標によ

る削減義務は課せられなかった。

　京都議定書の削減目標には、吸収源（森林による二酸化炭素吸収分）を含めることとされた。これは新たに整備した森林（新規造林、伐採後の再造林）の部分の吸収分を二酸化炭素削減量とみなすものである。また、国際的に協調し、効率的に目標を達成するため、京都メカニズム（共同実施、クリーン開発メカニズム、排出量取引）が定められた。

　京都議定書では、第2約束期間（2013～2020年）の削減目標についても検討されたが、日本は開発途上国も削減目標を持つことを主張し、その合意ができなかったために約束に不参加となった。

　2020年以降の削減目標は、第21回締約国会議（パリ会議）で検討され、パリ協定としてまとめられた。同協定では、今世紀後半に温室効果ガスの排出量を実質ゼロにすることが決められた。また、国別の削減目標を各国が5年ごとに提出するという運用ルールが決められた。パリ協定により、開発途上国も先進国と同様に削減目標を持つこととなった。

表 10-9　気候変動に関する国際枠組み

国際枠組み	概要	温室効果ガスの削減目標
国連気候変動枠組条約 1992年作成 1994年発効	温室効果ガス濃度を危害を及ぼさない水準で安定化させる。先進国・途上国は「共通に有しているが差異のある責任」を負うという方針を示した。	削減義務は課していない。
京都議定書 1997年作成 2005年発効	先進国及び市場経済移行国における温室効果ガスの排出削減の数値を定めた（2020年までの枠組み）。	第1約束期間（2007～2012年）日本-6%、米国-7%、EU-8%の削減義務（1990年比） 第2約束期間（2013～2020年）EU-20%の削減義務、日本は不参加
パリ協定 2015年作成 2016年発効	2020年以降の枠組み。2℃目標だけでなく、脆弱な国々への配慮から1.5℃目標にも言及。途上国の自主的資金提供を求めた。	今世紀後半に、温室効果ガス排出量を実質ゼロにする。各国は5年ごとに目標を提出。それまでの目標よりも高い目標を掲げる。

3）日本の削減目標

　日本の温室効果ガスの削減目標は、気候変動枠組条約の締約国会議で合意に
達していないものの、その都度、検討されてきた。2020 年については国際的
に約束をしてはいないが、1990 年比 25％削減（あるいは 2005 年比 3.8％削
減）といった数値目標を持っている。2030 年については 2013 年比 26％削減、
2050 年については 80％削減という目標値を、地球温暖化対策計画等に記載し
ている（表 10-10）。

表 10-10　日本の温室効果ガス削減目標

目標年	基準年	削減目標	関連計画等
2008 ～ 2012 年	1990 年	6％	第 3 回締約国会議における京都議定書（1997 年作成、2005 年発効） 京都議定書目標達成計画（2005 年）
2020 年	1990 年	25％	第 15 回締約国会議におけるコペンハーゲン合意（2009 年）
2020 年	2005 年	3.8％	地球温暖化対策本部が上記を撤回し、原子力発電による温室効果ガスの削減効果を含めずに設定（2013 年）
2030 年	2013 年	26％	第 21 回締約国会議におけるパリ協定に提出した日本の約束草案（2015 年）、地球温暖化対策計画（2016 年）
2050 年	―	80％	G8 ラクイラ・サミット（2009 年）等の場で表明した地球温暖化対策計画（2016 年）、長期低炭素ビジョン（2018 年）

4）これまでの排出削減の状況

　温室効果ガスの排出量は、1990 年度に 12 億 7,500 万 t（二酸化炭素換算）
であったが、第 1 約束期間の平均で 13 億 2,700 万 t と 4％も増加した。しか
し、1990 年度比 6％削減という目標は達成を得た。第 1 約束期間の目標は、
森林整備による吸収分と京都メカニズムによる海外での削減の調達分を含めた
ものであり、それを合わせることで目標を達成している。

　第一約束期間には様々な出来事があった。2009 年のリーマンショックによ
る世界不況により経済活動が停滞し、二酸化炭素排出量の減少がみられた。し
かし、2011 年の福島原発事故により、日本全体の原子力発電所が停止し、そ

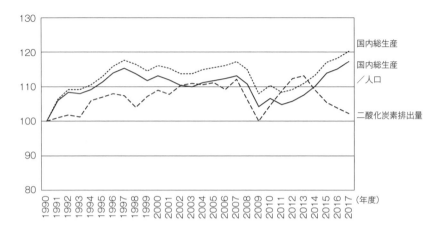

図 10-4　国内総生産と二酸化炭素排出量の推移（1990 年を 100）
出典）環境省資料[6]、国民経済計算[7] より作成

　の分を火力発電所でまかなったため、二酸化炭素排出量は大幅に増加したので
あった。

　1990 年度を 100 として、温室効果ガスの 9 割以上を占める二酸化炭素の排
出量、及び国内総生産（名目 GDP）の推移を示したのが図 10-4 である。福島
原子力発電所の事故以降、二酸化炭素の排出量は増加したが、2013 年をピー
クに減少傾向にある。

　環境負荷量が減少する一方で経済活動量が増加し、両者の差が大きくなるこ
とを「環境と経済のデカップリング」と呼ぶが、日本の二酸化炭素排出量のデ
カップリングは十分ではない。

5）排出量の要因分解

　二酸化炭素の量は、省エネや再エネ導入といった削減努力だけでなく、人口
や経済活動の量、産業構造の変化といった要因に規定される。二酸化炭素の排
出量は次のように 3 つの変数の乗算で表すことができる（中間項分解という）。

$$\text{CO}_2 \text{排出量} = \frac{\text{CO}_2 \text{排出量}}{\text{エネルギー消費量}} \times \frac{\text{エネルギー消費量}}{\text{国内総生産}} \times \frac{\text{国内総生産}}{\text{人口}} \times \text{人口}$$

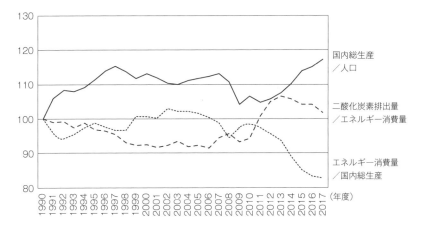

図 10-5　二酸化炭素排出量を規定する要因の推移（1990 年を 100）
出典）環境省資料[6]、国民経済計算[7]、『総合エネルギー統計』[8] より作成

　この式の右辺の第 1 項は炭素密度、第 2 項はエネルギー原単位、第 3 項は経済生産性を意味する。

　3 つの要因について、1990 年を 100 として指数化して示したのが図 10-5 である。この間、人口の指数は 100 〜 104 の間で大きな変化はない。炭素密度は福島原発事故以降、火力発電に依存したことから、増加したことがわかる。経済生産性は増加したが、エネルギー原単位が減少し、かろうじて二酸化炭素排出量の増加を食い止めている。

（2）2030 年と 2050 年の脱炭素社会の具体像

1）2030 年に向けた脱炭素への取組み

　2030 年に向けた対策を示す『地球温暖化対策計画』（2016）[9] の基本方針では、「環境・経済・社会の統合的発展」を最初に掲げ、地球温暖化対策を経済活性化、雇用創出、地域課題の解決にもつなげることを強調している。また、このために、革新的な技術開発とそれによる世界の地球温暖化対策への貢献を進めることとしている。

　2030 年に向けた二酸化炭素排出量の部門別削減目標（表 10-11）では、特

に業務と家庭での排出削減量が大きく設定されている。これは各部門における対策の積み上げを根拠としている（表10-12）。これらの目標値の特徴として、6点を指摘することができる。

第1に、産業部門の排出削減目標量が相対的に少ない。これは生産プロセスにおける省エネ化はこれまでも進められてきているためといえるが、今後は、再生可能エネルギーの調達、あるいは製品・サービスの利用過程での排出削減に対する取組みが期待される。

第2に、エネルギー原単位の改善については、ハードウエアの省エネ化が主な対策となっている。産業部門での低炭素工業炉、高効率産業用モーターの導入、民生部門（業務と家庭）の建築・住宅、電化製品、自動車の省エネルギー化である。

第3に、エネルギー原単位の改善は、既に普及している既存設備機器の省エネ効率のよい機器への代替による場合とこれまで普及していない設備機器の新規導入による場合がある。新規導入では、燃料電池の累積普及台数を5万台（2013年）→530万台（2030年）、HEMSの導入世帯を21万世帯（2013年）→5,468万世帯へと増加させるというように、意欲的な目標値が設定されている。

第4に、炭素密度の改善は、再生可能エネルギーの導入とともに、石炭・LNG・石油等の発電効率の改善、安全が確認された原子力発電所の稼働を含めたものとなっている。つまり、政府の2030年の目標は、石炭火力の新設や原子力発電所の再稼働を前提としている。

第5に、森林吸収源対策も対策に位置づけられているが、2010年の削減目標の森林吸収分が大きなウエイトを占めていたこと（全体で6%削減、森林吸収による削減3.8%）に比べると、2030年目標でのウエイトは大きくない。

第6に、定量的な削減目標に対しては、対策技術の導入が中心であり、社会経済システムの転換を促す構造的対策は示されていない。例えば、コンパクトシティ、サービサイジング、地産地消等といった対策は示されていない。これらは対策効果が定量化しにくいことと、2030年までに定量的な効果をあげるだけの対策導入が困難なためである。

表 10-11　二酸化炭素排出量の削減目標（部門別）

部門	2013 年度実績	2030 年度目標	削減量	削減率の目標
産業	429	401	28	-7%
業務	279	168	111	-40%
家庭	201	122	79	-39%
運輸	225	163	62	-28%
エネルギー転換	101	73	28	-28%
合計	1,235	927	308	-25%

注）排出量及び削減量の単位は百万 t-CO_2

出典）『地球温暖化対策計画』（2016）[9] より作成

表 10-12　地球温暖化対策計画に示された主な対策（削減量が大きい対策）

部門	対策	削減量
産業	排熱回収等を行う低炭素工業炉の導入	31
	コジェネレーションの導入	10
	高効率産業用モーターの導入	7
業務	トップランナー制度等による機器の省エネ性能向上	17
	新築建築物における省エネ基準適合の推進	10
	BEMS の活用、省エネ診断等を通じた徹底的なエネルギー管理の実施	10
	高効率照明の導入	10
家庭	住宅の省エネ化（省エネ基準を満たす住宅ストックの割合増加）	9
	HEMS やスマートメーターの導入	7
	高効率給湯器、高効率照明の導入によるエネルギー消費の削減	6
運輸	次世代自動車の導入、燃費改善	24
エネルギー	再生可能エネルギーの利用拡大	166
	再生可能エネルギー熱の利用拡大	36
	火力発電所の高効率化	11
参考	森林吸収源対策（森林の整備、自然林の保護等）	28
	J-クレジット（他の削減量をカーボンオフセットに利用）	7
	国民運動（クールビズ、家庭エコ診断、エコドライブ等による啓発）	5

注）削減量の単位は百万 t-CO_2

出典）『地球温暖化対策計画』（2016）[9] より作成

2）2050 年のカーボンゼロに向けた対策

　2050 年に向けた二酸化炭素の排出削減対策の特徴を中間項に対応させて整理した（表10-13）。重要な5点を述べる。

　第1に、2050 年には炭素密度を大幅に下げるために、9割以上を低炭素電源にする。この際、低炭素電源には、再生可能エネルギー、CCS付き火力発電、原子力発電のいずれかになるが、その構成が検討課題となる。CCSとは発電所、工場等からの排ガス中の二酸化炭素（Carbon dioxide）を分離・回収（Capture）し、地下へ貯留（Storage）する技術である。CCSが可能となれば、化石資源による火力発電を維持することになるが、経済性や技術的安全性が検討課題となる。

　第2に、炭素密度を下げるために、自動車燃料の低炭素化、熱供給の低炭素化を進める。自動車燃料においては低炭素電源を利用する電気自動車の普及と燃料電池自動車の利用を実現することとなる。熱供給では、化石燃料を用いた熱供給が最大限に廃止され、低炭素電源による熱供給、木質バイオマス利用を実現することとなる。

　第3に、エネルギー原単位の大幅削減のために、① 2030 年の 26％削減に向けた対策の徹底（ゼロエミッションビル・住宅の普及）とともに、② 2030 年までには本格実施されない新たな技術の開発と導入（自動走行等）、③ 社会経済システムの構造転換・ライフスタイル転換を進める。2030 年に向けた対策では、②と③の対策は定量的に示されていないが、2050 年に向けてはそれらの対策を定量的な効果が得られるレベルで導入することが課題となる。

　第4に、経済の量的成長から質的成長への転換を図る。開発途上国の経済成長等が進むなか、自然とふれあう暮らしと生業、コミュニティによる支えあい、足るを知り、内なる自然を尊重する生き方等を重視する方向に、政策や一人ひとりの生き方の目標を転換できるかどうかが検討課題となる。

　第5に、脱炭素社会を実現するためには、カーボンプライシング（排出量取引と炭素税等）の導入を図る。日本では、目的税として「地球温暖化対策のための税」があり、東京都等の一部地方自治体における排出量取引制度が導入されているが、さらに本格的な導入が検討課題となる。カーボンプライシングと

表 10-13　2030 年と 2050 年の二酸化炭素の排出量削減対策の違い

中間項	2030 年	2050 年（長期）
二酸化炭素排出量	9.3 億 t-CO$_2$ 2013 年比 26％削減	2.7 億 t-CO$_2$ 80％削減
二酸化炭素排出量 ／エネルギー消費量 （炭素密度）	・再生可能エネルギーの 　できるだけの導入 ・石炭・LNG・石油等の 　発電効率の改善 ・安全が確認された原子 　力発電所の稼働	・9 割以上が低炭素電源（再 　生可能エネルギー、CCS 　付き火力発電、原子力発 　電） ・水素利用、燃料電池自動車 　の導入
エネルギー消費量 ／国内総生産 （エネルギー原単位）	・エネルギー効率のよい 　生産設備の導入 ・新築、買い替えに伴う 　民生部門のハードウエ 　アの省エネルギー化	・ゼロエミッションビル・住 　宅普及 ・AI や IOT による自動運転、 　交通効率化 ・構造的な対策（土地利用、 　産業構造、国土構造等）
国内総生産／人口 （一人の経済生産額）	・経済成長の量的維持	・量から質への経済成長転換
人口（出生率・死亡率 ともに中位の予測）	1 億 1,900 万人	1 億 200 万人

出典）『地球温暖化対策計画』（2016）[9]、『長期低炭素ビジョン』（2017）[10] より

いう経済的手法の導入は、既に世界的な潮流となっている。

3）持続可能な発展の規範に配慮した脱炭素社会

　地球温暖化対策計画（2016）[9] において「環境・経済・社会の統合的発展」、さらに長期低炭素ビジョン（2017）[10] においては「環境と経済社会の同時解決」という方針が強調された。脱炭素に向けた取組みは、人口減少・低成長時代における社会経済問題を解決するチャンスだと位置づけられている。

　こうした統合的発展や同時解決という点を加味した脱炭素社会の方向性を表 10-14 に示す。ただし、この方向性においても、価値規範等が異なれば、目標とする具体的な社会像が一致するとは限らない。従来の社会経済構造を脱炭素対策によって改善し、強化・延命するという「エコロジー的近代化」路線と諸問題の根本にある社会経済構造の転換を図る「ポストエコロジー的近代化」路線では目標となる社会像が異なる。

　カーボンゼロさえ実現すればよいと考えるのではなく、価値規範の置き方によって異なる脱炭素社会の具体像を議論し、共有することが必要である。

表 10-14　持続可能な発展の規範を満たす脱炭素社会の方向性

持続可能な発展の規範		脱炭素社会の方向性（例）
社会・経済の活力	社会活動の活発化	・再生可能エネルギーの導入等脱温暖化活動を通じたコミュニティの活性化
	経済成長と産業振興	・脱温暖化技術の開発と海外移転による経済活性化 ・脱温暖化による経費削減・再投資による経済効果
	一人ひとりの成長	・エネルギー多消費型の暮らしからの脱却 ・足るを知る生き方の模索、自己の内省
環境・資源への配慮	人類の生存環境の維持・向上	・大気中の温室効果ガスの濃度を自然生態系や人類に影響を及ぼさない水準で安定化
	生物の権利への配慮	・気候変動の安定化による生物多様性の維持
	資源・エネルギー制約対応	・温室効果ガスの排出抑制による資源・エネルギーの残存
公正・公平への配慮	公正な参加機会の提供	・あらゆる主体における再生可能エネルギーやゼロエミッション住宅等の導入支援
	社会経済弱者への支援	・HEMSによる高齢者等弱者への支援サービスの提供 ・市街地コンパクト化による弱者の暮らしやすさの向上
	地域間、国際間の格差是正	・地域資源を活かした脱温暖化対策による地域活性化 ・森林管理や木質バイオマス利用等による山村再生
リスクへの備え	防御と影響最小化	・ゼロエミッション建築（住宅）による非常時の電源・熱源の確保
	感受性の改善	・大都市圏から地方圏への人口移動による大都市圏の大規模災害リスクの軽減
	回復力の確保	・脱温暖化対策を通じて形成されたコミュニティを活かした復興

　特に、脱炭素社会の具体的な選択にあたっては、①再生可能エネルギー、CCS付き火力発電、原子力発電といった低炭素電源の構成をどうするか、②社会経済システムの構造・ライフスタイルをどのように転換するのか（慣性の構造や様式をどのように変えるのか）、③経済の量的成長から質的成長への転換をどのように図るのかといった点について、さらに議論が必要である。

（3）地域事例：ゼロカーボンシティ宣言（奈良県生駒市）
1）ゼロカーボンシティ生駒市の宣言と実績
　脱炭素社会に向けて、カーボンプライシング等の市場の枠組みづくりを進め、対応する技術革新を促すといった国の政策とそれに対応する大企業の取組

みが重要である。一方、地方自治体は国や企業の取組みに委ねるのでなく、脱温暖化社会を先取りする「開拓者」としての役割が期待される。地方自治体の役割は、①地域特性や地域資源の状況に応じて、その地域ならではの取組みを進める、②脱温暖化対策と社会・経済・人の生き方の側面での地域活性化を両立させる、③地域の企業や住民の近くにある行政として、学習や啓発、参加機会の提供等を担うことがあげられる。

　この地方自治体の役割を果たし、先導的な取組みを行っている地域の一つが生駒市である。生駒市では、2050 年までに二酸化炭素排出量実質ゼロを目指す「ゼロカーボンシティ」を宣言した。都道府県・政令指定都市が率先して宣言をするなかで、人口 12 万人の住宅都市である生駒市の宣言は特別である。

　これまでの実績としても、生駒市の二酸化炭素排出量は、32.5 万 t-CO_2（2006 年）→ 29.8 万 t-CO_2（2016 年）→ 27.1 万 t-CO_2（2017 年度）と減少してきている。2017 年度の総量で 16.7％の削減、1 人当たりでは 19.4％、世帯当たりでは 28.4％の削減である。

2）住宅都市における市民主導の取組み

　「ゼロカーボンシティ生駒」宣言は唐突なものではなく、これまで環境モデル都市及び SDGs 未来都市としての取組みをさらに加速させることをアピールするものである。環境モデル都市アクションプランでは、市域の温室効果ガス排出量を 2030 年までに 35％削減、2050 年までに 70％削減するという高い目標を掲げている。同プランの 2 つの特徴を示す。

　第 1 に、住宅や事業所等のストックの有効活用と都市構造のコンパクト化を重視した取組みとなっている。特に、空き家等の既存ストックの活用、公共施設等の集約によるコンパクトなまちづくり、住宅・事業所における分散エネルギー源（太陽光発電システム、燃料電池、コージェネレーション等）の導入促進等の施策が重点となっている。地域全体の二酸化炭素排出量の削減を図る際に、大規模な工業系事業所が立地する地域では産業部門の対策が優先され、民生部門の対策が十分に検討されないことがある。しかし、相対的に二酸化炭素排出量が少ないとはいえ、民生部門の対策もカーボンゼロを目指すべきであり、生駒市の気候変動対策が参考になる。

第2に、市民主導を重視している。生駒市ではこれまで養われてきた市民の高い環境意識や定住意向（シビックプライド）があり、それを各種取組みの推進力とする方針である。

その象徴が地域新電力会社（いこま市民パワー株式会社）である。同社は、市民団体が出資した日本初の地域新電力会社であり、エネルギーの地産地消によって得られた収益の使途やコミュニティサービスの提供について、ワークショップ等を通じて市民とともに考える、まさに「市民による市民のための電力会社」である（図10-6参照）。地域新電力を地方自治体が出資して設立する動きは全国各地で活発化しているが、市民主導で出資と運営を行っている取組みは少ない。

生駒市SDGs未来都市計画は、いこま市民パワー株式会社を核として、日本版シュタットベルケモデルの実現を目指すものである。シュタットベルケとは、ドイツにおける、電気、ガス、水道、交通等の複数のサービス提供を行う事業体のことである。

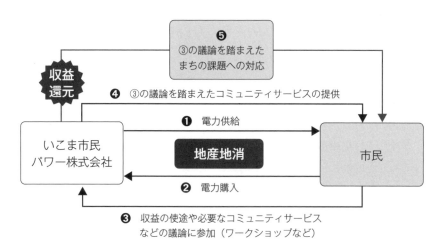

図 10-6　市民による市民のための電力会社の仕組み

出典）生駒市資料より

10. 4　気候変動適応社会に向けた実践

（1）気候変動への２つの対策：緩和と適応

1）緩和では避けられない気候変動の影響への適応

　気候変動対策といえば温室効果ガスの排出削減対策であったが、2000 年代になり、もう１つの対策が進められてきた。温室効果ガスの排出削減対策のことを緩和策といい、もう１つの対策を適応策という。適応策は、緩和策だけでは気候変動の進展とその影響を避けられないため、その影響を軽減するための対策である。適応策は、水土砂災害、熱中症、農産物の高温障害等のような従来からの気象災害に対する対策を、長期的な温度上昇と降水パターンの変化を予測し、強化・追加するものである。

　緩和策と適応策という２つの対策のうち、優先して最大限に実施すべきは緩和策である。適応策は対症療法であり、緩和策は根本治療である。このため、適応策は 1980 年代から必要性が指摘され、1995 年の IPCC 第二次評価報告書でも既に研究成果が示されていたものの、政策課題として強調されずにきた。しかし、既に高温化や豪雨の頻繁化が実感できる状況になり、適応策の必要性が強く認識されるようになってきた。

　IPCC 第 5 次報告書では、「適応策は特に短期な影響への対処において不可欠である」としている。2℃目標を達成するシナリオ（RCP2.6）においても、2050 年前後で平均 1℃の温度上昇が予測されるためである。既に 1℃上昇し、それによる近年の豪雨・台風の激甚化や猛暑の増加等がみられるのであるから、今後の 1℃上昇の影響も甚大であり、それに備える適応策が不可欠である。

2）適応策の考え方

　適応策の考え方として、重要な３点を示す。

　第 1 に、気候変動の影響は社会経済の弱い（脆弱性が高い、抵抗力が弱い）所に発生するため、この弱さの改善を適応策と考えることが重要である。気候変動の影響を受ける弱さは、感受性（影響の受けやすさ）と適応能力（影響への備えの程度）の２つの側面に分けられる（図 10-7）。

　例えば、熱中症患者は、高温下だけでなく、高齢者の増加や高齢者を支える

近隣関係の希薄化によって増加していると考えられる。このため、近隣による支えあい関係を強めたり（感受性の改善）、高齢者自身が適応策への意識を高めて、水分補給等の暑さ対策を行う（適応能力の向上）といった適応策が必要となる。

　第2に、適応策は、レベル1（防御）、レベル2（影響最小化）、レベル3（転換）といった3つのレベルに分けることができる。レベル1は気候変動の影響を完全に防ぐことであり、水災害対策でいえば堤防を高くすることである。レベル2は気候変動の影響をある程度は受けとめつつも、大事なものを守ることである。水災害でいえば、早く逃げて生命を守ることが相当する。レベル3は、気候変動の影響を受けやすい状況を根本的に改善することである。水災害の被害が頻繁化する状況に対して、常に逃げてばかりはいられないため、住む場所を変えることが相当する。

　3つのレベルのうち、レベル1とレベル2は適応能力の向上、レベル3は感受性の改善に対応させることができる。既存の気象災害対策ではレベル1あるいはレベル2の対策が実施されているが、気候変動が気象災害を誘発し、気象災害が激甚化、頻繁化・常態化する状況ではレベル3の対策を持ち出す必要がでてくる。

　第3に、気候災害に対する適応策の計画的取組みにおいて、適応策に相当するが適応策と名乗っていない「潜在的適応策」を適応策として位置づけるとともに、気候変動が進行している現状や将来への影響の予防として、新たに実施する「追加的適応策」の検討が必要となる。

　水災害防止のための河川整備や防災対策、熱中症予防対策、農作物の高温障害対策等、気候災害対策として既に実施されてきた対策が潜在的適応策である。追加的適応策には、既存の適応策の強化を図るもの、レベル3の感受性の改善に踏み込むもの、長期的な気候変動の影響を予測して、それに備えるもの等がある。

　長期的な影響を予測して備える適応策としては、将来の気温上昇を想定した高温耐性のある農作物の開発、気候変動時代の新たな特産品の導入試験、将来的な浸水被害を想定した建築場所の設定や建築デザイン等がある。

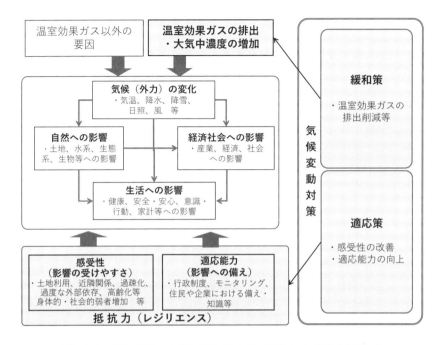

図 10-7　気候変動への緩和策と適応策（対象とする要因の違い）

出典）田中・白井（2013）[11]

3）持続可能な発展の規範に配慮した気候変動適応社会

　気候変動適応社会は、人間活動の影響で猛威を増す気候に対して、巨大構造物により立ち向かう社会ではなく、自然の力に抗うことの限界を知り、自然の猛威や変化を受け入れる、しなやかさをもった社会である。しなやかな気候変動適応社会では、多様性・多重性の確保により被害の抑制力や被害からの回復力の高さが確保されている。公助と自助・互助の力の重なり合い、交通経路や公共施設ではどこかの支障を補う代替手段が確保されている。また、単一作物では被害が壊滅的なものとなるため、多品種の農業経営がなされている。

　持続可能な発展の規範を満たす気候変動適応社会の姿を表 10-15 に示す。リスクへの備えの部分が主題となるが、それを他の側面の充足に繋げていく連環が重要である。

表10-15　持続可能な発展の規範を満たす気候変動適応社会の方向性

持続可能な発展の規範		脱炭素社会の方向性（例）
社会・経済の活力	社会活動の活発化	・自主防災等を通じた地域コミュニティの形成 ・非常時に地域間で支えあうネットワーク
	経済成長と産業振興	・適応策を通じた地域の土地や特産品等の価値の向上 ・適応策による特産品の競争力向上
	一人ひとりの成長	・自然を遠ざけるのでなく、自然とのつきあい方を知り、自然の力を受け入れる人としての成長
環境・資源への配慮	人類の生存環境の維持・向上	・生活の基盤となる公共施設（道路・鉄道、病院、学校等）における災害時の機能維持のための備え
	生物の権利への配慮	・気候変動の生物への影響に対する対策（生物の避難経路を確保する回廊の形成等）
	資源・エネルギー制約対応	・非常時に利用できる再生可能エネルギー設備の日常利用
公正・公平への配慮	公正な参加機会の提供	・あらゆる主体における気候変動の影響と適応策に関するリテラシー向上と関連情報へのアクセス確保
	社会経済弱者への支援	・気候変動の影響を受けやすい身体的・精神的・社会経済的な弱者における水災害や熱中症対策
	地域間、国際間の格差是正	・人口減少、高齢化等により、十分な災害対策が進まない地域の支援
リスクへの備え	防御と影響最小化	・水災害から生命や財産を守るための治水や防災対策の徹底、避難先となる経路や場所の確保
	感受性の改善	・災害を受けやすい場所からの撤退、移転、移動 ・地域コミュニティの確保、森林や緑地の整備等
	回復力の確保	・気候災害に備える資源（人、モノ、情報）の確保 ・気候災害に備える訓練や復興の事前想定

（2）国及び地方自治体の適応策の動向

1）気候変動適応計画の策定と気候変動適応法の制定

　日本政府の適応策の検討は 2000 年代後半から進められてきた。環境省は、気候変動の地域への影響を予測する研究を進め、適応策の必要性やその方向性を検討してきた。

　2012 年 4 月に改訂された国の第四次環境基本計画に適応策の記述が盛り込まれ、2015 年になって、農林水産省、国土交通省が省庁所管分野の適応計画を作成し、『気候変動の影響への適応計画』[12]（以下、国の適応計画）が 2015 年 11 月末に閣議決定された。

　さらに、2018 年には気候変動適応法が施行された。同法では、国の気候変

動適応計画を位置づけるとともに、地方自治体に地域気候変動適応計画の作成と地域気候変動適応センターの設置を求めている（努力義務）。

　これは、気候変動の影響は気候条件、地理的条件、社会経済条件等といった地域特性によって異なるためである。また、適応策のステークホルダーは地元農家や中小の地場産業、地域住民等であり、それらの主体と身近にいる地方自治体が各々の主体と連携しながら適応策の計画、開発と導入支援を担うことが期待される。加えて、「適応を契機として地域の特徴を活かした新たな社会の創生につなげていく」地域づくりの視点が重要である。

２）地方自治体がすべきこと

　地方公共団体における気候変動の適応への取組みは、3 つの段階に整理できる（図 10-8）。

　まず、「気候変動対策＝緩和策」として進めてきた地方公共団体においては、適応策の理解と取組み課題を明らかにすることが必要となる。とりわけ、これまで水土砂災害や農業の気候被害対策に既に取り組んできた関連部局に対して、緩和策をとりまとめてきた環境部局が適応策に取り組む必要性等を明確にすることが必要となる。このための検討が、「行政内での適応策の位置づけと基本方針の作成」である。基本方針作成の手順は、他の行政施策と同様であるが、適応策は政策イノベーションであるゆえに、適応策に対する理解を共有し、環境部局及び関連部局における適応策へのミッションを明らかにすることに多くの時間を要する。

　次に、適応策の実行においては、漸進的に進行する気候変動の影響を継続的にモニタリングするとともに、行政関連部局全体の適応策の PDCA を行うことが必要となる。また、公助や自助・互助が必要であることを考えると、地域の企業や住民に対しても気候変動適応への理解を促し、各々の適応行動を推進する支援を行うことが期待される。こうした「適応策の推進基盤の整備と地域推進」においても、適応策というイノベーションへの採用を促す工夫が必要となる。地域主体によっては、適応策以前に緩和策への主体的取組みがなされていない状況にあり、適応策への理解を促すことは容易ではない。

　さらに、適応策の取組み課題として、「追加的適応策の具体化」をあげる。

追加的適応策のうち、レベル 3 の感受性の改善に踏み込む適応策を検討するためには、気候変動の影響を顕在化させる社会経済的な要因の把握が必要である。例えば、山間地域においては、高齢化や若者不足で点検ができずに、豪雨による道路の寸断に対応できない等、社会経済的な要因によって水災害の被害が拡大している。こうした感受性の改善に踏み込んだレベル 3 の適応策の具体化が期待される。

　長期的な気候変動の影響を予測して、それに備える適応策の検討においては、将来予測情報を活用することが必要となる。しかし、将来予測情報には不確実性があり、将来の様々な状況を想定して、対策を用意しておき、状況をモニタリングしながら、必要になった段階で未然に対策を導入するという順応型管理の方法を導入する必要がある。

　また、気候変動を活かした新規農産物の生産や農業経営の改善等のように、適応を通じた地域再生につながる取組みが適応策をさらに展開していくうえで重要な課題となる。

行政内での 適応策の 位置づけと 基本方針 の作成	適応策の関連計画における位置づけ
	適応策に関する検討体制の整備、勉強会開催
	気候変動影響に関する情報整理と評価
	既存の適応策の整理と課題の抽出
	地域における気候変動適応の方針作成
適応策の 推進基盤の 整備と 地域推進	気候変動影響の継続的モニタリング・情報流通
	行政内での適応策の具体化と推進と進行管理
	地域企業や住民の適応リテラシーの形成
	気候変動適応における公助・自助・互助の推進
追加的 適応策と 適応地域 づくり	気候変動の長期的影響への適応策の推進
	地域社会の影響の受けやすさ（感受性）の改善
	気候変動を通じた地域再生への取組み

図 10-8　地方自治体における適応への取組み課題

3）地方自治体の検討動向

もっとも早い時期に適応策の検討を始めていた都道府県は、東京都と埼玉県、長野県である。東京都では、2008 年に世界の大都市のネットワークであるC40（The Large Cities Climate Leadership Group：世界大都市気候先導グループ。五大陸の 40 の都市で構成）の会合を東京で開催した際に、適応策に関する 13 の共同行動を取りまとめた。

　埼玉県は、東京都とともに、早くから適応策の情報整理や計画策定を行ってきた。埼玉県の適応策の検討においては、埼玉県環境科学国際センターが専門的な知見を整理する役割を担ってきた。同センターでは、2008 年度に「緊急レポート 地球温暖化の埼玉県への影響」を作成した。同年の地球温暖化対策実行計画である「ストップ温暖化・埼玉ナビゲーション 2050」の 1 つの章に適応策への取組み方針等が記述された。

　また、長野県は、環境省予算の研究プロジェクトにおいてモデル地域となった。長野県環境保全研究所が研究に参加し、適応策の研究を進めていた。この成果が活かされて、県の地球温暖化実行計画の中で、緩和策とととともに適応策を位置付けることになり、2013 年 3 月に「長野県環境エネルギー戦略〜第三次長野県地球温暖化防止県民計画〜」が取りまとめられた。

　こうした地方自治体の先導を経て、2015 年には国が地方自治体の気候変動適応計画策定ガイドラインを策定した。さらに、気候変動適応法の制定を受けて、全国の都道府県・政令指定都市では、地球温暖化防止計画への適応策の追記、適応方針の作成等が進められている。

（3）地域事例：地域固有資源の適応策の計画（長野県高森町）

1）地域主導の気候変動適応策

　適応策の検討には、気候変動の将来予測データをもとにしたトップダウン・アプローチと地域の住民や事業者の主体的取組みを促すボトムアップ・アクションの 2 つの方法がある。前者は、気候変動の影響と適応策に関する専門知（将来予測等）を起点として、地方公共団体内での適応策の必要性の学習と既存施策の整理等を検討の手始めとする。

　後者は、コミュニティ主導型適応策（Community Based Adaptation：CBA）ともいわれる。CBAは、適応策の実施主体となる自治体職員や地域住民、地元企業等の地域主体が持つ気候変動の地域への影響や適応策に関する知識（「地域主体が持つ現場知」）を起点とし、それを共有し、理解や行動意図を高めた地域主体が適応策の立案や実践に参加し、地域主体が自らの適応能力（気候変動適応に対する具体的な知識や備え）を高めていくプロセスである。

　このCBAの実践例が国内にほとんどないなか、長野県高森町では、市田柿という地域固有資源に着目したCBAの検討を行い、適応計画を策定した。

2）市田柿への気候変動の影響と検討着手

　市田柿は高森町の市田地区が発祥であり、南信州（飯田・下伊那地方）の特産品となっている。2007年には市田柿ブランド推進協議会が設立され、市田柿の基準の設定、研修会や衛生管理の徹底、PR活動が活発に行われてきた。2016年には市田柿が地理的表示（GI）保護制度に登録された。GIは特産品の名称を品質の基準とともに国に登録し、知的財産として保護するものである。

　重要な地域資源である市田柿であるが、生柿の生産、干柿への加工ともに気候条件の変化の影響を受けやすい。気候条件の変化の影響としては、秋の気温上昇によるカビの発生が深刻である。また、春先の凍霜害、生柿の収穫時期の早期化、雹の被害等が気候変動により深刻化している。このため、高森町では、安定的な市田柿生産の一助と先行的な競争力やブランド力の向上につながるとして、適応策を能動的に捉え、検討を開始した。

3）市田柿の気候変動適応計画

　2017年には、農家等の参加を得て、ワークショップを開催し、市田柿の価値を高め、生産を楽しくし、後継者を増やしていくような、新たに実施する地域協働のアクションのアイデアを出し合い、さらに重点的に実施すべきアクションの選定と具体化を話し合った。

　2018年には、農家・農業改良普及センター・農業試験場・JA等のスタッフを構成員とするワーキングを開催し、ワークショップで出されたアクションへの追加をさらに行ったうえで、革新性と協働性の観点から、重点的なアクションの絞り込みを行った。さらに、主な実施主体により絞り込んだ重点的なアク

ションの 5W1H を具体化し、2019 年にワーキングでの検討と協議会での審議を経て、「将来の気候変動を見通した市田柿の適応策計画」を決定した。

　同計画に示された重点アクションが表 10-16 である。技術の開発と普及に留まらず、技術の普及を可能とする経営基盤の強化、市田柿を活かす地域のあり方等を見通した点で、気候変動適応策のあるべき枠組みを示した内容となっている。この検討過程では、次のような視点を提示して、検討を行ったことが重要である。

・長期的な気候変動とともに、農家経営の社会経済動向を踏まえる。
・農家が個別に実施するのではなく、地域ぐるみで協働で実施する。
・市田柿の生産だけに限定せず、経営の工夫や消費者との協働等も考える。
・市田柿づくりを楽しむことができ、後を継ぎたいと若い人が思えるようにする。

表 10-16　重点的に取り組む市田柿の適応策

大分類	中分類	小分類	時期の方針
柿の栽培・加工技術の改善	生柿の栽培の改善	従来の栽培技術の改善	中長期を先取りする新たな方法の開発・試行による備え
		革新的な栽培技術の開発・導入	
	干柿の加工の改善	革新的な加工技術の開発・導入	
	技術の蓄積・共有	生産・加工技術の共有	当面の高温化に対する従来の対策の強化と改善・普及
		経営規模を考慮した情報の共有	
生産・経営形態の改善	生産・出荷の共同化	会社組織による共同加工・共同経営	中長期的な先を見越した基盤づくりの漸進
		農家間での共同での加工・経営・出荷	
	新たなビジネスモデルの構築	より買ってもらい易い商品開発	
市田柿を活かす地域づくり	高森での体験の工夫	高森に来て、食べてもらう工夫	
	若手生産者への支援		

出典）「将来の気候変動を見通した市田柿の適応計画」より

引用文献

1) 環境省『令和元年版　環境白書・循環型社会白書・生物多様性白書』（2019）
2) 山谷修作ホームページ『ごみ有料化情報』
http://www2.toyo.ac.jp/~yamaya/survey.html
3) 環境省大臣官房廃棄物・リサイクル対策部廃棄物対策課『一般廃棄物処理有料化の手引き』（2013）
4) 中村修『ごみを資源にまちづくり：肥料・エネルギー・雇用を生む』農文協（2017）
5) 国立環境研究所『侵略生物データベース』
https://www.nies.go.jp/biodiversity/invasive/index.html
6) 環境省『温室効果ガス排出・吸収量算定結果』
http://www.env.go.jp/earth/ondanka/ghg-mrv/emissions/
7) 内閣府『国民経済計算（GDP統計）』
https://www.esri.cao.go.jp/jp/sna/menu.html
8) 資源エネルギー庁『総合エネルギー統計』
https://www.enecho.meti.go.jp/statistics/total_energy/
9) 環境省『地球温暖化対策計画』（2016）
https://www.env.go.jp/earth/ondanka/keikaku/taisaku.html
10) 中央環境審議会『長期低炭素ビジョン』（2017）
11) 田中充・白井信雄編『気候変動に適応する社会』技報堂出版（2013）
12) 閣議決定『気候変動の影響への適応計画』（2015）

参考文献

鷲田豊明・笹尾俊明編『循環型社会をつくる　シリーズ環境政策の新地平　7』岩波書店（2015）
細田衛士著『グッズとバッズの経済学：循環型社会の基本原理』東洋経済新報社（2012）
田崎智宏監修『最新！ リサイクルの大研究：プラスチック容器から自動車、建物まで』PHP研究所（2019）
重松敏則・JCVN編『よみがえれ里山・里地・里海：里山・里地の変化と保全活動』築地書館（2010）
武内和彦・鷲谷いづみ・恒川篤史編『里山の環境学』東京大学出版会（2001）
田口洋美『クマ問題を考える　野生生物生息域拡大期のリテラシー』山と渓谷社（2017）
吉田正人『世界自然遺産と生物多様性保全』地人書館（2012）
地球温暖化影響研究会編『地球温暖化による社会影響：米国EPAレポート抄訳』技報堂出版（1990）
新澤秀則・高村ゆかり編『気候変動政策のダイナミズム　シリーズ環境政策の新地平　2』岩波書店（2015）
長谷川公一・品田知美編『気候変動政策の社会学：日本は変われるのか』昭和堂（2016）
三村信男監修、太田俊二・武若聡・亀井雅敏編『気候変動適応策のデザイン = Designing climate change adaptation』クロスメディア・マーケティング（2015）

第**11**章　拡張された環境政策

11. 1　統合的環境政策

（1）環境と経済をつなげる環境政策

1）環境と経済の統合的発展の考え方

　環境と経済の統合的発展とは、「環境から経済へのプラス作用」と「経済から環境へのプラス作用」の双方向の効果を高めていくことである。「環境から経済へのプラス作用」は環境活動や環境保全が経済活動を活発化させる効果であり、表11-1 に示すように多様な側面がある。「経済から環境へのプラス作用」は、経済活動が活発化すれば、企業は環境対策のための投資や人材配置を行い、行政は税収増により環境政策を活発化させるという効果である。

　「環境から経済へのプラス作用」について、重要な3点を示す。

　第1に、経済効果にはフロー効果とストック効果がある。フロー効果とは、環境対策によって生産・雇用・消費といった経済活動が創り出され、短期的に経済を活発化させる経済循環効果である。

　ストック効果とは、環境対策によってストック（資本）が形成され、ストックが機能することで長期にわたり発生する効果である。形成されるストックは、自然資本（森・川・海、生息生物や自然生態系）、人的資本（人の増加や人の成長）、社会関係資本（市民間、企業間の信頼関係とネットワーク）、人工施設（公共施設等）である。

　ストック効果は長期にわたって発揮される効果であることから、将来的な視点から持続可能な発展を考えるうえで、このストック効果を高めるように環境政策をデザインすることが重要である。

　第2に、経済効果には「内部経済効果」と「外部経済効果」がある。内部経

表 11-1　環境から経済へのプラス作用

統合的発展の側面		事例
経済循環効果	環境対策による費用削減効果	省エネルギー・節水・節約によるコスト削減
	環境対策への投資効果	環境対策のための民間設備投資と公的支出
	環境製品・サービスの販売効果（移入効果）	環境配慮製品・サービスの販売による収入増加
	地域資源の活用による地域からの移出代替効果	エネルギーの地産地消による電力代金の域外流出の抑制
	環境対策の収益等による財源確保の効果	再生可能エネルギーの売電収入の地域還元、環境税収による地域産業への投資
	環境改善による活動効率化	渋滞緩和による物流・人流の効率化、輸送・移動のための時間や費用の削減
資本形成効果	環境保全による地域資源の持続可能な基盤整備	環境保全による水産資源の確保、持続可能な森林整備
	魅力的な自然ストック・地域資源の形成とそれを活かした観光・交流	魅力的な自然環境の保全とそれを活かした観光入込・訪問人口の増加
	環境保全による意識の高い企業の立地・集積、居住促進	環境活動の高い地域であることを誘引とした企業立地の促進
	企業や行政における環境人材の育成、起業家精神の高揚	環境への取組みを通じた人育てと育った人材の活躍
	環境活動を通じた信頼とネットワークの形成	環境配慮の協働による生産者間、生産者と消費者の信頼関係を基盤とした経済活動
その他効果	技術革新による競争力向上	環境性能のよい製品・サービスの開発と販売（ポーター仮説参照）
	消費者や投資家からみた企業価値の向上	エシカル消費や社会的責任投資の受入れ先としての価値向上
	環境問題への補償等による経済的損失の回避	環境問題が顕在化するときに発生する補償や事後対策コストの解消
	地域内の環境配慮消費者の育成	意識が高まった域内消費者による環境配慮製品等の消費
	地域イメージの形成	地域への視察や観光客の増加、移住や定住の促進による地域市場の維持・拡大

済効果とは環境対策を行う主体にとっての効果であり、外部経済効果とは他の主体にとっての効果である。地域づくりの目的は、地域内で発生する内部経済効果を高めることが中心となる。例えば、地域内の企業が太陽光発電所を地域内に設置したとしても、売電収入は地域外に流出して、内部経済効果を発揮しないため、地域づくりとしては望ましくない。

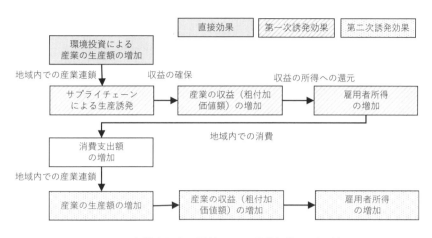

図 11-1　産業連関表で計算される環境投資の誘発効果

　第3に、経済効果には「直接効果」と「誘発効果」がある。誘発効果は産業連関表を用いて計算することができる。産業連関表は産業間の投入・産出関係を表で示したものである。産業活動は原材料の調達、生産、輸送、販売、消費といったサプライチェーンでつながっており、ある産業の産出は別の産業からの投入でつながっているため、ある産業の生産増は別の産業の生産増になる（第一次誘発効果）。また、産業の生産増が雇用者の所得増になると最終需要における消費支出額が増加するため、それによる産業の生産額等の増加といった効果が起こる（第二次誘発効果）。

2）「地域から漏れるお金」を減らすために

　地域政策においては、環境対策等（環境活動・環境配慮消費・サービスの提供等を含む）による直接効果と誘発効果を地域内で発生させる（内部経済効果とする）ことが重要である。環境対策等によって得られたお金が地域から漏れることがないように、次のような工夫が必要となる。

① 地域の事業者に対して、環境投資を行い、地域の事業者が環境対策等を行う（地域内への環境投資・消費）。

② 地域の事業者は、製品・サービスの提供において、地域内での調達・生産・雇用を行う（製品・サービスの生産における地域内連環）。

③ 地域の事業者は、環境対策等のために必要な資金を地域の金融機関から調達する（環境対策等事業者の地域内からの資金調達）。

④ 地域の事業者は、環境対策等の事業採算性を高め、十分な収益確保と雇用者所得への配分を行う（環境対策等の事業採算性の確保）

⑤ 所得が増えた雇用者が地域内で消費活動を行う。このために、地域で生産された商品等を地域内で販売する（地域での生産・消費の自給率の向上）。

　例えば、太陽光発電所が地域に立地したとしても、事業主体が地域外の事業者であれば売電収入は地域外に漏れてしまう。また、事業者が太陽光発電所の初期投資額を地域外の銀行から調達すると、利子分は地域外に流出する。事業収益が従業員の給料として配分されたとしても、従業員が地域外に居住し、従業員が買い物をする商店が地域外である場合は、お金が地域から漏れてしまう。

　特に、「環境から経済へのプラス作用」の地域への波及効果を得るためには、地域内からの調達率、サプライチェーンの地域完結率、地域の生産・消費の自給率を高める必要がある。

3）環境ビジネス、特に構造的環境ビジネス

　環境製品・サービス等を提供する事業者を環境ビジネスという。地域政策において環境と経済の好循環を形成するためには、環境ビジネスを地域で育成・発展させていくことが必要となる。環境ビジネスには、表11-2 に示す3つのタイプがある。

　このうち、A. 環境対策・環境配慮の支援、B. 環境価値で差別化した製品・サービスの提供は、高度な技術開発の必要性や事業採算性を確保するために「規模や範囲の経済性」が必要となることから、地域内の事業者が担い、地域内でサプライチェーンを完結することが困難な場合が多い。

　このため、地域経済の活性化のためには、C. 構造的に環境配慮となる製品・サービスの提供に関する環境ビジネスの振興が期待される。これらは地域の資本（自然、人、関係性）を活かすビジネスであり、この環境ビジネスの振興により地域の資本を整備・向上させるという双方向の効果が期待される。

4）環境と経済の好循環事例：兵庫県豊岡市のコウノトリの舞

　地域において環境と経済の統合的発展を図るためには、地域内の取組みをつ

表 11-2　環境ビジネスの3類型

類型	概要
A. 環境対策・環境配慮の支援	・公害防止装置の製造・販売、環境管理等のコンサルティングを行う。 ・太陽光発電パネル・燃料電池・省エネナビゲーション等の製造・設置・維持管理、省エネ診断、リサイクル事業、自然再生ビジネス等がある。
B. 環境価値で差別化した製品・サービスの提供	・生活・事業活動に必要な製品・サービスとして既にあるが、そのなかで環境性能や環境価値によって差別化された製品・サービスを提供する。 ・省エネ家電、電気自動車・ハイブリッドカー、環境共生住宅・ビル、環境保全型農産物、カーボンオフセット組込商品、再生可能エネルギーの電気を供給する新電力事業等がある。
C. 構造的に環境配慮となる製品・サービスの提供	・環境配慮を直接的な狙いとしていないが、その産業や製品・サービス本来が環境配慮になる。 ・農林地を守る農林水産業、地元の木材を使った住宅を手がける工務店、環境負荷の少ない移動を支える鉄道・バス、リユース・リペア・サービサイジング等の2R関連産業がある。情報通信サービスも活動効率化や脱物質化・移動代替等の構造的効果がある。

なぐマネジメントが必要となる。この際、特定の環境配慮製品・サービスの市場形成と域内循環だけを行うのではなく、地域資源や地域特性に活かす環境配慮製品・サービスのブランド化と多様な製品・サービスの開発、環境配慮を地域アイデンティティとした波及的な地域づくりの展開を図ることで、複合的に大きな経済効果を得ることができる。

　例として、兵庫県豊岡市におけるコウノトリの野生復帰と環境保全型農業等の地域づくりをあげる。1971年、豊岡に生息していた野生のコウノトリが死亡し、国内のコウノトリは絶滅した。その後、豊岡ではコウノトリの保護増殖を図り、1999年に「コウノトリの郷公園」ができ、2006年には野生復帰活動を始めた。飼育したコウノトリを放鳥するに際し、餌となる水棲動物が生息できるように配慮した「コウノトリを育む農法」（農薬や化学肥料をできるだけ使わず、かつ水棲動物が生息できるように田に水をためるようにする等に配慮）を普及させ、コウノトリとその生息地の再生に成功した。

　この農法で生産したお米は「コウノトリの舞」としてブランド化され、生

産と販売を拡大してきた。このお米は、通常の慣行農法に比べ無農薬では2倍、減農薬では1.6倍の価格で販売されたが完売となり、生産量を拡大させてきた。さらに、お米だけでなく、大豆等もコウノトリを育む農法で生産し、豆腐、納豆、煎餅、お酒等をコウノトリブランドとして商品化した。環境と経済の好循環を政策方針とすることで、コウノトリを見て学ぶ観光、環境ビジネスの企業誘致等を展開してきた。

これらの取組みでは、コウノトリをアイコンとした環境製品・サービスの販売効果（移入効果）といったフロー効果を得ているだけでなく、コウノトリやその保護のための取組みを資源として活かす観光・交流、環境意識の高い企業の立地・集積等といったストック効果を高めている。

また、コウノトリの野生復帰に成功し、注目されることで、地域の農業者や住民の意識が変わり、起業家精神を高める等の意識面での経済効果もある。

> 田んぼの様子を見抜き、農業をしながら生きものを育む「考える農業」

栽培技術
〜コウノトリを育む農法 〜

おいしいお米と、コウノトリの
エサとなる生きものを同時に育む

①農薬の不使用または7割削減
②栽培期間中、化学肥料は不使用
③温湯消毒（種もみを湯で消毒）
④中干し延期（オタマジャクシが
　カエルになるまで田んぼに水を
　残す）
⑤早期かん水（田植えの1か月前
　から田んぼに水を張る）
⑥深水管理（田に深く水を張る）

ブランド化
〜コウノトリをシンボル
　にして、手間に見合った
　価格で販売

販売価格
2〜5割高

図 11-2　兵庫県豊岡市のコウノトリ育む農法とブランド化

出典）豊岡市の資料より作成

（2）環境と社会をつなげる環境政策

1）環境と社会の統合的発展の考え方

　環境と社会の統合的発展は、「環境から社会へのプラス作用」と「社会から環境へのプラス作用」の双方向の効果を高めていく発展である。「環境から社会へのプラス作用」を考える際、社会面の捉え方が曖昧になりがちである。まずは、社会面とは何かを明確にする必要がある。

　社会面の範囲を設定するうえで、SDGsが参考になる。SDGsの 17 のゴールのうち、貧困、飢餓、健康と福祉、教育、ジェンダー、平等、平和と公正、パートナーシップが社会面に該当する。

　また、持続可能な発展の規範（第 6 章の図 6.1）に基づき、社会面を設定することができる。社会面には、「社会・経済の活力」のうちの経済面以外の部分と「公正・公平への配慮」といった 2 つの側面がある。「リスクへの備え」もまた、経済面とは異なるため、社会面と位置づけることができる。

　持続可能な発展の規範に基づき社会面の内容を設定し、「環境から社会へのプラス作用」各側面での効果を整理したのが表 11-3 である。これをもとに、地域における「環境から社会へのプラス作用」について、重要な 3 点を示す。

　第 1 に、コミュニティあるいは市民の参加・協働によって環境対策を行うことで、「社会的活力の向上」や「一人ひとりの成長」といった社会面での効果を得ることができる。環境政策のPDCAを行政と専門家だけで行ってしまうと、環境面での効果が発揮されたとしても、社会面の効果が十分とはならない。社会面の効果を意図した環境政策のプロセスのデザインが必要である。

　この際、コミュニティあるいは市民の参加・協働を得ることで、環境面での効果も発揮しやすい。市民等が問題を自分事として捉え、主体的な取組みを進めることが期待できるからである。

　第 2 に、「公正・公平への配慮」や「リスクへの備え」の効果を十分にするために、弱者の視点をもって環境対策をデザインする必要がある。ここで、弱者とは、女性、高齢者、身体障がい者、精神疾患、貧困、失業者、過疎地等の条件不利地域居住者等である（第 4 章の表 4-1 参照）。環境保全活動や環境ビジネスへの弱者の参加、環境対策による収益の福祉への還元、環境対策による

表 11-3　環境から社会へのプラス作用

効果			事例
社会・経済の活力	社会的活力	環境対策による定住人口、交流人口、関係人口の増加	里山、棚田保全活動への都市住民の参加
		環境対策を通じたコミュニティ、ネットワークの強まり	自然開発に反対する支援者と地域住民とのつながり
		環境保全による心身の健康づくり	森林浴、森林セラピーによる健康づくり
	一人ひとりの成長	環境対策への参加による学習と自己実現、よりよい生き方の選択	環境学習による成長。自然観・人生観の変化
		環境対策を通じた、地域や自分への誇りと愛着の向上	自然や地域住民が持つ魅力の実感
公正・公平への配慮	公正な参加機会	環境対策における活動への参加機会の提供	環境保全活動へのリタイア後の高齢者参加
		環境対策における雇用機会の創出	環境ビジネスにおける幅広い雇用機会の創出
		環境対策を通じた男女協働参画の機会創出	主婦による環境活動、環境ビジネス
	弱者への支援	環境対策における高齢者や身体障がい者等の弱者の積極的な雇用	リサイクルビジネスでの障がい者雇用
		環境対策の経済効果による福祉財源の確保	環境税収の福祉目的財源化
		環境対策を通じて形成された社会関係資本を活かした、支えあう福祉	高齢者のごみ出しの近隣住民による支援
	地域間・国際間の格差是正	環境に取り組む地域としての地域価値の向上	遠隔地における大自然の持つ価値の訴求
		条件不利地域における環境の魅力を活かした地域活性化	エコツーリズムによる観光振興
リスクへの備え		災害時の備えとなるエネルギー自給	再生可能エネルギーによるエネルギー自給
		環境対策を通じたリスクの学習と一人ひとりの備え	水・土砂災害、熱中症に対する備え

条件不利地域の再生等はそれを意図することで効果を発揮する。

　この際、環境対策の経済面の効果の発揮を重視し、効率性やスピードを重視すると、社会面の効果を発揮する工夫を導入しにくい。弱者への配慮や誰も取り残さないペースを大事にして、弱者を施しの対象とするのではなく、弱者と一緒に環境対策をデザインするという協働の視点が求められる。

　また、弱者が自然災害や気候災害等の被害者となりやすいことから、「リスクへの備え」という面でも弱者の視点からのデザインが必要である。

　第4に、地域資源や中間技術をうまく使うことで、社会面の効果を発揮しやすい。地域資源とは地域にあるものであり、その近くにいる住民の参加や地

域再生を図りやすいためである。

　そもそも、中間技術は、その定義からして、社会のための技術である（第5章の5.3参照）。例えば、市民出資で活用する再生可能エネルギーは中間技術であり、コミュニティあるいは市民の参加・協働の道具として、社会面の効果を発揮しやすい。

2）環境と福祉：ウエルフェアとウエルビーイング

　福祉にはウエルフェア（Welfare）とウエルビーイング（Well-being）の2段階があり、各々のレベルに応じた機会の提供と支援が必要となる。

　ウエルフェアとウエルビーイングの関係を示したのが図11-3である。ウエルフェアは弱者に最低限の生活保障を対象とした援助を行うといった従来の狭い福祉の考え方である。ウエルビーイングは個人の権利や自己実現が保障され、心身及び社会経済的により豊かな生活の実現を、弱者及び一般市民の誰もが目指すことのできる条件を整備するという考え方である。、

　表11-3に示す「公正な参加機会」や「弱者の支援」の側面はウエルフェアに相当し、「社会的活力」や「一人ひとりの成長」はウエルビーイングに相当する。ウエルフェアへの配慮はもちろんのこと、より高次な福祉であるウエルビーイングの向上を重視した環境政策の充実が期待される。

図11-3　ウエルフェアとウエルビーイング

3）環境と健康

　環境問題と健康問題は似ているが異なる。環境問題は環境という他者に配慮することであり、健康問題は自己の健康に配慮することが主眼となる。しかし「環境から健康へのプラス作用」を考えると、両者は密接に関連する。

　「環境から健康へのプラス作用」を表 11-4 に整理した。病気の予防や治療、リハビリテーション等の観点から、様々な環境を改善し、活用することが期待される。

　健康づくりを積極的に意図する環境政策の例としては、健康食品を提供する自然農法や森林セラピー等がある。

　自然農法は自然生態系に配慮し、生物多様性を高める農法であるが、健康な食品を提供し、予防や治療等に不可欠である。「地元の旬の食品や伝統食が身体に良い」という運動では“身土不二”という言葉を使うが、地域の環境の恵みがそこに育つ人間の健康によいという意味である。

　森林セラピーは森林空間を整備し、森林の中で自然治癒力を高めることができるような道や癒しの体験のプログラムを提供する。林野庁が森林セラピーを推進しており、癒しの効果・病気の予防効果が検証されている。林野庁が一定の基準で認定した森林セラピー基地と森林セラピーロードでは、整備された明るい森の中で、呼吸法やヨガ、アロマテラピー等のリラクゼーションを狙いとしたプログラムや身体のフィットネス・プログラムが体験できる。

表 11-4　環境から健康へのプラス作用

環境		環境 → 健康へのプラス作用
地球環境（気候変動）		気候変動の緩和と適応による安全で快適な暮らしの確保
地域環境 都市環境 屋外環境	自然環境	緑や生き物とのふれあいによる癒やし
	大気・水・土環境	公害のない、安全で快適な環境による健全な心身
	社会環境	環境対策を通じた関係づくり、人の成長
	職場環境	運動ができる環境整備による健康づくり
屋内環境	住宅・建物内環境	化学物質フリーな健康住宅
	家庭環境	環境対策を通じた家族でのコミュニケーション
その他	食品	安全な食品による健康の確保

4）環境と社会の好循環事例：新庄もがみ方式による食品トレーリサイクル

　山形県新庄市に立地する㈱ヨコタ東北は、食品トレーの製造で全国レベルのシェアを占める。しかし、使い捨て容器であるため、リサイクルの確立が課題となり、1998 年に食品トレーのリサイクルを行うシステムを開発した。

　同社のリサイクルの仕組みを図 11-4 に示す。食品トレーは、地区ごみステーションのほか、公共施設やスーパー等に設置された回収ボックスにより回収される。その後、ごみの選別を NPO 法人が運営する作業所で、原料化（再生ペレットの製造）を社会福祉法人が運営する施設で行う。再生ペレットはヨコタ東北に持ち込まれ、再生トレーとして製造される。

　選別や資源化の作業により、障がい者は、安定した仕事を確保できるという“安心感”と環境保全という重要な課題へ取り組んでいるという“誇り”を持つことができる。

　この方式は、市民、スーパーマーケット、福祉施設の連携を行政が調整することで実現した。当初は新庄市で導入され、その後周辺市町村も一緒になり、最上地域全体で取り組んでいる。さらに、四日市市、東海市、江東区等にもこの方式が導入されている。

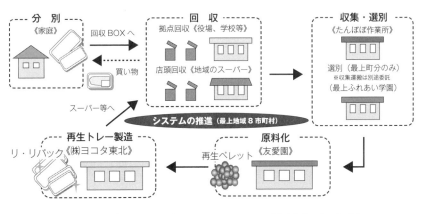

図 11-4　食品トレーリサイクルシステム「新庄もがみ方式」
出典）山形県認証リサイクルシステムの HP[1] より

（3）環境と環境をつなげる環境政策

1）環境政策から環境政策へのプラス・マイナスの作用

　ある環境問題への対策が別の環境問題にプラスの作用を及ぼす場合と、逆にマイナスの作用を及ぼす場合がある。事例を表11-5と表11-6に示した。

　プラスの作用がある場合は、その対策を優先的に実施することが望まれる。一方、マイナスの作用がある場合は、別の対策を優先的に実施するか、マイナスの作用を減らすように対策の改善を図ることが望まれる。

表 11-5　環境対策間のプラス作用の例

事例	環境対策間のプラス作用（左から右に）	
森林の整備・保全により、二酸化炭素の吸収・固定量の増加	自然共生社会 →	→ 脱炭素社会
森林の整備・保全により、水・土砂災害防止機能の向上	自然共生社会 →	→ 気候変動適応社会
ごみの減量化により、新たな最終処分場等の整備による自然への影響回避	循環型社会 →	→ 自然共生社会
ごみの減量化により、廃棄物処理過程等での二酸化炭素排出量の削減	循環型社会 →	→ 脱炭素社会
気候変動の緩和により、気候変動による野生生物生息への影響の抑制	脱炭素社会 →	→ 自然共生社会
気候変動の緩和により、気候災害による廃棄物発生の抑制	脱炭素社会 →	→ 循環型社会

表 11-6　環境政策間のマイナスの作用の例

事例	環境対策間のマイナス作用（左から右に）	
廃棄物処理・処分施設の整備のための開発による自然への影響	循環型社会 →	→ 自然共生社会
省エネルギー機器への買い替え促進による廃棄物発生量の増加	脱炭素社会 →	→ 循環型社会
再生可能エネルギー設備のリサイクル体制の未整備	脱炭素社会 →	→ 循環型社会
再生可能エネルギー設備の設置による野生生物及び自然生態系への影響	脱炭素社会 →	→ 自然共生社会
再生可能エネルギー設備の不適切な設置による土砂くずれの発生	脱炭素社会 →	→ 気候変動適応社会
堤防等の適応施設の整備による自然生態系への影響	気候変動適応社会 →	→ 自然共生社会

2）リサイクルしてはいけないは本当か

「リサイクルは廃棄物対策として有効であるが、リサイクルのためにエネルギーを使い、二酸化炭素の排出を増やすから、気候変動防止の観点からリサイクルはしない方がよい」という指摘がある。廃棄物の収集・中間処理・最終処分という工程に対して、廃棄物の回収・原材料としての再生・再生品の製造といった工程の方が、二酸化炭素排出量が多いことを根拠としている。

しかし、これはライフサイクルアセスメントによる比較方法としては間違っている。異なるライフサイクルは、入口と出口を同じにして（エンドポイントを揃えて）、比較しなければならない。図11-5に、ライフサイクルの入口と出口を同じにした比較対象を示す。リサイクルの出口が再生品であるならば、リサイクルをしない場合（バージン資源を利用する場合）に同じ製品をつくる工程を追加して比較する。この方法で比較すると、「再生資源を原材料として利用する製造」の方が「バージン資源を原材料とする製造」より二酸化炭素排出量が少なく、ライフサイクル全体の二酸化炭素排出量もリサイクルありの場合の方が抑制されることになる（ただし、ケースによって例外はある）。

このように、ライフサイクルアセスメントの方法を用いて、環境対策間のトレードオフあるいはシナジーを正しく評価することが必要である。

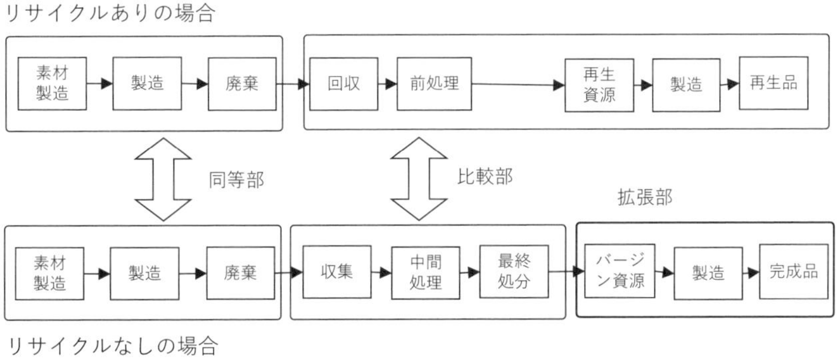

リサイクルありの場合

リサイクルなしの場合

図11-5　リサイクルありの場合となしの場合のライフサイクルの比較

3）再生可能エネルギー設備の設置と新たな環境問題

2012 年の固定価格買取制度の導入により、全国各地で太陽光発電所や風力発電所、地熱発電所等の再エネ設備の立地が活発化した。これが、気候変動への緩和と適応、地域の経済・社会の活性化に貢献してきたことは確かである。

しかし、地域住民や自然保護団体等は、再エネ設備の設置に諸手をあげて賛成してきたわけではない。設備の建設・運転・廃棄等の側面で環境へのマイナスの影響があるからである。再生可能エネルギーによるマイナスの影響を表11-7 に示す。

マイナスの影響を軽減するため、設備の立地におけるアセスメントの導入、あるいは設備設計・設置・運用における配慮ガイドラインの提供が行われている。地方自治体においては、国のアセスメント制度の対象外となる比較的小規模な再エネ設備に対するアセスメントや開発許可制度等の導入が求められる。

生活環境に関する問題については、住民と開発事業者との話し合いの場を設けることが不可欠である。住民の目線でのきめ細かい配慮を行うとともに、話し合いを通じての住民の環境や社会への意識向上が期待される。生活環境問題はNIMBY（Not In My Back Yard）と言われるが、生活環境の安全性や快適性は保障されるべき住民の権利であり、その保障は必要である。

表 11-7　再生可能エネルギーによる新たな環境問題の例

影響側面	影響項目
循環型社会（廃棄物）	・建設時の残土処理 ・使用済みとなった設備のリサイクル　等
自然共生社会（生物多様性）	・再エネ設備の設置に伴う森林開発や盛土・切土 ・建設工事や工事車両の出入り ・再エネ設備へのアクセス道の整備、林道の拡張 ・整備後の土砂の表面流出（河川等への流入） ・風車のバードストライク　等
気候変動適応社会（気候災害）	・斜面地に整備された太陽光パネルの土砂崩れによる崩壊 ・豪雨や台風の際の水力・風力・太陽光発電設備の破壊
その他生活環境	・太陽光発電パネルの反射による光害 ・風力発電の騒音（超低周波）による健康障害 ・人工物である再エネ設備による景観悪化 ・設置事業者の倒産等による放置　等

11. 2　構造的環境政策

（1）産業構造転換：脱物質化、サービサイジング

1）モノを生産・消費しない経済（脱物質経済）とは

　モノの生産・消費を抑制しつつ、経済を発展させる脱物質経済は、循環型社会、脱炭素社会、自然共生社会を根本的に実現する手段となる。脱物質経済には 2 つの方向性がある（図 11-6）。

　1 つの方向は、付加価値が高く、かつ長く使えるモノを生産し、モノを長く使う経済（高付加価値・長寿命化による脱物質経済）である。

　モノを長く使う経済のメニューは、誰がモノを所有するかという観点から分類することできる。例えば、①製造者によるメンテナンスや修理事業者によるリペア・リフォーム等のように同じ所有者が長く使い続ける場合、②リユースびんの回収・再充填、中古製品の売買等のように所有者を変えながらモノが長く使われる場合、③カーシェアリング等のように、複数の利用者が共同利用を行う場合がある。

　2 つめの方向は、モノではなく、サービスを売る経済（サービサイジングによる脱物質経済）である。この例として、リース・レンタル、家庭でモノを所有しない外部サービスの利用、モノの電子化がある。

　リース・レンタルはモノの所有ではなく、モノの使用というサービスを売っている。Pay per Use は現在、導入されていないが、洗濯機を家庭に置き、それを使用する時に代金を支払うという、住宅内でコインランドリーのような仕組みとして導入実験がなされたことがある。

　外部サービス利用の例としてコインランドリーがある。今日ではコインランドリーを社交場とするビジネスもみられ、古くて新しいサービサイジングである。電子化による脱物質化としては、音楽の電子配信、チケットレス等がある。

　なお、タクシーの配車サービス等を一元的に行うシェアエコノミーは、空いた資源の状況を利用者に知らせ、その効率的な利用を図るものである。しかし、必要以上に需要を喚起する場合もあり、環境に配慮しているとは言いがたい面もある。

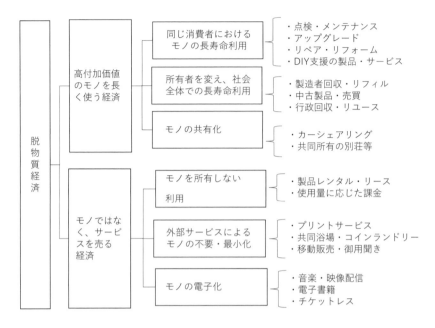

図 11-6　脱物質経済・サービサイジングの分類と事例

出典）今堀・盛岡（2003）[2]等をもとにして作成

2）脱物質経済化が進まない理由

　リサイクル法による拡大生産者責任による仕組みの整備や地方自治体による
ごみの有料化の導入が進み、一定の効果を上げている。しかし、脱物質化を進
める取組みは大きな流れとなっていない。その理由として、4点をあげる。

　第1に、リサイクルが免罪符となり、それ以上の対策の必要性が求められ
にくい。例えば、ペットボトルはリサイクルしているから、あるいは薄肉化と
いった改善努力をしているから、生産・消費しても許されるという社会通念が
形成されていないだろうか。これを「免罪符」問題と呼ぶことにする。

　第2に、リサイクル処理設備等がいったん整備されると、その処理設備の
安定稼働が必要となり、処理設備にとっての原材料となる廃棄物の削減が期待
されない状況が出てくる。また、2Rをさらに進めるためには、新たな制度や
設備を整備するための費用（スイッチングコスト）が必要となる。つまり、リ

サイクル設備・制度の整備によって、システムが固定化されてしまう。これを「ロックイン」問題と呼ぶことができる。

第 3 に、脱物質化は大量生産・大量消費・大量廃棄という構造を転換させることになる。このため、これまで大量生産によって利益を得てきた事業者やその関係団体等は従来のビジネスモデルを守ろうとする。これを「経路依存」問題と呼ぶ。

第 4 に、サービサイジングを担う受け皿となるビジネスが未成熟である。例えば、リユース・リペアの市場は、景気の変動を受けやすく、揺れ動いてきた産業である。景気に左右されるようでは、リユース・リペア産業の安定した発展は見込めない。また、リユース製品等はその品質や安全性を保障する制度や行政支援策が不十分である。これらを、「受け皿」問題と呼ぼう。

3）脱物質経済化を進める動き

脱物質経済の方向に踏み出す新たな動きは、ニッチではあるが進みつつある。例えば、焼酎びんやワインびんの回収・リユースを行う飲料製造事業者、インターネットでのオークションやフリーマーケット、電気自動車等のリースやシェアリング等である。

地方自治体やリユース業界では、リユースショップの認定を行うことで、リユース業界への信頼性を高めようとしている。また、京都市ごみ減量推進会議の『京都の修理ナビサイト「もっぺん」』[3] のように、修理やリメイク、リユースを担う地域の店紹介が行われている。

さらに、高度情報化は脱物質化ビジネスを後押しする。既に普及しているインターネットによるオークション等に加えて、IOTによるモノの故障診断やメンテナンスのナビゲーション、使用料に応じた課金システム等の新たなビジネスモデルの普及が考えられる。

脱物質化による消費者メリットはある。製品等の購入や買替え費用の抑制、モノを長く使うことによる愛着の高まり、モノの維持管理を通じたモノの供給者との関係性の構築等である。脱物質化による消費者メリットを、製品・サービスの付加価値として訴求するビジネス革新が期待される。

4）コミュニティ・ビジネスによる脱物質化

　使用者間のモノの交換やサービス主導への転換を図る脱物質経済においては、人と人との関係づくり、すなわち社会関係資本の形成が重要である。

　その例として、NPO法人スペースふうのリユース食器のレンタル事業を記す。スペースふうはもともと、山梨県増穂町で地域活動に取り組む主婦の集まりであった。当初は子育てやリサイクルショップ等をなんでもやっていたが、2001年が転機となった。イベントでの使い捨て食器に心を痛めているなか、法人代表がドイツではリユース容器が当たり前と知り、啓示を受けて始めたのがリユース食器のレンタル事業である。

　同事業は、イベント主催者にイベント時に使用する食器を貸し出し、イベント終了後に汚れたまま食器を回収し、洗浄・殺菌・保管し、リユースを行うというシステムである。容器と滅菌の乾燥機、作業場等の確保が必要となるが、その資金は地元企業からの寄付、国の助成により調達した。

　やがて、全国からリユース食器の注文が来るようになり、全国各地で同様の事業を行いたいという団体の視察が来るようになった。全国各地へのリユース食器のトラック輸送は環境負荷となるため、全国各地での拠点づくりとネットワーク化を進めてきた。2005年にリユース食器普及のための全国大会が新潟県で開催された際、リユース食器ネットワークが結成され、各地の取組みをつなげている（2020年現在47団体が参加）。

　同事業はコミュニティ・ビジネスである。コミュニティ・ビジネスとは、地域主体がビジネスの手法で地域課題の解決を図る取組みである（樋口・白井（2010）[4]）。コミュニティ・ビジネスの特徴は、地域の互酬関係に依拠しながら、社会関係資本（ソーシャル・キャピタル）を動員し、事業活動を通じて、地域の問題を解決していくことで、社会関係資本を再生産していくことにある（神原（2005）[5]）。まさに、スペースふうは事業の立ち上げから拡大に至る段階で、大学や企業、行政等との関係をつくり、その支援を得てきており、多方面の社会関係資本を形成しながら事業を成立させてきた。

　脱物質化を図る取組みで事業採算性が確保しにくいとすれば、社会関係資本の形成・活用と一体的となった事業展開が重要である。

（2）流通構造転換：地産地消、地域内自給

1）食料やエネルギーの地産地消、地域内自給

　大量生産・大量流通・大量消費、市場の広域化・グローバル化、輸送技術の進化、ライフスタイルの多様化によって、生産者と消費者の物理的距離が広がり、顔が見えない関係が形成されてきた。このことが、今日の環境問題あるいは地域産業の衰退、生活の豊かさ実感の喪失といった問題の根幹にある。

　例えば、再生可能エネルギーの普及は脱炭素社会の実現のために不可欠であるが、大都市の資本がメガソーラーを設置したとしても、発電された電気が地域内で消費されないとしよう。その場合、地域経済へのプラス作用は小さく、地域住民が太陽光発電への意識を高めることもなく、むしろ迷惑施設として太陽光発電を捉えてしまうかもしれない。

　しかし、小規模であっても太陽光発電設備を地域住民の出資で地域内に設置し、発電された電気を、地域新電力会社を介して、地域内で消費するとしよう。地域経済へのプラス作用が働き、地域に設置された太陽光発電への地域住民への意識が高まり、地域住民を次なる行動に導くことができる。

　地産地消は、地域内での生産・消費を結びつけ、地域の持続可能な発展を実現する構造転換策となる。もっとも、あらゆる生産物が地産地消に向いているわけではない。海外から輸入せざるを得ない資源を原材料とした工業製品は、効率性を求めて大規模な生産となり、大きな市場を求めて地域を越えた流通とならざるを得ない。循環には適正なサイズがある。

　地産地消に適しているのは、食料・木材等の第一次産品や再生可能エネルギー、あるいは福祉サービスである。これらは地域にある資源を活用するものであり、地域の主体が活用しやすく、小規模なサイズでの事業が可能であり、地産地消によるプラス作用を得やすいからである。顔の見える関係が製品・サービスの付加価値となり、生産者と消費者の相互にメリットをもたらす。

2）農産物の地産地消

　農産物の地産地消について、具体的に見てみよう。かつての農山漁村地域では地産地消が当たり前であったが、交通網の整備、保冷技術の向上、指定産地制度、食生活の変化により、大量かつ広域での生産・流通・消費システムが成

立してきた。これにより、食材の通年での安定供給が可能となり、低価格化や品質の規格化が進んだ。このことが食生活の安定や多様化を促し、経済成長に貢献してきたことは確かであるが、一方で生産者と消費者の顔の見えない関係の形成と旬や地域の食文化の喪失等の問題が生じてきた。そこで地産地消に回帰する動きが出てきた。

　日本では、地産地消というが、イタリアのスローフード、韓国の身土不二、米国のCSA（Community Supported Agriculture）も、同様の背景で生まれてきた運動である。

　地産地消とは「地域で生産された農産物を地域で消費しようとする活動を通じて、農業者と消費者を結び付ける取組み」である。さらに、地産地消は、生産地から消費地との物理的な距離縮減だけではなく、生産者と消費者の「顔が見え、話ができる」関係形成であるという捉え方が重要である。この2つの側面から、地産地消による効果を図11-7にまとめた。

　農産物だけでなく、林産物（木材）、水産物についても、地産地消の持つ意義や効果は同様である。

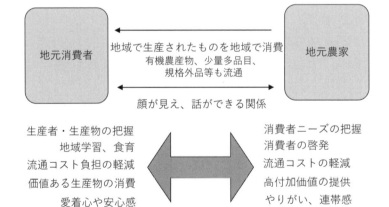

図11-7　農産物の地産地消の効果
出典）農林水産省（2005）[6]をもとに作成

3）林業者の顔の見える家

木材の地産地消としては、「近くの山の木で家をつくる」運動が全国各地で展開されてきた。安価な外材の流通により、国産材の事業採算性が悪化するなか、顔の見える関係づくりにより、国産材の付加価値の向上を図ろうとする運動である。

また、海外の不適切な森林伐採への対応、国産材の活用による森林の二酸化炭素吸収量の向上、木材輸送によるエネルギー消費の抑制等といった、気候変動の緩和策の推進という観点からも、木材の地産地消は意義づけられてきた。

先進事例として、地域の工務店である安成工務店の事例を記す（図11-8）。安成工務店は山口県下関市に本社を構える工務店であり、天日乾燥にこだわって大分県下津江村から木材を調達している。施主には木材の産地や自社の木材プレカット工場を見学してもらうようにしている。

また、新聞古紙等を原材料としたセルロースファイバーを製造し、断熱材として住宅に使用している。この断熱材に加えて、OMソーラーを用いた省エネ住宅、太陽光発電の設置等を行うことで、ZEH（Zero Emission House）を実現し、その供給に力を入れている。顔の見える木の家というだけでなく、多面的に環境配慮を行い、付加価値の高い住宅を提供している。

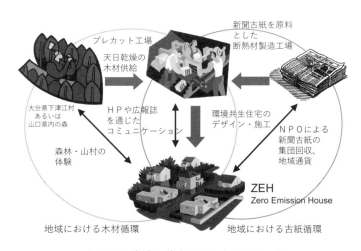

図11-8　安成工務店のビジネスフレーム

4）コミュニティ・ビジネスを支援する資金

　地域資源を地域内に提供するビジネスはコミュニティ・ビジネスとして成立しやすい。コミュニティ・ビジネスの支援を、社会関係資本の形成・活用と一体的に行っているのが滋賀県東近江市のSIB（Social Impact Bond）である。

　東近江市のSIBは、地域資源を地域内で循環させ、地域課題を解決し、地域課題の解決にかかる行政コストの削減と地域内での雇用創出を狙いとして、2016年度から導入されている。

　このSIBの仕組みを図11-9に示す。従来の補助金が成果の有無にかかわらず活動にかかった経費を支払うのに対して、SIBでは目標達成時のみに交付金を支払う。また、交付金は、税金だけでなく、応援債により市民投資家から調達した資金を財源とする。例えば、地産地消の食材を出すコミュニティ・カフェが地域にできたとする。出資者である市民は、コミュニティ・カフェを応援する気持ちから店を訪ね、店の運営にアドバイスをし、応援団にもなる。出資を通じて社会関係資本が形成され、出資者からは資金だけではなく、非資金的支援も得られる可能性が出てくる。出資者は、共感をベースに地域に参画し、よりよい生き方を実感することができる。

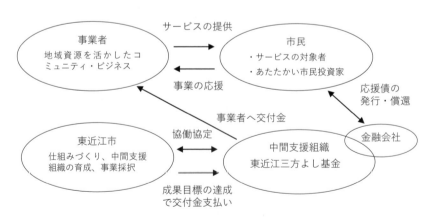

図 11-9　東近江市の SIB の仕組み

出典）東近江市資料より作成

（3）土地利用転換：コンパクトシティ

1）コンパクトシティとは

　1970 年代頃から、欧米あるいは日本では、都市への人口集中（都心部の過密化）と交通網の整備等より、都市のスプロール化が進行し、中心部のスラム化、中心商店街の衰退、都心にアクセスする道路の渋滞等の問題が深刻化してきた。

　1990 年代以降は気候変動対策が政策課題となり、自動車による二酸化炭素排出削減の観点から、コンパクトシティの必要性が示された。スプロール化した都市は、自動車の輸送分担率や移動距離が大きくなり、都市密度が大きいほど、一人当たりの交通による二酸化炭素排出量が小さくなる。

　また、少子高齢化・人口減少の時代となり、スプロール化した市街地の改造が求められてきた。高齢者等のウエルフェアとウエルビーイングを高めるための市街地への集住化、伸びきった市街地を集約することでのインフラの維持管理費用の削減等の観点から、コンパクトシティが必要となってきた。

　このような経緯を持って追求されてきたコンパクトシティは、環境、社会、経済といった多側面における諸問題を生じてきた根本原因であるスプロール化を抑制し、都市構造をコンパクトにすることで、諸問題の解決を図ろうとする都市づくりである。

　ここで、コンパクトというと、中心市街地への集約度が高い空間をイメージするがそれだけではない。コンパクトシティの具体像を表 11-8 に示す。歴史的な蓄積、公平な利用、交流による刺激、コミュニティによる自治等の側面でも、コンパクトシティの目標像を設定することが大切である。

2）コンパクトシティの効果：持続可能な発展に対して

　コンパクトシティの効果を、持続可能な発展の規範に対応させて整理した（表 11-9）。コンパクトシティは、まさにサステイナブルな都市の空間形態だということができる。

　ただし、コンパクトであることは活動の効率化という点で優れているが、ヒートアイランド、大規模災害の被害規模の拡大、周辺農山村の縮小の加速等といった面でマイナスの側面もある。マイナスの側面への配慮と周辺地域と連携した都市づくりが求められる。

表11-8　コンパクトシティの具体像

側面	具体像
都市の形態	・人口や就業等の密度が高い ・郊外への大型店舗の立地が抑制され、市街地に商業が集積している ・多様な用途の土地・建物が適度に混在している ・徒歩や自転車、路面電車といった交通手段が整備されている
空間の特性	・多様な属性の人々が暮らし、建物や空間にも多様性がある ・歴史的に形成された場所、建物、文化等がある ・人が集まり、交流や文化の創造、発信を行う刺激的な場所がある ・市街地と郊外、自然と都市の間の明確な境界がある
活動の状況	・多様な特徴をもった人々が公平に利用できる、誰もが過ごしやすい ・徒歩や自転車で移動可能な範囲で、日常生活を自足できる ・地域内外の人との出会いがあり、ネットワークが形成されている ・地域コミュニティがあり、都市の計画や運営への地域自治がある

出典）海道（2001）[7]をもとに作成

表11-9　コンパクトシティの効果

持続可能な発展の規範		コンパクトシティの効果
社会・経済の活力	社会活動の活発化	・多様な属性の人との交流やコミュニティの形成
		・インフラを整備・管理するための行財政の効率向上
	経済成長と産業振興	・郊外の商業施設等の抑制による中心商店街等の活性化
		・新たな都市ビジネスの創造、インキュベーション
	一人ひとりの成長	・多様な属性の人との交流、教育機会による成長
		・歩く機会の増加による心身の健康づくり
環境・資源への配慮	人類の生存環境の維持・向上	・自動車利用による二酸化炭素の排出抑制
		・自動車利用による大気汚染、騒音等の保健環境の改善
	生物の権利への配慮	・郊外の乱開発の抑制による生物生息空間の保護
	資源エネルギー制約への対応	・自動車によるエネルギー消費の抑制
		・多面的なエネルギー管理の効率化
公正・公平への配慮	公正な参加機会	・施設やサービスへの到達しやすさの改善
		・自動車が利用できない人も居住できる都市の実現
	社会経済的弱者への支援	・高齢者等の街中居住による保健・医療・福祉の充実
		・高齢者等の外出しやすさや外出機会の増加
	地域間・国際間の格差是正	・東京等の大都市圏への人口流出の抑制
リスクへの備え		・自動車による交通事故の危険の抑制
		・緊急時の医療体制の充実

出典）海道（2001）[7]をもとに作成

3）コンパクトシティを実現する政策

　コンパクトシティは、都市政策・交通政策といった基盤整備に関する政策分野を中心とした政策であるが、商業・福祉・教育といった基盤の上での活動に関する政策、そして環境政策が分野横断的に取り組む統合政策である。

　コンパクトシティを実現する政策を表 11-10 に示す。都市政策と交通政策はコンパクトシティを実現する両輪となる。都市再生特別措置法（2014 年施行）による立地適正化計画、地域公共交通活性化法（2014 年改正・施行）による地域公共網形成計画が連動して、まちづくりと公共交通の連携による都市再編が進められている。

表 11-10　コンパクトシティを実現する政策

分野	ハードウエア	ソフトウエア
都市整備・居住政策	・都市機能の街中立地の促進 ・街中居住のための住宅建設 ・低利用地の活用	・都市機能を誘導するエリア設定 ・職住近接の推奨 ・公共交通沿線への居住促進
交通政策	・公共交通ネットワーク、交通機関間の乗入・乗換等の接続の整備 ・歩行空間や自転車環境の整備	・地域公共交通計画網の計画策定 ・公共交通のサービス水準の充実
中心市街地活性化	・中心商店街での集客拠点、回遊空間の整備	・中心商店街でのイベントやプロモーション
保健・医療・福祉	・地域医療拠点の街中立地 ・高齢者向け賃貸住宅、在宅医療・看護・介護サービスの街中立地	・高齢者等が担う街中での地域活動
教育	・小中学校、高等学校、大学等の街中立地	・生徒、学生が教育の一環として行う街中での地域活動
公共施設再編	・公共施設の立地再編と活用	・公共施設のサービス充実
農業振興	・市街地周辺の市民農園の整備	・市街地周辺の農業の振興
防災	・災害リスクの低い地域への居住、都市機能の誘導 ・街中での災害対策施設の整備	・災害リスクが高い地域の提示
環境	・街中の屋根上等を利用した太陽光パネルの設置、木質バイオマスを利用する地域冷暖房の整備	・脱炭素政策としてのコンパクトシティの位置づけと支援施策のパッケージ化

出典）国土交通省資料[8]等をもとに作成

　また、商業・福祉・教育等の分野との連携、中心市街地や交通拠点周辺だけでなく、周辺の農山村地域の維持や活性化に配慮し、地域全体のバランスのとれた整備が求められる。

4）日本のコンパクトシティ：富山県富山市

　コンパクトシティの実現のためには、目標となる都市構造の共有とそれを実現するための行政分野横断的な政策の連携のとれた実施が必要となる。このため、首長等の強い意志と政策統合への指示がなされないと、コンパクトシティの実現は難しい。

　コンパクトシティの実現に目に見える成果をあげているのが富山市である。同市のコンパクトシティは2012年に就任した市長のリーダーシップによるところが大きい（京田（2015）[9]）。市長は、手始めに国土交通省から2人の助役を招聘し、若手・中堅職員十数名のプロジェクトチームによる勉強会・意識改革を図った。次いで、数多くのタウンミーティングで市長自らが、コンパクトなまちづくりの必要性、ライトレールトランジット（Light Rail Transit：LRT）と「まちなか賑わい広場」の必要性を市民に説明した。中心地区への集中的投資に不満を持つ住民もいたものの、市長とそれに共鳴する職員等の確信と熱意があって、コンパクトシティが実現した。

　富山市のコンパクトシティは、「お団子と串」の都市構造を目指している（図11-10）。富山駅周辺の中心市街地と公共交通の拠点をお団子として集積させ、それを公共交通という串で結ぶ、多極分散型の構造である。中心市街地だけに集約しようというものではない。

　これを実現する政策の3本柱が、①公共交通の活性化、②公共交通沿線地区への居住促進、③中心市街地の活性化である。①が串づくり、②と③がお団子づくりの政策である。

　串づくりでは、北陸新幹線の富山駅乗入れに先駆けたJR富山駅と富山港を結ぶ「富山ライトレール」の整備、既存の路面電車の環状運行という大がかりな改造がなされた。これには民間の鉄道会社との連携がなされた。さらに、異なる交通機関間の結節機能の強化としては、鉄道や路面電車の駅前に、パーク＆ライド駐車場、駐輪場の整備がなされた。細かなところでは、LRTのデザ

インにこだわり、都市的でモダンなメタリック系の色彩にし、それと一体となるように停留所や車道、街の景観をデザインした。

　ソフト面では、高齢者を対象とした「おでかけ定期券」が導入された。これは、交通事業者と連携し、高齢者が市内各地から中心市街地へ出かける際に公共交通利用料金を 1 回 100 円とする割引制度である。高齢者の外出機会の創出、中心市街地の活性化、交通事業者への支援等に寄与する。

　お団子づくりでは、都心への街中（まちなか）居住、鉄道やバス停周辺の居住に対して、住宅の建設・購入に対する助成がなされた。一戸あたり 30 〜 100 万円の助成である。また、中心市街地では、高齢者向けの老人ホーム、賃貸住宅、介護予防センター、民間マンション等が整備された。

　これらの取組みにより、公共交通の利用者、中心市街地や公共交通沿線への転入人口、街中の歩行者数、街中の小学校児童数の増加が見られている。自動車から公共交通へ、郊外戸建てから集合住宅へと構造シフトがなされ、運輸・家庭部門の二酸化炭素排出量も削減された。

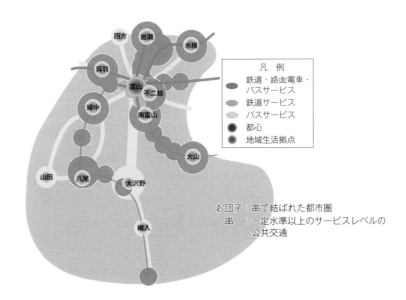

図 11-10　富山市が目指す「お団子と串」の都市構造

出典）富山市資料

（4）国土構造転換：UJI ターン、関係人口

1）多極分散型国土

　都市はコンパクトであることが望ましいが、国土は多極分散型であることが望ましい。すなわち、コンパクトな市街地が全国各地に分散して形成されていることが、持続可能な国土のイメージである。

　近代化の進行に伴い、大都市圏への人口集中（過密化）と地方圏からの人口流出（過疎化）が進行し、大都市圏が牽引する経済成長をもたらす反面、大都市圏と地方圏の両方に構造的な問題が生じてきた。とりわけ 1980 年代以降は東京圏への一極集中の傾向が顕著となった。都道府県内でみれば県庁所在都市等への集中が著しく、都道府県の周辺町村における人口減少が著しい。

　こうした過密化と過疎化の問題点を、持続可能な発展の規範と対照させて整理した（表 11-11）。

表 11-11　持続可能な発展からみた過密化と過疎化の問題点

持続可能な発展の規範		過密化の問題点	過疎化の問題点
社会・経済の活力	社会活動の活発化	・出生率の低下	・地域の担い手不足
		・無縁化、コミュニティ喪失	・互助力の低下
	経済成長と産業振興	・混雑による効率低下	・地域市場、労働力の衰退
		・競争による疲弊、淘汰	・地域産業の衰退、消滅
	一人ひとりの成長	・生活コストの増加	・生活維持の困難化
		・人が被るストレスの増加	・地域への誇りの喪失
環境・資源への配慮	人類の生存環境の維持・向上	・ヒートアイランド	・鳥獣被害による危機
		・生活環境の悪化	・乱開発
	生物の権利への配慮	・開発による生息地の破壊	・放棄による生息地の劣化
	資源エネルギー制約への対応	・外部への依存による浪費	・エネルギー消費の非効率
		・外部依存型の大量消費	・森林資源等の放棄
公正・公平への配慮	公正な参加機会	・公共サービスへの需要に対する供給の不十分	・公共サービスへのアクセスの困難化
	社会経済的弱者への支援	・関係に支えられない弱者	・取り残された高齢者
		・福祉サービスの供給不足	・福祉を支える資源の不足
	地域間・国際間の格差是正	・都市内部の地域格差	・都市に対する比較での劣位
リスクへの備え		・災害時の曝露の大きさ	・災害への抵抗力の低下
		・被害の波及の大きさ	・災害後の復旧の困難

2）UJI ターンによる田園回帰

　多極分散型国土を形成するためには、過密化が進み膨張する大都市から、過疎化が進む地方への UJI ターン（移住）を活性化させることが期待される。

　近年の傾向としては、田園回帰志向の高まりがあることから、その受け皿となる地域の取組み次第で、UJI ターンを活性化させることが十分に可能となる。

　内閣府「農山村漁村に関する世論調査」[10] では、農山漁村地域への定住願望が 3 割を超えるという結果を得ている。また、同調査の 2005 年時点では 20 歳代と 50 歳代で農山漁村への定住志向が高かったが、2014 年には 30 歳代、40 歳代の定住志向も強まっている。NTT データ経営研究所（2016）[11] では、子育て世代を対象にした調査を行い、地方への移住・転職を考えるきっかけとして、「子育てのために、自然環境が豊かなところ、地域コミュニティが豊かな地域で暮らしたい」「スローライフ・自分らしい生き方をしたいから」といった回答が多いという結果を得ている。

　持続可能な発展を目指していくうえでの、地方での UJI ターン活性化施策において、重要な 3 点を記す。

　第 1 に、地方はスローライフの受け皿となることである。環境面から UJI ターンの効果を考えると、公共交通利用率が高い大都市から自動車に依存せざるを得ない地方への移住は、前後の環境負荷を増大させる面もある。しかし、これは地方移住後も都市的な生活を維持しようとする場合であり、地方でのスローライフ、すなわち脱近代化ライフを実現するならば、移住前後の環境負荷の削減が期待できる。大都市住民のスローライフ志向を受けとめ、その実現を支援する地域施策が求められる。

　第 2 に、地方は、物質循環や移動はクローズドにしつつ、情報交流はオープンな地方を実現することである。総務省では地方でも都市部と同じように働ける環境を実現し、人や仕事の地方への流れを促進する「ふるさとテレワーク」を推進している。地方であっても、ICT を利用して、クラウドサービス企業、情報配信サービス企業、Web デザイン企業、デジタルコンテンツ制作企業等の立地を促すことは可能である。

　第 3 に、いきなり移住ではなく、関係人口を増やし、定住につなげること

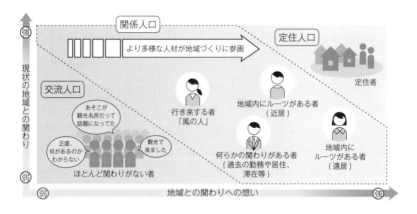

図 11-11　交流人口と定住人口の間にある関係人口
出典）総務省『関係人口ポータルサイト』[12] より

である。関係人口は、定住人口と交流人口の中間にあり、地域に関係を持つ地域外の人々のことである。とかく地域づくりは地域住民主導であるべきと主張しがちであるが、地域づくりに新たな視点や専門性、マンパワーを持ち込む関係人口を増やして関係を強めていき、最終的に定住人口に移行してもらうような戦略が求められる。

3）移住者による地域づくり事例：鳥取県智頭町「まるたんぼう」

　国土構造の転換の効果は、移住者の数が増えることだけではない。移住者が農山漁村地域にある地域資源を活かし、より魅力的で持続可能な地域づくりを進めることに大きな意義がある。

　1つの例として、移住者が中心となって立ち上げた鳥取県智頭町の「森のようちえん」をあげる。

　森の幼稚園は、自然の中で子どもを育てる思いを実現する幼稚園である。園舎を持たず、毎日自然の中で一定時間を過ごし、自然の中での主体的な遊びによる健全な発育・発達を促すという方針を持つ。1950年代に北欧で生まれた森の幼稚園は北欧を中心に広まり、ドイツ、イギリス、ロシア、日本、韓国等にも広がりを見せている。

　日本では、2007年に森のようちえん全国ネットワークが設立された。同団

体では、ひらがな表記の「森のようちえん」を使用している。幼稚園だけでなく、保育園、託児所、学童保育、自主保育、自然学校、育児サークル、子育てサロン・ひろば等が含まれ、そこに通う 0 歳から概ね 7 歳ぐらいまでの乳児・幼少期の子どもたちを対象とした自然体験活動を指すものとして、ひらがな表記で「ようちえん」としている。

　鳥取県智頭町では、2009 年 4 月に智頭町に住む子育て中の母親・父親たちが森のようちえん「まるたんぼう」を立ち上げた。「まるたんぼう」の特徴的な成果として、3 点をあげる。

　第 1 に、移住者が中心となって立ち上げ、子育てを行う移住者を地域に招き入れる誘引となっている。受入れ園児は 40 名を超え、移住者の子どもはそのうちの半分を占める。町では卒園後の小学校、移住者がすぐに入居できる住宅、第 2 子・第 3 子を安心して産むことができる産院の開設等といった施策も行っている。

　第 2 に、智頭町にふんだんにある森という地域資源を活用している。まるたんぼうでは、町内 9 か所の森をフィールドとし、午前は森で、午後は古民家で自由に過ごす。

　第 3 に、まるたんぼうの運営は母親が行い、保育士さんの力を借りて保育を行うという共同保育である。関係者同士のネットワークづくりにもなり、そのことが地域に住む価値を高めている。

　上記のほかにも、移住者による地域づくりは全国各地で進められている。例えば、智頭町の県境をはさんだ岡山県西粟倉村では、移住者にローカルベンチャーの起業を求め、移住者による地域での雇用創出を図っている。森林資源を循環させる地域づくりにおいて、森林整備や木材需要の開発等を担う起業家だけでなく、地域課題の解決に貢献する多様なベンチャーが小規模な山村に集積し、相互の刺激により地域づくりが活性化している。

　岐阜県郡上市の石徹白地区では、小水力発電事業を地区に持ち込んだ若者が移住し、地域づくりの担い手となっている。さらに、小水力発電で発電した電気を利用する農産物加工を担当した地域おこし協力隊の青年は、任期終了後も

地域に残り、高齢者を交通面で支援する活動等を始めている。

引用文献

1) 山形県『山形県リサイクルシステム認証制度』
   http://www.pref.yamagata.jp/ou/kankyoenergy/050010/rs-ninsho/mainpage.html
2) 今堀洋子・盛岡通「家電におけるサービサイジングの可能性に関する研究」『環境情報科学論文集』(17)(2003)
3) 京都市ごみ減量推進会議『京都の修理ナビサイト「もっぺん」』
   https://www.moppen-kyoto.com
4) 樋口一清・白井信雄『サステイナブル企業論〜社会的役割の拡大と地域環境の革新から』中央経済社(2010)
5) 神原理編著『コミュニティ・ビジネスと自治体活性化』白桃書房(2005)
6) 農林水産省地産地消推進検討会『地産地消推進検討会中間取りまとめ ― 地産地消の今後の推進方向 ― 』(2005)
   https://www.maff.go.jp/j/study/tisan_tisyo/pdf/20050810_press_5b.pdf
7) 海道清信『コンパクトシティ 持続可能な社会の都市像を求めて』学芸出版社(2001)
8) 国土交通省『コンパクト・プラス・ネットワーク』
   http://www.mlit.go.jp/toshi/toshi_ccpn_000016.html
9) 京田憲明「コンパクトシティ戦略における富山型都市経営の構築」『サービソロジー』2(1)(2015)
10) 内閣府『農山村漁村に関する世論調査』
   https://survey.gov-online.go.jp/h26/h26-nousan/
11) NTTデータ経営研究所『都市地域に暮らす子育て家族の生活環境・移住意向調査』(2016)
12) 総務省『関係人口ポータルサイト』
   https://www.soumu.go.jp/kankeijinkou/

参考文献

小長谷一之・前川知史『経済効果入門 地域活性化・企画立案・政策評価のツール』日本評論社(2014)

高崎経済大学附属産業研究所『循環共生社会と地域づくり』日本経済評論社(2005)

矢部光保・林岳『生物多様性のブランド化戦略：豊岡コウノトリ育むお米にみる成功モデル』筑波書房(2015)

足立芳寛・醍醐市朗・滝口博明・松野泰也『環境システム工学 ― 循環型社会のためのライフサイクルアセスメント』東京大学出版会(2004)

細内信孝『新版コミュニティ・ビジネス』学芸出版社(2010)

大西隆・小林光『低炭素都市 これからのまちづくり』学芸出版社(2010)

第**12**章　環境政策のマネジメント

12. 1　時間と空間のマネジメント

（1）時間のマネジメント

1）PDCAの欠点：連環・転換の先送り

　行政における計画策定と進行管理の方法として、PDCAサイクルが普及している。この方法は、企業等における生産管理の国際規格としても採用されており、改善を継続的に運用していく方法として有効である。

　しかし、PDCAには次のような欠点がある。

① 計画段階では、これまで実施されてきた取組みの改善が重視される前例主義となり、新たな対策は正統性を強く主張しないと採用されにくい。

② 決められた時期に見直しを行うことがあらかじめ決められてしまうため、既に形骸化した対策の改善、新たな対策の追加が遅れる。つまり、変化への迅速かつ柔軟な対応が遅れ、後手後手や手遅れになる可能性がある。

③ 組織内の担当部署ごとに、守備範囲の対策の実行と自己評価、見直しを行うという方法がとられがちであり、分野を横断して担当部署ごとに連携して行うような対策が創出されにくい。

④ 既存の地域で実行可能かつ有効性が明確な対策が優先され、社会経済の構造転換に踏み出すような対策が創出されにくい。

⑤ 将来の状況を予測したうえで長期的な対策をとろうとしても、将来予測に不確実性があるため、優先されにくい。

⑥ マルチステークホルダーによる計画策定を行うとしても、現在世代の利害調整であり、将来世代の代弁者は不在である。つまり、将来世代の視点からの検討が不十分となる。

こうしたPDCAの欠点を解消するため、バックキャスティング、シナリオプランニング、順応型管理等の方法が提案され、実験的に実施されている。以下に、各方法を説明するが、研究レベルで実施されているものが多く、各地で各方法の実用化に向けた実践を行い、ノウハウを共有していくことが必要となる。

2）バックキャスティング

将来に向けた対策を検討する方法には、フォアキャスティング（forecasting）とバックキャスティング（backcasting）の2つの方法がある。

フォアキャスティングの方法では、対策を実施しないケース（BAU：Business As Usual　成り行きの将来）と対策を実施する複数のケース（代替案）を設定し、各ケースにおける対策効果や実現可能性等を評価項目として、代替案を評価し、選択するというような方法がとられる。

これに対して、バックキャスティングでは2050年等の将来におけるあるべき姿（ビジョン）を設定し、その達成の実現経路（パス）を描く。バックキャスティングにおいても、将来に至る経路には代替案があり、その評価・選択を行うが、将来から現在を逆方向で描く点でフォアキャスティングとは異なる。

一般的に10年後を目標年次とする計画は、将来像を定性的に描いたとしても、既に実施している対策を実行可能な範囲で積み上げていくフォアキャスティングである。計画に新たな対策を追加するとしても、その正当性が根拠不足とされ、実行可能性が重視され、社会転換を図るような構造的対策は追加されにくい。

バックキャスティングの方法をとることにより、構造的対策の必要性を明らかにすることで、予防原則（第8章の8.1参照）の観点から、これまでにない対策を位置づけ、実行に向けて動き出すことができる。

気候変動への緩和策の計画は、2050年に温室効果ガスの排出量を8割削減等という目標を設定し、そのパスを描くという点で、バックキャスティングの方法をとることになる。バックキャスティングの方法は、地域の地球温暖化防止計画において採用されているが、数値目標を設定するだけに留まり、そこに至るパスを明確にはしていない場合が多い。

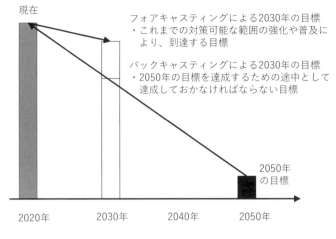

図 12-1　バックキャスティングの考え方

3）シナリオプランニング

　シナリオプランニングは、不確実性のある将来に対して、「起こる可能性がある複数の将来（シナリオ）」を設定し、各シナリオに対する対策を計画する手法である。外部環境の変化シナリオを事前に想定し、対策を用意しておくことで、外部環境の状況に応じた対策を迅速かつ円滑に実施することが可能となる。

　気候変動の緩和策を例にして、シナリオプランニングの実施手順を示す。このテーマのステークホルダーが行ったグループワークによる帰納的な検討である。

①　気候変動の緩和策の将来に影響を与える外部要因（社会経済や政策、地域住民の動向等）について、考えられる要因のアイデアだしを行う。

②　抽出された要因を、緩和策への影響度と不確実性を軸とした要因マトリクスに整理する。これにより、影響度と不確実性の両方が大きな要因を明らかにする。

③　影響度と不確実性が大きな要因から2つを選び、それを軸としたシナリオ・マトリクスを作成する。4象限ごとに将来に向けたシナリオを作成する。

④　4つのシナリオの各々について、各ステークホルダーがとるべき対策を整理する。これにより、どうなるかわからない将来に対して、各ステークホル

要因マトリクス　　　　　⟹　　　シナリオマトリクス

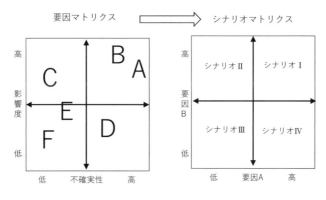

図 12-2　シナリオプランニングの手順

ダーがどのような対応を用意しておくべきかを明らかにすることができる。

⑤　4つのシナリオについて、進行管理を行うためのアーリー・ウォーニング・サインを特定する。このサインをモニタリングすることにより、どのシナリオが進行しつつあるかを把握し、未然に用意しておいた対策を実施することができる。

4）順応型管理

　順応型管理は、生物多様性や気候変動への適応策等の分野において、問題の進展に不確実性がある場合に用いられる方法である。シナリオプランニングが問題外部の将来動向の不確実性が高い場合に用いられるのに対して、順応型管理は問題の進展という問題内部の将来動向に不確実性がある場合に用いられる。

　自然生態系分野における順応型管理の定義では、「『仮説となる計画の立案 ― 事業の実施 ― モニタリングによる検証 ― 事業の改善』の繰り返しにより事業を成功に導く、円環的な、あるいは螺旋階段的なプロジェクトサイクルによる科学的管理手法」（鷲谷・鬼頭（2007)[1]）がある。

　気候変動適応策においては、IPCCの『第5次評価報告書』の用語集[2]で順応型管理が登場し、「不確実性と変化に直面するなかでの反復的な計画立案・実施・資源管理戦略の修正を行う工程であり、それらの効果や効果のフィードバックによるシステムの変化の観測結果に対して調整していくアプローチであ

る」と定義された。順応型管理の考え方に基づく計画事例としては、オランダの「洪水リスクに関するデルタプログラム」、イギリスの「テムズ湾2100計画」がある。

　気候変動適応における順応型管理の実際の政策への導入はこれからである。順応型管理の手順の例を図 12-3 に示す。次の 4 点が重要である。

① 不確実性に対処するために、対策の結果を評価し、評価結果を対策に反映させる「フィードバックループ」を持たせる。

② 科学者・ステークホルダー・政府等の組織間で情報を共有し、対話や協議、また協働を通じて共に学習する仕組みをつくる。

③ 将来予測の複数のケースについて、対策の代替案を洗い出し、各代替案の有効性や実行可能性、副次的な効果等を整理し、どのような状況になったら、どの適応策を実施するかを決めておく。

④ 実際の問題の進展速度に応じて、未然に対策を導入できるように、モニタリングを徹底する。

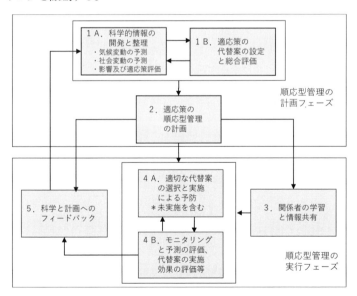

図 12-3　気候変動適応における順応型管理の手順

出典）白井ら（2017）[3] より

（2）空間のマネジメント

1）持続可能な社会を実現する空間単位

持続可能な社会を目指す政策は、「補完性の原理」の考え方に基づき、小さな空間を単位とした取組みが優先されるべきである。

しかし、小さな空間単位で完結できない場合がある。①国内の乾電池の再資源化を行う工場が北海道にのみ立地している（既存の施設配置の制約）、②再資源化の処理を行う際に一定のロットを確保しないと事業採算性を確保できない（経済効率上の適正スケール）、③市町村において環境政策にあてる行政資源（人と予算）を確保しきれない（行政の資源制約）等である。

表 12-1 に政策分野ごとに、最適な空間スケールの考え方を示した。①循環や共生の対象ごとに最適な空間スケールが異なることをケースバイケースで判断するとともに、②持続可能な発展の先駆的な地域を目指す市町村の取組みを期待しつつ、③市町村の取組みを支援したり、連携を促すような都道府県の取組みが必要である。

表 12-1　政策分野ごとの最適な空間スケールの考え方

分野	最適な空間スケール
循環型社会	製品や素材、地域の状況によって循環の最適な空間スケールが異なる。例えば、農山村地域における生ごみは地域内循環が望ましい。嵩と重量がある建設廃棄物は複数市町村程度の圏域内の循環が望ましい。農業系循環は小さな空間単位での循環がなじみ、工業系循環は大きな空間単位となる。
自然共生社会	生態系のまとまりやネットワークの広がり等によって、共生政策の空間スケールが異なる。里山の保全活用等は市町村を単位とした住民と行政・企業等との協働が望ましく、市町村を越えて広がる原生的自然の保全施策は都道府県、あるいは広域連携による対策の実施が望ましい。
脱炭素社会	脱炭素と地域活性化を両立させる地域づくりを進める等、脱炭素を政策の主流に位置づける市町村の台頭が望まれる。先駆性を打ち出せない市町村において、人員と予算が確保しにくい状況の場合には、都道府県（及び政令指定都市）が市町村と連携して、対策を担うことが現実的である。
気候変動適応社会	自助や互助による適応策はできるだけ小さな空間単位で進めることが望ましく、河川整備や高温耐性のある農産物の開発等の公助は都道府県が担い手となることが期待される。緩和策と同様に、都道府県（及び政令指定都市）が市町村と連携して、対策を担うことが現実的である。

2）地域を超えたライフサイクル・マネジメント

　地域の活動は人流や物流、情報流において他地域とつながっており、地域の活動を原因として発生する環境影響（環境負荷）は、地域内で発生するものと地域外で発生するものとがある。地域の環境政策では地域の活動による地域内の環境影響を管理対象とすることが多いが、地域の活動による地域外で発生する環境影響の管理も、地域の重要な取組みとなる。

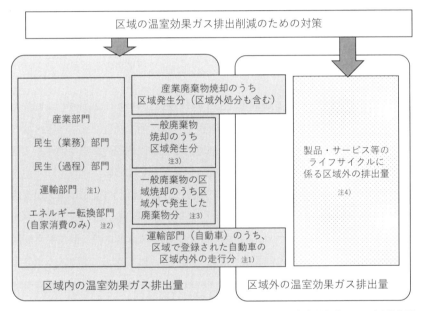

注1）運輸部門の排出量は移動の起点と終点のいずれを区域の排出量とするか、通過交通分をどう扱うか等の課題があり、厳密に区域分を定義することが困難である。自動車については、道路交通センサスの自動車起終点の調査がある場合は、自動車の車検証住所による走行分（区域外の走行も含む）を集計対象とする。

注2）エネルギー転換部門における自家消費等以外の排出量（販売用の発電や熱生成に伴う排出）は対象には含めない。

注3）一般廃棄物については区域外での発生分の区域内の焼却分を対象とし、区域外から持ち込まれた分は対象に含めない。

注4）製品・サービスのライフサイクルに係る区域外の排出量は把握する必要はないが、区域の対策として扱ってもよい。

図12-4　地球温暖化対策実行計画（区域施策編）の対象範囲

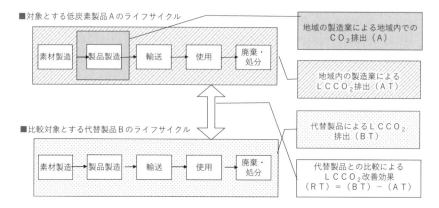

図 12-5 製品・サービス等のライフサイクルによる区域外の排出量削減効果

　例えば、地球温暖化対策の推進に関する法律（1998年）に基づく地方公共団体実行計画（区域施策編）のマニュアル[4]では、同計画で把握すべき区域の温室効果ガス排出量を、原則として「地理的な行政区域内の排出量のうち、把握可能かつ対策・施策が有効である部門・分野」としている。

　一方、同マニュアルでは、区域外への貢献という観点から、「地理的な行政区域外の温室効果ガス排出量」も対象とすることも推奨している（図12-4）。例として、「従来製品・サービスに比べライフサイクル全体の二酸化炭素削減に寄与する製品・サービスの製造・提供」をあげ、「低炭素化に寄与する製品・サービスを認定したり、補助金・融資等の対象としたり、普及啓発することも重要な施策」になるとしている。

　この製品・サービス等のライフサイクルによる二酸化炭素の排出削減効果は、図12-5のような方法で計算することができる。地域内で低炭素製品を生産しても、地域内の二酸化炭素排出量を製品製造に伴う増分としてカウントされてしまう。このため、区域外での低炭素への貢献分をカウントして、区域内の対策による削減効果を示し、その支援を行う区域内の取組みを促そうという考え方である。製品の使用段階において、低炭素製品と代替製品の差を比較するだけでなく、製品のライフサイクル全体の二酸化炭素排出削減の差を比較することが推奨されている。

3）社会関係資本を基盤としたテーマごとの圏域の形成

　持続可能な社会は、市町村―都道府県―国といった階層構造だけで形成されるものではなく、行政圏を超えて、行政圏での取組みを補完する多様な圏域が形成され、それらが水平ネットワークとして連携している姿として想起される。

　行政圏を超える圏域は、生物生息圏や通勤・通学圏のように地理的に連続するまとまりを持つものと、再生可能エネルギーの需給圏等のように、社会関係資本（人と人のつながり）を基盤として、地理的な連続性を超えて自由なつながりとして形成されるものがある。人流・物流の過程での環境負荷を考えれば、地理的に近接するつながりが望まれるが、制約のない自由なつながりであってこそ、革新的な取組みの基盤となりえる。社会関係資本には同質性の強い結合型と異質性が強いものを結びつける橋渡し型がある。希薄化する血縁・地縁等の結合型の再生も重要であるが、知縁・テーマ縁である橋渡し型の社会関係資本の活用と形成が地域での取組みにとって、必要かつ有効である。

　需要供給のサイズやスピードが適正であり、顔の見える関係・水平方向の対等な関係があり、連携によるWIN-WINの関係がある（互酬性がある）こと等を条件として、地理的連続性を超えた自由な圏域形成の活発化が望まれる。

　行政圏を補完する多様な圏域の例を表 12-2 に示す。これらのテーマごとの圏域を単位とした取組みが、社会関係資本を基盤として、社会関係資本を強めながら、形成されていくことが望まれる。

表 12-2　行政圏を補完する多様な圏域

関係		圏域の具体例
自然的圏域	生物の生息圏	ビオトープネットワーク
	水の循環圏	流域圏、給水・利水の循環
	大気の循環圏	広域的なヒートアイランド
社会経済的圏域	有機物の循環圏	生ごみの堆肥化と有機農産物の流通
	廃棄物の循環圏	廃棄物の回収・中間処理・最終処分
	エネルギーの需給圏	再生可能エネルギーの需要・供給における相互融通
	交通・人流圏	通勤・通学圏、商圏、公共交通網
	歴史・文化圏	歴史・文化面からの圏域、景観圏

4）再生可能エネルギー事業にみる地域を超えたつながり

　今日では、関係人口による地域づくり、再生可能エネルギーへの出資や地域新電力会社の設立、テレワークによるサテライトオフィスの形成等、地域の環境・経済・社会の統合的発展を進める地域を超えた取組みが活発化している。これらの取組みを、環境政策として積極的に位置づけ、活用していくことが期待される。

　福岡県みやま市を拠点とする地域新電力「みやまスマートエネルギー㈱」（2015年3月設立）では、全国各地の地域新電力会社との連携を進めている。鹿児島県いちき串木野市、大分県豊後大野市、鹿児島県肝付町、福岡県大木町等との地域提携をしている。みやま市としては、電気を仕入れてバランシングを組むときに規模が大きくなるとコストが安くなるため、多くの自治体との連携を考えている。

　いちき串木野市では電力の需給調整は他の会社が行っているが、みやま市が開発した需給調整システムをいちき串木野市用にアレンジしたものを同市に提供してフィードバックしてもらい、みやま市の運用に活かすという形で協力しあっている。

　大分県豊後大野市と鹿児島県肝付町との連携に関しては別の理由がある。両地域は水力発電やバイオマス発電を有しており、みやま市は太陽光発電しかないため、夜は電力を買わないといけない。お互い融通しようとの考え方から協定の提案があった。

　大木町とは「持続可能な循環型社会の構築に係る包括協定」を締結した。大木町のメタン発酵設備の技術導入を図るものであるが、大木町にみやまスマートエネルギーの電気の顧客になってもらうことも視野に入れている。

　みやま市の地域間連携は、再生可能エネルギーの供給主体間の互酬関係を形成するものであるが、再生可能エネルギーの供給側と需要側の連携を図る取組みの例として、生活クラブ生協神奈川が40周年を記念して設置した、秋田県にかほ市の風車がある。

　もともと、生活クラブ生協北海道が北海道グリーンファンドと連携して、日本で初めて市民出資で風車を建てていた。生活クラブ生協神奈川は、そこから

紹介を得て、事業採算が得られる場所として、にかほ市を選んだという経緯である。しかし、同生協内で「遠くで発電された電気が首都圏に送られるのだから、福島の事故と同じ構図ではないか」という声もあり、「地域に資するものでないとだめだ」ということになり、市と協議しながら地域間連携をしていくことになった。

　風車の名前は、にかほ市の小学生に募集して、地元に投票してもらって「夢風」とした。2013年の8月には、にかほ市と生活クラブの東京・千葉・埼玉・神奈川とグリーンファンド秋田の6者で、「地域連携による持続可能な自然エネルギー社会づくりに向けた共同宣言」を出した。生活クラブは、にかほ市での風力による電気を首都圏で売るだけでなく、地域と関わりあいを持つことをにかほ市と一緒に考えていきたいという狙いであった。

　また、生活クラブから、にかほ市の美味しいものを作っている生産者を集めて「夢風ブランド開発生産者連絡会」を作って特産品をPRしようという提案がなされ、2014年7月に設立された。

　連絡会ができてからは、生活クラブの各店舗のリーダー等が、研修会としてにかほ市に来て、にかほ市の観光場所を訪れたり風車を見たり、芹田の人と交流したりするようになった。にかほ市の生産者も、首都圏に行って店舗の状況を見たり、特産品を売ったりと、地域間の人と人の交流が始まっている。

　生協では、にかほ市の特産品である、はたはたの加工品、魚介類の加工品、にかほ市の製麺所で作っている象潟うどん、イチジクの加工品等を扱うようになっている。

写真 12-1　にかほ市の芹田地区にある風車
真ん中が生活クラブの風車

12. 2 参加と協働のマネジメント

（1）政策形成・計画段階の参加・協働

1）参加・協働の失敗

第8章に、参加・協働の必要性と可能性を示した。しかし、参加・協働の現場においては、参加・協働が形骸化して十分に成果をあげない、それどころか、期待と裏腹の不適切な結果をもたらす場合すらある。

市民の参加・協働における失敗例として、次の4つの場合をあげることができる（足立（2009）[5] を参照）。

第1は、市民の中に「参加の爆発」があり、「悪意の悪循環」が生まれる場合である。行政に不満を持つ市民は参加の場を行政批判の場とし、強い糾弾に専念する場合がある。また、市民活動団体といっても考え方が同じではなく、団体間の批判合戦となる場合もある。これは行政と市民、市民間の信頼関係の不足によって生じる。

第2に、参加する市民の意見が民意を反映せず、「参加の代表性」に欠ける場合である。参加する市民は関心や知識、熱意がある人々であり、普通ではない市民である。このため、関心や知識レベルの異なる多様な市民の声が共有されにくく、民意が反映された正統性のある政策が立案されるとは限らない。

第3に、「情報の偏在」を解消するための十分な情報が、参加する市民に与えられない場合である。そもそも、専門的なテーマの議論が専門家だけでなされ、専門性を持たない市民が排除されることに問題がある。また、市民参加がなされたとしても、情報を共有しないまま議論がなされると、思い込みや事実誤認、感覚や感情に基づく意見表明から、不適切な決定がなされる恐れがある。

第4に、参加・協働の企画・運営に「政府の失敗」が投影される場合である。例えば、公平性を重視し、社会的弱者や少数者よりも多数者の意見を優先する場合がある。また、縦割りの行政組織に対応する分野別の代表者の参加がおぜん立てされ、分野横断的な議論がなされない場合がある。加えて、短期的で目に見える効果が求められるため、あるいは現在世代の利害調整が優先されるため、長期的な視点や将来世代の立場での意見が反映されにくい。

2）哲学対話、ワールドカフェ、オープンスペーステクノロジー

「参加の爆発」や「悪意の悪循環」を避け、相互理解を基盤とした平場での議論を促すためになされるのがワークショップである。ワークショップとは、本来、作業場や工房を意味する。企業の組織運営やまちづくり、計画づくり等において、様々な立場の人々が集まり、自由に意見を出し合い、互いの考えを尊重しながら、意見や提案をまとめる手法として、ワークショップが用いられる。

環境政策においても、関連計画における市民参加の手法として、ワークショップの手法がとられる。理解と学習、アイデアのブレインストーミングから優先順位付け、アクションとしての具体化等までの各段階で、ワークショップの手法が用いられる。

ワークショップでは、ファシリテーター（司会進行役）が、参加者の緊張を解きほぐすアイスブレークを行ったうえで、付箋紙等を使って数多くの意見を平等な場に引き出したり、意見が出しやすくなる少人数によるグループワーク等を行うという方法がとられる。人の発言を傾聴する、否定しない、たくさんのアイデアを引き出しあう等が、ワークショップ運営の基本ルールとなる。

ワークショップは、目的や手順・場づくりの手法等によって多様に応用される。ワークショップの多様な例として、哲学対話、ワールドカフェ、オープンスペーステクノロジーがある（表 12-3）。各方法で重点となる目的は、相互理解、関係形成、合意形成、アクションの立ち上げ等と様々であり、その目的に応じた運営と場づくりがなされる。

例えば、ワールドカフェでは、リラックスした雰囲気で話し合いを行うため、音楽を流したり、トーキング・オブジェクトを用いる。トーキング・オブジェクトは、しゃもじでもぬいぐるみでも何でもよく、そのオブジェクトを手に取った人が発言するようにする。不規則な発言をやめ、傾聴を促し、発言機会を公平にするという効果がある。

道具としては、アイデアを書き留める付箋紙、自分の意見を見えるようにするフリップボード等を用いることが多い。

表12-3　目的の異なるワークショップの方法

	主な目的	基本的な方法
哲学対話	考えの異なる参加者同士の相互理解と自分の考えを深める、発展させる	他の参加者の意見を聞きながら、参加者一人ひとりは自分自身の考えに問いかけを行い、新たな視点や枠組みを見いだすように、対話を行う。話し合うテーマを決めて、少人数の自由参加で行う。
ワールドカフェ	多くの参加者の意見を共有し、参加意識の高まりと満足感を得る	テーブルごとに、少人数で話し合い、一定時間後に、一人を残して、テーブルのメンバーを入れ替え、話し合いを続ける。残された一人が前の話し合いの内容を伝え、話し合いを積み上げていく。
オープンスペーステクノロジー	テーマごとに関心がある参加者が集まり、そこでの議論を経て、アクションを立ち上げる	大人数がホールに集まり、参加者が主体的に、議論したいテーマを提案し、テーマごとに集まって討論を行う。テーマごとのセッションの時間を変えることで、複数のテーマに参加することができる。

3）プランニングセル（計画細胞会議）

　政策への参加者を募る方法としては、自主的な参加者を公募する方法、無作為抽出による方法がある。2つの方法には、長所と短所がある（表12-4）。この無作為抽出を代表者選出の手続きに用いる合意形成の方法がミニパブリックスである。

　ミニパブリックスの代表的な方法が、プランニングセル（計画細胞会議）である。プランニングセルは、「参加の代表性」の問題を解消するために、ドイツで開発され、日本にも導入されている。ドイツ語の原語でプラーヌンクスツェレと表される場合もある。プランニングセルでは、住民基本台帳等から無作為で抽出したサンプルに参加依頼を行い、参加希望があった者からさらに抽出を行い、参加者として選任する。そのうえで、性別・年齢等の属性が均等になるようにグループを構成し、グループごとに討議を行い、提言をとりまとめる。

　この方法においても、若年層の参加依頼への回答率、あるいは参加希望率が少なく、若年層の参加者が得られない場合がある。このため、無作為抽出の段

表 12-4　公募と無作為抽出の特徴

	長所	短所
公募	開放性が高い（希望者は誰でも参加可能）。	議題に関心の高い一部市民に限られ、一般市民の代表とはならない。
無作為抽出	参加機会が平等である（母集団から選出される）。	被害者が小数となる問題の場合は、被害者が抽出から漏れる可能性がある。 無作為抽出を行っても、若年層等の参加率が低く、母集団を代表する参加者が得られない可能性がある。

出典）前田ら（2004）[6]をもとに作成

階で若年層を多く抽出する（層化抽出）等の工夫が必要となる。

　この際、注意すべきは、参加希望率が低い場合には、公募による方法と同様に関心が高い者の参加となり、代表性が確保されたとは言いがたくなることである。参加を呼びかける行政機関等への住民の信頼性が低いと、参加率が低くなる。このため、日頃から行政機関が住民に働きかけを行い、その積み重ねにより信頼関係を築いておくことが、参加率を高めるうえで重要である。

4）コンセンサス会議、市民陪審

　コンセンサス会議や市民陪審は、プランニングセルと同様にミニパブリックスの方法として位置づけられるが、これらは「情報の偏在」問題を解消するための工夫である。

　コンセンサス会議では、市民不在で専門家だけで意思決定をしがちで、社会的な争点となっているテーマ（例えば、遺伝子組換え、脳死判定、電子監視システム、原子力発電等）を取り上げ、市民パネルが専門家から対話をしながら、提言をとりまとめる。コンセンサス会議は、1980年代にテクノロジーアセスメント（技術の影響評価）の手法として開発され、世界各地で実施されてきた。日本でも1990年代後半以降に、国や研究者のプロジェクトとして実施されてきている。

　標準的なコンセンサス会議の方法を図12-6に示す。市民パネルの参加者は15名程度であるが、対話をする一定数の専門家の確保が必要であり、開催期間も長いことから、国の政策や研究者によるプロジェクトとして実施されるこ

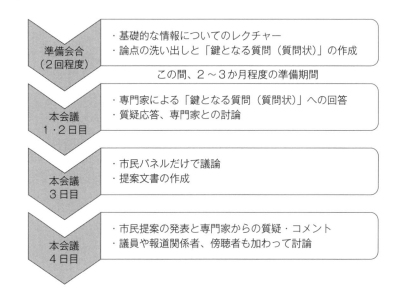

図 12-6　コンセンサス会議の流れ
出典）ミニパブリックス研究会資料[7] より作成

とはできても、地域の環境政策で実施することは容易ではない。

　市民陪審も、専門家と対話しながら、市民が学習を積み重ねて、提言等をとりまとめる手法である。英国で 1990 年代後半に保健医療分野で導入されたのが始まりである。

　市民陪審では、運営主体が、議論がしやすいように論点を整理し、専門家が市民を代表する陪審員の質問に応え、陪審員の討議を重ねて、調整のうえ、論点に対する提言をとりまとめるという手順で行われる。専門家との対話を重視する点で、コンセンサス会議と似ているが、コンセンサス会議では「鍵となる質問」を市民パネルが作成するのに対し、市民陪審では運営主体が専門家の協力を得て、論点をあらかじめ設定しておく点が異なる。

　北海道大学では、研究プロジェクトの一環として、「脱炭素社会への転換と生活の質に関する市民パネル実行委員会」を設け、市民陪審の方法を用いて、脱炭素社会への転換と生活の質をめぐる 3 つの論点について話し合い、結論をまとめた[8]。設定された論点は、①気候変動の影響はどのようなものと認識

すべきか、②パリ協定の目標はどれくらい実現可能性があるか、③脱炭素社会への転換は生活の質にどのように影響があるか、であった。

このプロジェクトでは、札幌市、及び周辺 8 市町村の縮図となるよう、18歳以上の一般市民から 18 名（男女 9 名ずつ）が抽出された（この点では「参加の代表性」を確保する配慮がされている）。参加者は、「情報の偏在」を解消するために、7 名の専門家による証言を聞きつつ、あらかじめ設定した 3 つの論点について約 15 時間かけて議論し、結論をまとめた。3 つの論点に関する結論は下記の通りであった。

① 気候変動は放置すれば地球的規模で生態系を破壊し、人類、特に将来世代の生存権さえ侵害しかねない大変な問題である。

② 脱炭素化は成し遂げなければならないことである。取組み方次第で、パリ協定の実質排出ゼロ目標は達成できる可能性はあるが、実現するハードルは非常に高い。

③ 脱炭素社会への転換は必ずしも生活の質に対する脅威となるわけではなく、生活の質を向上させる機会ともなり得る。

5）未来ワークショップ、フューチャー・デザイン会議

合意形成の参加者はいわゆる現在世代の代表であり、専門家からの情報を学習したとしても、将来世代の利害を討論に持ち込みきれない。この点の解消を重視して実施されている方法として、未来ワークショップと仮想将来世代がある。

未来ワークショップは、研究プロジェクトの一環として開発された方法である（倉阪（2017）[9]）。中高生に、2040 年の未来市長として政策提言をしてもらうワークショップである。このワークショップでは、未来シミュレーターによって予測されたデータを地域の未来カルテとして、中高生に提示したうえで、討議を行ってもらう。未来カルテに示されるデータは、人的資本、人工資本、自然資本、社会関係資本といった 4 つのストックに関連するものである。ストックの維持・向上が持続可能な社会にとって重要であるというストック・マネジメントの考え方が基盤となっている。

　未来ワークショップでは、未来シミュレーターを「情報の偏在」を解消する厳密な情報として提示しているのではなく、参加者の気づきを促すために導入している。実際のワークショップでは、未来シミュレーターの提示の前と後に、政策提言のアイデアだしをしてもらい、その結果から、①将来の地域を見る時間的視野の広がり、②社会の様々なことを見る空間的視野の広がり、③分野をまたがる横断的な視野の広がり等が得られることが報告されている。

　参加者は、未来市長という役割がセットされ、未来カルテにより視野を広げ、既得権益の利害の影響がない将来を担う世代であるがゆえに、検討結果は持続可能な社会に向けた有効な政策提言となる可能性がある。また、地域の将来を担う世代が気づきを得たり、地域への愛着を高めるという学習効果もある。この方法で、実際の政策課題に対応して、大学生や若年の社会人も含めたワークショップを行うことができる。

　未来ワークショップと同様に、将来世代によるミニパブリックスの方法として試行されているのがフューチャー・デザイン会議である（原・西條(2017)[10]）。この方法では、将来世代の代弁者を現代の意思決定の場に創出することを狙いとして、将来世代の代弁者の役割を与えられた「仮想将来世代」グループと現世代グループで討議を行う。これにより、世代間利害の違いを明らかにし、将来世代の利益も明示的に反映したビジョンづくりや意思決定を進めていく。

　フューチャー・デザイン会議は、2015年に岩手県矢巾町における住民参加による討議において導入された。仮想将来世代と現世代の双方が物理的に交渉をするというプロセスの有効性が確認されたが、政策立案等の現場においては時間やコストがかかり過ぎる点が課題となる。このため、住民による3回の討議のうち、1回目は現世代の視点からの討議、2回目は仮想将来世代の視点からの討議、3回目は現世代、仮想将来世代のいずれかの視点での最終的な政策の立案を行い、その意思決定の理由と将来へのアドバイスを残すという方法も試行されている。

6）気候変動の地元学

　専門家が持つ専門知には限界がある。多様な地域の現場の詳細や専門以外のことへの視野に欠ける場合があるからである。また、現状分析や将来予測を行う場合には、観測された定量データが用いられるが、観測は断片的であり、定量化しきれない事実が現場にはある。

　そこで必要となるのが、地域の住民等が持つ現場知である。現場知は科学的な根拠はないが、住民等の実感として重要であり、現場の状況に応じたきめ細かい内容を持つ。この現場知を活かす政策立案の事例として、気候変動適応社会を目指すボトムアップのアプローチである「気候変動の地元学」を紹介する。

　「気候変動の地元学」は、「地域住民を中心とする地域主体が、地域で発生している気候変動の影響事例を調べ、気候変動の地域への影響事例やそれを規定する地域の社会経済的要因を抽出し、それを共有し、影響に対する具体的な適応策を話し合うことで、気候変動問題を地域の課題あるいは自分の課題として捉え、適応策への行動意図を高め、適応能力（具体的な備えや知識）の形成や適切な適応策の実施につなげるプログラム（図 12-7）」である。

　もともと地元学は、水俣市の吉本哲郎氏が提唱したもので、地域住民が主体となって、地域にあるもの（地域資源）を調べ、それを地域に役立てる方法を考えていく地域づくりの方法である。吉本（2001）[11] は、「地元学とは……地元の人が主体となって、地域の個性を受け止め、内から地域の個性を自覚することを第一歩に、外から押し寄せる変化を受け止め、内から地域の個性に照らし合わせ、自問自答をしながら地域独自の生活（文化）を日常的に創りあげていく知的創造行為である」としている。

　この水俣流地元学の考え方を踏まえて、「気候変動の地元学」と名づけている。「気候変動の地元学」は吉本の地元学と狙いとするところが同じである。水俣流地元学では、見えなくなっている地域資源の発見、その地域資源と地域住民等との関わりの再構築を狙いとする。「気候変動の地元学」では、気候変動による地域資源の変化の発見とその変化に対する地域住民の関わりの再構築を図る。この意味で、「気候変動の地元学」は、気候変動の影響による地域資源の変化という点に注視して行う水俣流「地元学」ということができる。

「気候変動の地元学」の特長を3点に整理する（白井（2015）[12]）。

第1に、地域主体が参加するからこそ、気候変動による固有性のある地域資源への影響を網羅的に洗い出すことができる。

第2に、社会経済的な要因の解消が適応策として重要であるため、「気候変動の地元学」による社会経済的要因の抽出が有意義である。気候変動の影響を規定する地域の社会経済的要因は、地域の状況を理解していない外部専門家が見いだすことは困難である。

第3に、気候変動や適応策に関する地域主体の認知や行動意図を高める機会となる。参加者は気候変動の地域への影響を知ることで、気候変動が地球規模の将来の影響ではなく、現在、進行している地域の課題あるいは自分の課題として捉える。そして、適応策を話し合うことにより、地域主体の気候変動の問題認知や適応策の行動意図を高めることが期待できる。

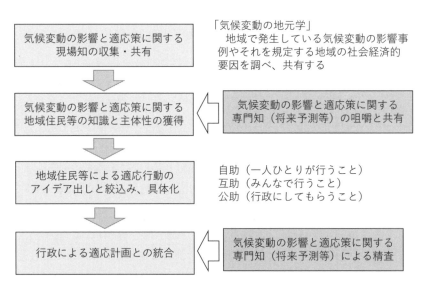

図 12-7 「気候変動の地元学」を起点とした適応策立案の流れ

（2）実践段階の参加・協働

1）市民参加・協働における実践活動の方法と課題

　環境政策への実践においても、市民の参加と協働が不可欠である。行政は公益性を担う主体であるが、予算やマンパワー、ノウハウの制約から、環境政策のすべてを担うには不十分である。このため、市民の参加・協働さらには市民の自立的な取組みを活発化させることが必要となる。

　しかし、行政が政策を立案し、そこに市民参加を求める方法では十分な市民参加は得られず、政策の立案段階から市民参加を図ることで、市民のキャパシティ・ビルディングを進めることが必要となる。また、市民参加による実践は市民の自己統御感、達成感、自治意識を高めることで各個人の幸福度を高めるとともに、人の成長と地域の発展を両立させる地域づくり（内発的発展）の姿としても重要である。

　市民参加・協働による実践活動は、市民主導の程度によって表 12-5 のように分類することができる。こうした活動における課題として、3点をあげる。

　第1の課題は、市民の主導性を促すうえで重要となる市民の力をどのように高めるか（エンパワーメント）という点である。第2の課題は、活動の継続性を高めるうえで、取組みの経済事業性をどのように確保するかである。第3の課題は、市民活動間、行政・企業と市民活動の連携をどのようにコーディネイトするかである。

表 12-5　市民参加・協働による実践活動の例

分類	実施例
行政の主導する事業への参加・協力	・環境活動のリーダー、普及啓発の指導員 ・市民環境監査、市民による計画の進行管理
行政からの事業委託	・アドプト（里親）制度 ・環境活動拠点施設の管理・運営
市民主導の事業	・コミュニティビジネス（市民共同発電、リユース、地域資源の地産地消）
市民主導の事業の仕組みとなる事業	・環境活動の交換制度（地域通貨、エコポイント等） ・環境活動を支援する市民ファンド

2）市民の力を高める：エンパワーメント

　エンパワーメントという考え方は、ボランティア活動、コミュニティづくり、健康づくり、女性・高齢者・精神疾患・ひきこもり等の社会的弱者の支援等の様々な分野で使われる。共通する定義をいえば、エンパワーメントとは「あるべき状態を実現するために、個人あるいは社会、個人と社会との関係を変革する力を、主体が獲得していくプロセス」である。

　エンパワーメントにより獲得していく市民の力は、他者のコントロールからの解放によって得られる自律的で、自立を支える力である。社会参加のエンパワーメントとしては、自分自身の変化や視野の拡大、技能の獲得といった個人的な有能感、ネットワークの広がりやつながりの強化による連帯感、参加活動により社会を変革できるという有効感があげられる（前田ら（2004）[6]）。

　実践活動に必要となる市民の力は、座学によって得られるものでなく、実践活動を通じたエンパワーメントによって高められるものであり、エンパワーメントを生み出す実践活動のデザインが必要となる。

　エンパワーメントを企図し、成功を得た事例として、北海道登別にある自然体験施設「ふぉれすと鉱山」の立ち上げ段階の工夫を記す（同施設の立ち上げに関わった宮本英樹氏（NPO法人ねおす）へのインタビューより）。

　第1に、同施設の立ち上げにおいて、利用者を当事者とするコンセプトとルールが作られた。「ふぉれすと鉱山」の立地場所は、観光資源に恵まれた場所ではないため、体験プログラム等ソフト重視を余儀なくされた。魅力的な体験プログラムを実現するために、利用者にもプログラムデザインへの参加を促すこととした。この利用者の参加を促すために、「永遠の未完成」というコンセプトを徹底させ、また「平等性」と「変容性」というルールが設けられた。

　「平等性」とは、「ふぉれすと鉱山に関係する行政、運営を委託されているNPO、市民ボランティア、利用者等の関係者全員が、立場や役割が違っても同じ立場で、自己実現の機会とその責任を負う」という考え方である。「変容性」とは、「自分が出した知恵がどこかで役立つチャンスがあり、運営スタイルは柔軟に変えていける」というルールである。これらのルールを体得できた人には、積極的に情報公開と事業参画を促していく。このルールにより、参加者は、

自分の意見が専門性や実績によらず平等に扱われ、自分の意見により活動が変わっていくことを実感できる。それが参加と継続のモチベーションとなる。

　第2に、リピートを促すために、リピートのお得感が得られ、ステップアップもできる仕組みにした。利用者は、繰り返し施設を利用するなかで、段階的に運営に関わることができる。熱心な利用者には、最初に「ボランティアになってみませんか」と誘い、さらに意欲があるようであれば、プロジェクトデザインの実行委員会への参加や「利用者会議」という運営デザインへの参加といったステップを用意した。施設運営に関われば関わるほどに、利用者の成長の度合いに合わせて、参加の度合いをステップアップできるという仕組みが、利用者の参加を促す秘訣となる。

　第3に、対象者一人ひとりを大事にして、関係づくりを図った。「対象者一人ひとりのニーズは異なる。一括りにして、対象者をステレオタイプに捉えてしまうと、ニーズに応えられなくなる。まとめたり、一緒にしたりしないことが大事」という姿勢で、利用者の参加を促した。そのうえで、一人ひとりの声に共通する課題は何かを見つけだす。また、コーディネイター自身も地域の人と共通する課題を見つけるプロセスを持ち、相互の関係を築いていく。一人ひとりを大事にするという基本的なことが、コーディネイターの秘訣である。

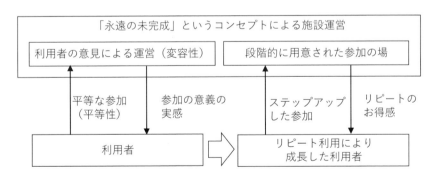

図12-8　「ふぉれすと鉱山」におけるエンパワーメントの仕組み

3）経済事業としての市民参加・協働：コミュニティ・ビジネス

　市民の参加と継続において、エンパワーメントの実感が重要であるが、それとともに、取組みの経済事業性を高めることが必要となる。つまり、非営利の公益目的の活動であったとしても、設備投資や運転のための資金が必要となる場合には、収入を得る仕組みをつくらなければならない。

　そこで、ボランタリー活動や行政による地域づくりと同様に、公益性を目的とするが、活動による収入・利益を得て、それをビジネスとして実現しようとするコミュニティ・ビジネスを目指すことが必要となる。

　コミュニティ・ビジネスの事業収入は、①提供する製品・サービスに対する顧客からの対価支払いだけでなく、②公益性の観点からの行政からの補助金や委託費、③活動に賛同する会員からの会費や支援者からの寄付である。環境関連のコミュニティ・ビジネスとその事業収入を表12-6にまとめた。

　これらの事業では、十分に事業採算性を確保しきれていない場合がある。コミュニティ・ビジネスの事業採算性を高めるために必要となる4点を示す。

　第1に、公益的な活動はボランタリー（無償）で行うべきであり、収益性を高めるべきではないという思い込みを排する。このために、公益性のある事業において事業採算性の確保が重要であるという認知を、事業主体あるいは関係者で共有していくことが必要である。

　第2に、事業採算性を高めるために、マーケティング手法を導入する。とかく提供する製品・サービスをどう売るかを考えがちであるが、顧客ニーズを知り、“売れる仕組み”をつくることがマーケティングの基本である。ここでいう顧客とは、事業の直接的な顧客だけでなく、支援者等の社会的な顧客である。

　第3に、個人や仲間の活動として閉じこもるのではなく、事業をパブリックなもののして、外部の多様な主体に対して、事業や組織の運営への参画の門戸を開く。思いを共有する仲間と楽しむ活動に留まることも活動主体の選択であるが、より大きな活動を目指すならば、開いた運営を目指し、多くの人を巻き込みながら、広げていくことが必要である。

　第4に、顧客や会員、支援者等との関係性（社会関係資本）を高め、それを製品・サービスの高付加価値化や事業運営の円滑化に活用する（表12-7）。社

会関係資本を高めることは、コミュニティ・ビジネスゆえの差別化された（ビジネスの）手段であり、持続可能な社会づくりに向けた活動としての目的である。

表 12-6　環境関連のコミュニティ・ビジネスの類型と事業収入

分類	事業内容	主な事業収入
地域資源活用事業	未利用資源の活用、地域の食材等農林水産物の利用促進	販売収入
3R 促進事業	リサイクル、リユース（食器レンタル、放置自転車レンタル等）、シェアリング等	レンタル代金
自然エネルギー発電事業	市民出資による、市民が運営する、再生可能エネルギーによる発電事業	売電収入
省エネルギー促進事業	省エネ診断、エスコ（Energy Service Company：ESCO）	調査費、電気代等の削減分の一定割合
環境教育・体験事業	環境教育、自然体験、エコツーリズム等のツアー企画、案内人	参加代金
環境施設の運営事業	環境教育やリサイクル等のための公共施設の運営	施設運営委託費、プログラム参加費
環境金融（エコファンド）事業	市民出資による環境ビジネスへの融資、コンサルティング	基金運用による利子
環境キャンペーン事業	市民の環境意識向上のためのイベントの開催	会費、寄付金
環境コンサルティング事業	地域の環境活動、環境配慮商品等の開発・販売等に関するコンサルティング	調査研究委託費、調査研究成果の販売料金、講師謝金
NPO 中間支援事業	地域の環境活動の支援、交流・連携促進	セミナー参加料金

出典）㈱プレック研究所（2009）[13] より作成

表 12-7　社会関係資本のビジネス上の活かし方

顧客との関係として	・製品の付加価値（顔の見える関係） ・企業への信頼の獲得（安心の訴求） ・広報・販売促進（口コミュニケーション） ・顧客の意識の啓発（公益的プロモーション）
サプライ・チェーンとして	・情報収集の効率化・准秘密情報の取得 ・戦略的連携（行政、NPO 等との得意分野の持ち合い） ・業務システムへの組み込み（ボランタリーなマンパワー） ・ステークホルダーの成長と学習（相互学習）

12. 3　普及・波及・転換のマネジメント

（1）普及・波及・転換のプロセス

1）「転換」に至る2つの方法

　持続可能な社会を目指す環境政策は、環境問題の根本にある社会経済システムの「転換」を目指す。このため、個別問題への対症療法に留まる従来の環境政策だけではなく、「統合的環境政策」や「構造的環境政策」といった拡張された環境政策を進めることが必要である（第7章、第11章）。

　拡張された環境政策は、経済・社会へのプラス作用を促す環境政策、コンパクトな都市づくり、分散型国土の形成、地産地消やサービサイジングを進める政策であり、「転換」の要素を個別に実現する政策である。拡張された環境政策による「転換」へのアプローチでは、「転換」後の姿を設定して、積み木を積み上げる。このアプローチは、目的と手段が明確という意味で線形的であり、要素を積み上げ全体をつくるという意味で要素還元主義的である。

　しかし、「転換」の方法は別にもある。例えば、ある環境イノベーションが地域内で生成し、普及し、別の取組みを起こし、行政の制度を変え、地域間でつながっていくというような動的な「転換」プロセスもある。

　この動的な「転換」プロセスを促す政策が、「転換」のためのもう1つのアプローチである。このアプローチでは、共鳴の輪を広げて、全体をゆさぶる。手段が思わぬ結果をもたらすという意味で非線形的であり、関係の中で全体が構成されるという意味で社会構成主義的である。

2）「転換」に至る動的なプロセス

　白井（2017）[14]は、再生可能エネルギーによる地域づくりの各地の事例を分析し、再生可能エネルギー事業が「転換」につながっていくプロセスを、「生成」「普及」「波及」「連鎖」「転換」の5段階で示した。再生可能エネルギーによる地域づくりの場合として、各段階は次のように説明される。

　「生成」とは、再生可能エネルギーに係るイノベーションの生成を指す。例えば、市民共同発電が地域で発案され、事業化されることをいう。地域・市民主導の再生可能エネルギー事業の企画・設立・運営は、地域にとって新しい知

識の創造のプロセスであり、まさしくイノベーションである。

「普及」は、イノベーションが地域内で普及したり、本格化したり、事業を拡大するプロセスである。例えば、市民共同発電に対する出資者が段階を経て増加したり、市民共同発電所の地域内の設置数を増やしていくことをいう。

「波及」は、「生成」「普及」に触発されて、イノベーションの導入に関して異なる方法を持つアクターが参入したり、最初のイノベーションとは別のイノベーションが生成されることをいう。例えば、屋根貸しの太陽光発電の市民共同発電事業とは別に、木質バイオマスや小水力発電の事業が地域内で新たに生成されることが、「波及」である。

「生成」「普及」「波及」までは同地域内での動態であるが、「連鎖」は他地域に対して影響を与え、他地域のイノベーションが生成されることである。例えば、A地域でのノウハウを形成した市民共同発電事業がB地域に伝搬されることを示す。A地域の事業主体がB地域に事業エリアを拡張して展開する場合、B地域の事業主体がA地域の事業主体から学習し（模倣し）、事業を開始する場合等がある。

「連鎖」の動きが活発化することで、そのボトムアップの動きが国の社会経済システムやそれを支える国民意識等の転換を促す。これが「転換」である。この「転換」は、目に見えて劇的な大転換にはならないかもしれないが、地域での動きの増殖と連鎖により、均質的な価値規範と脆弱な構造を持つ社会を、多様な包括力のある重層的社会に変える。

上記のプロセスをもとに、転換に至る動的プロセスの姿を示したものが図12-9である。この図は、白井（2017）[14]が示した転換プロセスに対して、ミクロレベルの動きが、主体間、地域間で広がっていくだけでなく、それが刺激となってメゾレベル、マクロレベルのイノベーションを誘発し、その結果として、ミクロレベルの動きが加速し、またメゾレベルの連鎖や波及も起こしていくという姿を追加している。

メゾレベルやマクロレベルの変化が進むことで、「レジームシフト」といわれる大きな転換が実現していく。

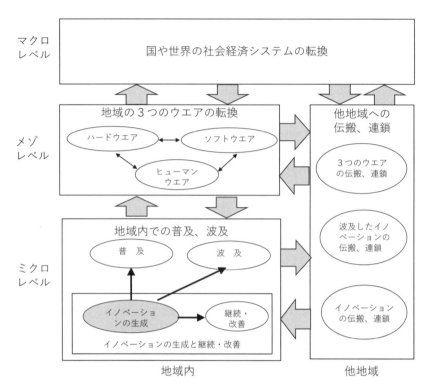

図12-9　地域の転換に至る動的プロセス
出典）白井（2017）[14]、松浦（2017）[15] をもとに作成

（2）転換のマネジメント

1）トランジション・マネジメント

　転換をマネジメントする方法として、トランジション・マネジメントがある。松浦（2017）[15] は、トランジション・マネジメントが従来の方法と異なる点として、イノベーションの生成を始めるフロントランナー（先駆者）を大切にし、フロントランナーを社会転換へと誘導することを指摘している。

　必要とされるフロントランナーの特性としては、①現在の根強い問題の複雑さについて理解がある、②持続可能性への関心を持ち、社会・環境・経済面での取組みに積極的に取り組む、③ネットワークの仲介を行う、④社会に対して

純粋かつ熱心な関心と社会の持続可能性へのコミットメントを持つことがあげられている。

このフロントランナーに役割を与え、転換を意図したイノベーションの生成を始めていくのがトランジション・マネジメントの方法となる。具体的な手順としては、フロントランナーを巻き込んだワークショップ会合を開き、未来ビジョンを描き、バックキャスティングによりミクロなアクションを具体化、実践する方法が紹介されている。計画策定で終わるのではなく、フロントランナーが中心となり、ミクロなアクションの手始めとして、イベントや未来志向の活動を始め、既存の社会経済システムに刺激を与え、転換の動きを加速させていくのである。

2）転換を意図したマネジメント

トランジション・マネジメントと、先に示した時間と空間のマネジメント、あるいは参加と協働のマネジメントの方法の違いを示す。

時間と空間のマネジメントは、将来の持続可能な社会やあるべき姿を描き出す方法として必要であるが、それを当面のアクションに直結させることが不足する。トランジションを起こしていくためには、あるべき姿を描き、それを実現するアクションを立案する際に、アクションを実行するフロントランナーの参加を得ていくことが必要である。

参加と協働のマネジメントにおいては、立案したアクションを市民が実践するという流れはあるものの、社会転換というフレーミングが十分になされていないと、慣性システムの中でできることを行うだけに留まってしまう。検討段階におけるフレーミングと社会転換のフロントランナーの選択的な参加を促すことが必要となる。

また、転換の動的なプロセスを想定し、普及・波及・連鎖を支援すること、それに連動する3つのウエアの転換を柔軟に行う用意をしておくこと等、転換を意図する政策の実践と仕組みの整備が求められる。

引用文献

1) 鷲谷いづみ・鬼頭秀一編『自然再生のための生物多様性モニタリング』東京大学出版会 (2007)

2) IPCC (2014), Climate Change 2007: Fifth Assessment Report (AR5), https://www.ipcc.ch/report/ar5/

3) 白井信雄・田中充・嶋田知英・石郷岡康史『気候変動適応における順応型管理〜計画枠組の設定、及び水稲の計画試論』日本計画行政学会 (2017)

4) 環境省『地方公共団体実行計画策定・実施支援サイト』http://www.env.go.jp/policy/local_keikaku/

5) 足立幸男編著『持続可能な未来のための民主主義』ミネルヴァ書房 (2009)

6) 前田洋枝・広瀬幸雄・安藤香織・杉浦淳吉・依藤佳世「環境ボランティアによる資源リサイクル活動とエンパワーメント ― 参加者の有能感・連帯感・有効感の獲得と今後の活動意図 ―」『廃棄物学会論文誌』15 (5) (2004)

7) 『日本ミニ・パブリックス研究フォーラム』https://jrfminipublics.wixsite.com/mysite

8) 脱炭素社会への転換と生活の質に関する市民パネル実行委員会『脱炭素社会への転換と生活の質に関する市民パネル 政策関係者のための報告書』(2019)

9) 倉阪秀史「未来ワークショップ ― 2040年の未来市長になった中高生からの政策提言」『環境情報科学』46 (4) (2017)

10) 原圭史郎・西條辰義「フューチャーデザイン ― 参加型討議の実践から見える可能性と今後の展望」『水環境学会誌』40 (4) (2017)

11) 吉本哲郎「地域から変わる日本　地元学とは何か」『現代農業　増刊号』(2001)

12) 白井信雄「気候変動適応におけるボトムアップ・アプローチ〜『気候変動の地元学』を起点として〜」『環境経済・政策研究』8 (2) (2015)

13) ㈱ブレック研究所『平成20年度持続可能なイノバティブ・コミュニティ形成手法調査事業報告書』環境省委託 (2009)

14) 白井信雄『再生可能エネルギーによる地域づくり』環境新聞社 (2017)

15) 松浦正浩「トランジション・マネジメントによる地域構造転換の考え方と方法論」『環境情報科学』46 (4) (2017)

参考文献

西村行功『戦略思考のフレームワーク ― 未来を洞察する「メタ思考」入門』東洋経済新報社 (2010)

西條辰義編著『フューチャー・デザイン』勁草書房 (2015)

倉阪秀志『政策・合意形成入門』勁草書房 (2012)

森重昌之「地域外の知識を活用した市民のエンパワーメントと協働プロセスの分析：北海道登別市ネイチャーセンター『ふぉれすと鉱山』の運営を事例に」『計画行政』32 (2) (2012)

おわりに

　筆者は、1970 年代にふるさとである静岡県浜松市三ヶ日の浜名湖畔で育ち、湖水の汚れや公害問題の社会的注目を感じて育った。そのことから、大学では環境を学ぼうと志したが、在学した 1980 年代前半は公害対策が成果を収め、環境庁不要論が言われていた時代であり、環境政策は次の段階の模索期であった。

　その後、東京のシンクタンクに就職したが、環境に関する仕事は多くなく、地域開発研究室を希望し、地域づくりに熱い思いをもつ行政職員に心を動かされながら、それをサポートする調査研究や計画素案づくりの仕事をした。

　当時も環境関連の仕事がないわけではなかった。ただし、当時の仕事のテーマは公害防止設備投資の見直しや生活騒音問題であったから、まさに産業公害から都市生活型公害へとテーマが移行する過渡期であった。本格的な環境政策の仕事は、地球規模の環境問題が政策の土俵にあがる 1990 年代を待つ必要があった。

　1990 年代に入ると、地球規模の環境問題が台頭した。その頃である。バブル崩壊後のリゾート開発ではない地域づくり、あるいは農産物の輸入自由化の流れの中での中山間地域の環境保全機能を活かす地域活性化等に関する「エコビレッジ研究会」があり、参加の機会を得た。とりまとめをさせていただいたエコビレッジ基本構想は、今では見るに耐えない内容であるが、環境と地域活性化を両立させる考え方に目を向ける機会となった。

　それ以来、筆者は「持続可能な地域づくり」や「地域の持続可能な発展からの社会転換」をライフワークのテーマとしてきた。一方、国の環境政策は、経済政策や地域活性化との統合を志向し、環境保全という理想論を "唄う色男（金と力はなかりけり）" から、環境立国を目指す環境実業家へと性格を変えてきた。

　筆者は、民間シンクタンクにいて、国の環境基本計画の策定やそこに位置づけられた政策の具現化に関する委託調査を担当する機会が多くあったため、国の環境政策の動きに順応して、学んできた。しかし、今日では国の動きを踏まえつつではあるが、弱者の視点や人の生き方、慣性を代替する社会づくりを重視する立場で環境政策を研究しており、その成果を本書に盛り込んでいる。

　さて一方で、地域主導の環境政策を担うべき地方自治体の環境政策担当部署

は、一般的に予算や人材が不十分である。環境政策を重視する首長の下でなければ、地域活性化や社会づくりに踏み込むような環境政策を検討する余力がない。本書でいくら地域の環境政策のあるべき姿を示しても、それを受け取る主体がないことになる。

　このため、筆者は、地域の環境政策においては、地域の持続可能な発展という目標を共有し、その理想を実現する政策を環境政策担当部署が担うように、地域の環境政策の役割の強化と再編を進めることが必要だと考えている。本書で示した拡張された環境政策は、持続可能な発展を目指す担当部署の仕事の具体像となる。未来志向で、行政分野間の調整、市民との協働等を進める担当者が活躍する地方自治体が増えていくことを願う。環境政策を担当する方々、環境活動に取り組む方々、そしてそれらを目指す学生、環境政策を重視する首長の方々、さらに広く主権者の方々に、本書を読んでいただき、本書に書かれている内容を理解し、検討する機会をもっていただければ幸いである。

　学生諸君には、本書に書かれている内容が地域の環境政策の現状と乖離する場合があること、あるいは本書の特徴は新たな環境政策の目標と枠組み、具体像を示していることにあることを踏まえて、本書を教材としていただきたい。もちろん、本書は環境論・環境政策論において基本的に学ぶべき事実や理論を押さえており、安心して使っていただける教科書である。新たな時代を切り拓く意欲をもって、本書を活用し、主体的な学びを進めていただくことを願う。

　本書は2018年秋に構想し、2020年春までの間に書いた原稿をまとめた。筆者は2018年3月末日に東京から岡山に移住したが、その4か月後に7月豪雨（西日本豪雨）があり、また2020年春は新型コロナウイルスによるパンデミックとなった。1995年の阪神・淡路大震災、2011年の東日本大震災と福島原子力発電所の事故等もあわせると、人類の生命を損ない、甚大な影響を与える大規模災害が多くなっている。大規模災害下では環境政策の優先順位を下げることになりがちであるが、大規模災害と環境問題の根幹は同じであると捉え、環境政策を粘り強く、より深く進めていかなければならない。

　2020年7月　　　　　　　　　　　　　　　　　　　　　　　白井信雄

索　引

■著者紹介

白井　信雄（しらい　のぶお）

1961 年生まれ。
静岡県浜松市三ヶ日町育ち。
1986 年大阪大学大学院前期課程環境工
学専攻修了。
同大学にて博士（工学）。
民間シンクタンク勤務、法政大学教授
（サステイナビリティ研究所）を経て、
2018 年より山陽学園大学地域マネジメ
ント学部教授。岡山に移住。
専門分野は、環境政策、持続可能な地域づくり、気候変動・エネル
ギー政策、地域環境ビジネス、環境イノベーション普及　等。
主な著書に、『再生可能エネルギーによる地域づくり～自立・共生
社会への転換の道行き』（単著、環境新聞社、2018 年）、『環境コミュ
ニティ大作戦　資源とエネルギーを地域でまかなう』（単著、学芸
出版社、2012 年）、『気候変動に適応する社会』（共著、技報堂出版、
2013 年）、『サステイナブル地域論 ─ 地域産業・社会のイノベーショ
ンをめざして ─』（共著、中央経済社、2015 年）、ほか多数。

持続可能な社会のための
環境論・環境政策論

2020 年 9 月 30 日　初版第 1 刷発行

■著　　者──白井信雄
■発 行 者──佐藤　守
■発 行 所──株式会社 **大学教育出版**
　　　　　　　〒 700-0953　岡山市南区西市 855-4
　　　　　　　電話 (086) 244-1268 ㈹　FAX (086) 246-0294
■印刷製本──モリモト印刷㈱
■Ｄ Ｔ Ｐ──林　雅子

ISBN978-4-86692-090-0